冥王星任務

"Riveting... a fascinating
David versus Goliath story...
Even though we know
the final outcome, the story
continues to be a nail-biter...
—Marcia Bartusiak,
The Wall Street Journal

written
by
**Alan Stern
&
David Grinspoon**

CHASING NEW HORIZONS

"An
into the
'wild black yonder'."
—Barbara Kiser, Nature

INSIDE THE EPIC FIRST MISSION TO PLUTO

NASA新視野號與太陽系盡頭之旅

新視野號任務計畫主持人
艾倫・史登博士、
科學作家
大衛・葛林史彭博士／著

鄭煥昇／譯
曾耀寰／審訂

各界好評

冥王星光是名字就感覺幽暗，有如史瑞克電影的「Far Far Away」國度，真是遠得要命的王國。一九七〇年代末期的兩次「航海家號」任務，拜訪包括木星、土星、天王星、海王星等太陽系外圍行星，擴大了人類視野，卻由於「不順路」，沒能探訪當時所知太陽系第九顆行星，成為希望「太陽系走透透」的遺珠。

「新視野號」任務彌補了這個遺憾。二〇〇六年一月發射，經過漫長的飛行後，在二〇一五年七月飛掠冥王星，取得空前清晰的影像與珍貴數據，解答不少謎團，也發掘了更多疑問。有趣的是二〇〇六年夏天，地球上的天文學家投票表決把冥王星降級為「矮行星」。這使得正在航行的「新視野號」不再是「行星任務」，卻不減人們對於這個天體的興趣。

「新視野號」於二〇一九年一月經過古柏帶天體2014 MU69，把人類文明視野再次向外推展。這些「化外之境」保留了太陽系的誕生奧祕，同時本書作者之一艾倫．史登——「新視野號」任務的主持人——以第一手經驗敘述這場史詩任務的來龍去脈，搭配葛林史彭的多采文筆，道出追尋「天外天」的故事。

——陳文屏
中央大學天文研究所講座教授

一九六九年七月，美國阿波羅十一號太空船帶著太空人尼爾・阿姆斯壯成為歷史上最早登陸月球的人類，迄今正好是五十周年。而新視野線號太空船二〇〇六年一月由地表出發飛往冥王星，歷經九年的飛行，二〇一五年通過冥王星，而在今年（二〇一九年）的第一天，成功飛掠太陽系的終極遠境（Ultima Thule），這是人類太空探測史上最遙遠的一次星際邂逅。自人類踏上月球的那天算起，才短短的五十年，太空船已經可以飛到六十五億公里外的天涯海角，人類的潛能真是不可思議。

一九六二年九月十二日，甘迺迪總統在萊斯大學（Rice University）發表月球演說（Moon speech）時說道：「我們選擇在這十年內登陸月球並完成其他的事，不是因為它們很簡單，而是因為它們很艱難……我們願意接受這項挑戰……」。人們因夢想而偉大，因實踐夢想而不凡。探索地平線以上的未知世界一直是人類的夢想，本書具體描述了航太總署（NASA）科學家們研發新視野號的心路歷程和一路追蹤這艘太空船的心境起伏，做為國家太空中心（NSPO）的一員，我完全能體會。所有從事太空科技研發者都是夢想家，他們抱持這個夢想，直到實踐，儘管難熬，這些人仍抱著真誠及希望。對於宇宙奧秘的追求者或太空迷們，這本書值得推薦。

——林俊良
國家太空中心主任

「太陽系的邊緣不是邊緣，而是迎接另一扇科學視野的嶄新地平線！」

從一九八九年提出構想到二〇一五年飛掠冥王星，從號召支持到經費爭取，從衛星命名到任務設計，橫亙二十七年，兩位任務科學家的親身經歷，在理性專業與感性熱情交錯的文字裡，傳遞著一頁頁宛若眼前的驚奇與感動。無論你（妳）來自任何領域任何行業，相信都能在這個堅持夢想、探索太空的真實故事中，找到屬於自己的共鳴，開啟自己人生的「新視野」！

——汪愷悌

淡江大學航空太空工程學系助理教授

本書記錄了一場充滿故事性的真實科學探險，作者成功地透過文字帶領讀者身歷其境，體驗奇妙太空冒險歷程裡，人、事、物的點點滴滴，那宛若戲劇般的故事情節，扣人心弦卻又充滿了知識性，這是一本不可多得的科普名著，值得強力推薦。

——黃柏文

逢甲大學航太與系統工程學系教授

雖然科學問題與任務目標都已確認，但在政治障礙清除之前，所有多年來藏在內心的好奇都毫無機會獲得解答。新視野號不只在科學上帶來令人訝異的成果與前所未見的景象，在任務概念形成、規畫及執行上所面臨的重重困境也令人瞠目結舌。

——章展誥

「宇宙，人類的終極邊疆。」《星際爭霸戰》一開始的旁白，點出了人類探索宇宙的動力與決心。

然而，太空探索並非單打獨鬥的成果，而是各個領域專家的團隊合作的結晶。本書作者以說故事的方式，詳述了「新視野號」任務的始末，包含一開始的政策擬定、任務定義、各系統的設計與建造，直到最後的成果回傳。

這是一本老少咸宜的好書，裡面有故事的敘述、也有太空任務中常用設備的介紹。不管您之前是否了解太空探測，都值得一看。

中央大學天文研究所助理研究學者

——蕭富元

淡江大學航空太空工程學系副教授

史登與葛林史彭對這太空史詩計畫的紀錄令人徹底折服……迂迴曲折的戲劇性轉折，科學發現的令人瞠目結舌，都讓這本書從頭到尾充滿說服力，大無畏行星冒險的第一流文字紀錄。

——《科克斯書評》

絲絲入扣……大衛對抗歌利亞巨人般的動人情節……雖然最後的結果並無懸念，但故事的過程卻依舊能扣人心弦……兩位作者憑藉親歷其境的視角，以生動而熱切的文筆捕捉到了所有人的付出與努力。

新書中的傑作……以精采的敘事文筆，節奏明快訴說了一次波瀾萬丈的壯舉，不搬弄專有名詞令人望之卻步……史登與葛林史彭將讓你即便身處在地球上氧氣充足的舒適環境裡，也能享受一段勵志、歡愉、精彩無比的太陽系之旅。

——《華爾街日報》

令人欲罷不能……科普經典的強力候選入列。

——《芝加哥論壇報》

——《出版者周刊》

《冥王星任務》模仿驚悚小說採用了讓讀者身歷其境的敘事文體，讓讀者親身體驗艾倫・史登與其優秀團隊的人生最大挑戰……《冥王星任務》就算是虛構文學，也是優秀的作品，而做為真人真事，更是令人無法抗拒。從前言到尾聲的「最後的發現」，乃至於附錄中為讀者總結的新視野號任務十大科學發現，這本書徹頭徹尾都是值得讀者細細品味的科普饗宴。

——弗烈德・波耳茨（Fred Bortz）

「科學書架」書評網

就算你平日就在追蹤冥王星的飛掠過程，而自以為你對這段歷史知之甚詳，這本書也到處都是會讓你倒抽一口冷氣的驚人內幕。太空奇觀與探險故事吸引你來，一群科學家波本街上，為任務審核過關而狂歡的真情流露會讓你捨不得走。

——麗莎・葛羅斯曼（Lisa Grossman）

《太空新聞》雜誌

目次 Content

序

史上最遠處的探險

二〇〇六一月，重量僅一千英磅（約四百五十三公斤）的迷你飛行器，安裝在二百二十四英尺（約六十八公尺）高的強力火箭上，然後從佛羅里達州的卡納維爾角發射出去。就這樣，人類做為一個物種，我們展開了史上耗時最久、距離也最遠的探險之旅——旅程的終點是冥王星，這是人類在太空時代初始所認識的行星當中，還沒有造訪過的僅僅一顆。恰如其分被命名為「新視野號」（New Horizons）的這艘無人太空船，背負著許多人的希望與夢想，殊不知科學家與工程師團隊，三不五時為了一個看似做不到就是做不到的追尋，投注了他們大半人生。

大約六十年前，我們人類開始把手伸往太空——那最後的疆界——來探索其他的世界。在那之前，類似探索只能是小說中的虛構情節。但在新的時代——以太陽為圓心，向外數來第三顆行星上的智慧生物——已經開始派出人類與機器控制的太空船，穿越廣袤的無垠太虛，探索可能存在的外在世界。我們所生存的這個時代，將永世為歷史所記得，這是人類從地球搖籃中探出頭來、以種族之姿遨遊太空的時代。

在一九六〇與一九七〇年代，美國航太總署（NASA）的「水手號」（Mariner）太空船完成了一項壯舉。水手號計畫讓人類第一次成功前往鄰近行星——金星、火星與水星。這二十年間，人類在月球上留下了足跡。同樣在一九七〇年代，航太總署的「先鋒號」（Pioneer）成為第一艘抵達木星與土星的太空船，要知道比起太陽系的內行星[1]，木星與土星遠上許多。繼先鋒號而起的，是航太總署的「航海家」（Voyager）計畫。這個原本設定為「壯遊」的任務，其目標是飛抵當時已知五個最外圍的太陽系行星，從木星一路前往冥王星。但最終航海家號只蒐集到木星、土星、天王星與海王星這四顆行星，冥王星成了遺珠。隨著一九八〇年代畫下句點，所有當時已知的太陽系行星，幾乎都被人類太空船造訪過了。幾乎，這成了關鍵字。冥王星，則成了那顆人類尚未能一探究竟的孤星。自此冥王星不再單純是顆行星，它成了一種象徵，一種像在問「你敢不敢」的公開挑戰。

由是，航太總署提出了「新視野號」任務，也就是本書記錄的這次任務，這算得上是很合理的結果，相對於前述所有開疆闢土的行星探祕，這也是一種必然的承先啟後。惟新視野號任務從很多方面來說，跟之前的所有嘗試毫無瓜葛。不相信申請會通過審核的人，很多。不相信這計畫會有預算或時間可以做起來、最終還能成功的人，更多。但就像我們在本書中描述的一樣，一群兢兢業業、努力不懈的科學家與工程師，他們不把唱衰的意見當回事。他們前後用了二十六年的光陰，讓一個幾乎不可能的尋星之夢，在二〇一五年開花結果。

我們寫這本書，是希望給大家一個概念。我們希望大家知道，像這樣一個里程碑等級的太空任務，從發想、核可、撥款、建造、發射，到最後飛到那遠得要命的目標，過程中需要歷經如何一條來時路。在這個故事裡，許多面向都足以代表現代太空探險的基本。但這故事中也不乏新視野號的特殊事件與插曲：意料之外的危險、威脅、人謀不臧或是時運不濟，在在都需要我們去克服。當然反過來講，我們也有很多鴻運當頭的時候。若非運氣在關鍵時刻成為我們的盟友，這場探險的結局或許就無法讓人露出笑容。

我們，這本書的共同作者，都參加了新視野號任務，惟我們參與的方式非常不同——一個位於任務的核心，一個在邊際。但我們內心的興奮是一致的。我們都很振奮於遙遠的世界可以獲得探索，也期待可以跟外界分享新視野號背後那極其特別、引人入勝而且幾乎不為人所知的故事，這是個冥王星固然遠在天邊、人類卻仍成功一探究竟的故事。

艾倫·史登的參與，位於這個故事的核心。雖然投入新視野號任務的工作人數，扎扎實實地是數以千計之多，但艾倫從一開始就是計畫的領袖。相對於艾倫，大衛·葛林史彭則在故事裡扮演著一個邊緣的角色。跟艾倫一樣，大衛也是位行星科學家，但他還有另外一個行當是作家。長達數十年的時間，大衛與艾倫私底下跟工作都結交甚篤，事實上大衛與本故事裡許多關鍵人物之間，都兼具好朋友跟好同事的身分。在這場壯舉的許多關鍵時分，大衛都躬逢

1 譯註：水星、金星、地球與火星，合稱內行星（inferior planet），而木星、土星、天王星、海王星（與被除名前的冥王星）合稱外行星（superior planet）。

其盛。比方說從一九九〇年代到二〇〇〇年代初期，大衛都在航太總署裡地位不凡的「太陽系探索小組委員會」（Solar System Exploration Subcommittee）裡服務。慢慢讀下去，你會發現許多催生出新視野號的關鍵決定，都是在這個委員會裡發生的。二〇〇一年，在紐奧良波本街（Bourbon Street）那場喧囂熱鬧的「慶功宴」上，你看得到大衛的身影。那天新視野號任務從眾多競爭提案中脫穎而出、通過了航太總署的審核。二〇〇六年，大衛在卡納維爾角親炙了那震耳欲聾又一飛沖天的景像，目標冥王星的火箭發射了。二〇一五年，在新視野號飛越冥王星一事的公眾宣傳中，大衛幫助計畫團隊擬定了各種策略來觸及大眾的視野。當新視野號對冥王星進行近距離觀測時，大衛與計畫團隊再度攜手，其中他擔綱與媒體聯繫的工作。雖然大衛在此分享的各種印象與描述，都是第一手的資料，但他在本書中往往不是具名的角色。他的聲音，是為本書推演情節的旁白。

我們兩人結識在二十五年前，當時這故事才剛開始不久，而這一路上，一系列不可思議的事件開展，我們也為此嘆為觀止。我們在人生道路上一起前進，也一起見證了新視野號從核准、建造然後奔向太陽系邊界中的每一場奮鬥。

在接下來的篇章中，我們會嘗試融合兩人的聲音，我們會試著集中兩人的視角，讓大家身歷其境，體驗這場冥王星之旅的醞釀、實踐與開花結果——讓人類對太陽系行星偵測完成大滿貫的畫時代之旅。

這本書的核心內容，出自於我們兩人之間一長串的電話對談。曾經有長達一年半的時間，我們會每個星期六早上通電話，回溯新視野號的冒險史詩。透過電話，艾倫會對大衛講述他記憶中的新視野號計畫，乃至於計畫所有的前身與階段。以談話逐字稿做為材料，大衛寫成了多數章節的初稿。初稿經過我們之間來來回回的編輯與改寫，故事就在去蕪存菁中慢慢浮現。

最後的成果：這本書集結了我們的雙重觀察，再輔以諸多關鍵人物的意見。不過整體來講，這還是一個從計畫指揮者艾倫眼中看到、並由大衛口中說出的故事。

合寫這本書，有些挑戰必須克服。比方說除卻原文引用的段落，我們無法使用第一人稱，因為大衛是共同作者（所以像「聽到的事情令我不敢置信」這種寫法，就不能在書裡出現）。在艾倫是共同作者的書裡使用第三人稱，感覺固然有點怪（如「艾倫對聽到的事情感到不可置信」），但為求風格上的統一，我們還是選擇採取第三人稱來指涉艾倫。至於艾倫嘴裡吐出的話，就跟其他人的發言一樣，都會以第一人稱的引言呈現，而且通常會另立一段來與主文區隔。很多引言都出自我們合作初期，即在周六講長途電話的逐字稿。

現代的行星探險，是極其複雜的工作，而這類工作的成功，必然取決於眾多優秀人才的群策群力。在參與新視野號任務的人員當中，不乏某些人花費了幾十年的生命在夢想上、在策略的擬定上、在事務的計畫上、在太空船的建造上、在朝冥王星飛去的飛船駕駛上。所以我們想說的是：為冥王星探險付出過心血的人之多，我們希望能提及的人如此之多，絕非本書篇幅所能乘載。我們對這一點深感遺憾，但為了把故事說好說清楚，即使難過，但也只能無奈地讓許多做出貢獻的人成為本書的遺珠。對於堅持控制適當篇幅一事，我們要對編輯們說聲感謝，謝謝他們讓新視野號的故事變得更好。

回顧一整個世代，新視野號任務真的是一個異數——對未知世界的純然探索。放眼現在，我們也看不到像新視野號的任務在醞釀中，更不要說成真。

在即將開始的篇章中，我們會分享參與新視野號的工作是怎樣的一種經驗，畢竟這是人類太空探險史上最為人所熟知的一次計畫。探索冥王星的努力，背後是一個時而不可思議、時而令人膽戰心驚的故事，當中穿插著一道又一道意想不到的盲彎，一條又一條看似走不通的死路，還有許許多多的驚險一瞬間。這些點點滴滴，都讓新視野號成功看似奇蹟——但奇蹟就真的發生了。

現在就跟我們一起，去了解這一切是怎麼發生的吧。跟我們一起，去體驗身在其中是什麼感覺吧。

——艾倫・史登，科羅拉多州波德

——大衛・葛林史彭，華府

二〇一八年一月

引言

無法鎖定

二〇一五年七月四日，星期六的下午，航太總署的「新視野號」冥王星任務負責人艾倫．史登人在距離新視野號計畫任務控制中心不遠處的辦公室裡。他星期六也沒休息，但工作到一半，電話鈴聲突然響起。他不會不知道這天美國國慶放假，但對他來講，這天真正的意義是「飛掠冥王星前十天」。新視野號，這個他投入了前後十四年的飛行器任務，如今只剩十天就要達成目標，將要與人類探索過最遙遠的系內行星面對面。

那天下午，一如往常埋首公務的艾倫，正忙著籌畫飛越冥王星的各項事務。進入任務的最後衝刺階段，他已經習慣睡少工作多，但那天他又特別比平常更早起，半夜就進到了任務指揮中心。他趕這麼早，是為了把大量的電腦指示上傳給飛行器，這些都是新視野號即將飛掠冥王星時不可或缺的導航資料。這一大包待傳的指令資料，代表的是近十年的努力心血。而那天早晨，已經以無線電波送出這些指令，現正以光速在追趕新視野號。至於冥王星，新視野號不斷接近當中。

看了一眼響著的手機，艾倫對來電的人是葛倫．方騰（Glen Fountain）有點吃驚。葛倫長年擔任新視野號任務的計畫經理。艾倫對葛倫此時來電，心生一股寒意，因為他知道住附近的葛倫今天休假在家。葛倫不是應該為了即將到來的重頭戲養精蓄銳嗎？他這時打電話是所為何來？

無論如何，艾倫先接起了電話。「葛倫，怎麼了嗎？」

「我們跟太空船失聯了。」

艾倫回說：「我跟你約任務指揮中心，五分鐘後見。」說完艾倫掛上電話，在辦公桌前坐了幾秒鐘，驚魂未定的他搖了搖頭，直覺不可置信。計畫以外的失聯，是所有飛行器的大忌，對整整九年的航行都沒失聯過的新視野號來說，更是大忌中的大忌。眼看十天後就要飛抵冥王星，現在失聯會不會太要人命？

他抓起隨身的東西，把頭伸進走廊盡頭、他原本要主持的會議中交代說：「我們跟太空船失聯了。」聽他這麼說，同仁們震撼地望著他。「我現在去任務指揮中心一趟，去多久很難講，但今天大概不會回來了。」他頂著馬里蘭州的酷暑步行去取車，然後在約翰霍普金斯大學應用物理實驗室（Johns Hopkins University Applied Physics Laboratory）的校園裡開了約一公里，來到了新視野號的指揮重地。這裡，是馬里蘭州的勞瑞爾市。

這短短幾分鐘的車程，不啻是艾倫一輩子感覺最漫長的幾分鐘。他對團隊處理危機有絕對的信心：他們演習過不知道多少種突發狀況，這個危機或許別人無法處理，但新視野號團隊絕對沒有問題。但話說回來，他還是不免擔心起自己最不樂見的情形。

他不免想起了航太總署那命運多舛的火星觀察者號（Mars Observer）。一九九二年發射的火星觀察者號，也曾在它要抵達火星的三天前失聯。地球上使盡渾身解數想要重建通訊，但都沒有成功。航太總署後來判斷火星觀察者號的燃料艙破裂，進而導致整艘太空船陷入無法挽回的災難。用白話說就是，船在太空中炸了。

艾倫心想：「萬一真的失去新視野號，這個橫跨十四年的計畫，超過兩千五百位同仁的心血付出，就付諸流水了。我們對冥王星的了解絲毫沒有增進，而新視野號則會成為夢想破滅的代名詞。日後凡提到某件事功虧一簣，新視野號的形象就會浮現眾人眼前。」

連線

艾倫一抵達偌大、幾乎沒有對外窗的辦公大樓，也就是任務指揮中心的所在地，他首先停好車，把負面的念頭統統轟出腦袋，然後便進門開始幹活。新視野號的任務指揮中心，完全符合一般人對於太空飛行器控制中心的想像。只要你看過《阿波羅十三號》或其他的太空電影，你就知道那是一幅什麼樣的光景：發著光的巨型投影銀幕牆，是室內最搶眼的陳設，至於橫在銀幕牆前的控制台，則是一排接著一排、正常大小的電腦螢幕。

在前往曾是太陽系第九顆行星的漫漫九年裡，新視野號的無線電是生命線般的存在。因為有了這條連結，團隊才得以聯繫飛船、控制飛船，另外要讀取飛船的狀態、接收飛船得到的觀測數據，也都得經由這條連線。隨著新視野號朝太陽系的外圍愈飛愈遠，通訊的時間延誤也愈來愈久。到了最後關頭，地球與新視野號的通聯已經要九小時才能一來一回，這是用光速行進需要的時間。

為了保持與地球的聯繫，新視野號跟所有長程無人太空船一樣，都倚賴一種幾乎不為人所知、當然也得不到稱頌的行星探險神器：航太總署的「深空網路」（Deep Space Network）。這是一個由三組巨型碟型天線集成、三位一體的無線電網，三處天線集成分別位於美國加州金石、西班牙馬德里，以及南半球澳洲的坎培拉。這三處的碟型天線完美無瑕地進行接力，擔下與飛船通訊的重責大任。因為地球會每二十四小時自轉一周，因此這三處選址才刻意散布在世界三大洲。不論飛船位於深邃太空的任何角落，總有一處天線可以對準訊號的來源。

但如今……深空網路聯繫不上他們極其珍貴的資產，新視野號。

艾倫拿胸章在大樓的門禁處掃瞄了一下，進到了任務指揮中心。在中心內部，他第一眼要找的就是艾莉絲・波曼，計畫中冷靜又極幹練的十四年老鳥。艾莉絲的職稱是任務指揮經理（Mission Operations Manager，簡寫為MOM），她的外號「老媽」就是這樣來的。艾莉絲帶領的任務控制團隊有兩項職責，一個是負責維繫與太空船的通訊，一個就是太空船的控制。艾莉絲正與一小群工程師跟任務指揮專家在某台電腦螢幕前圍成一圈。他們正在商討機宜，而那台電腦螢幕上顯示著一則令人怵目驚心的訊息：**無法鎖定**。

他們處變不驚，讓人感到一絲放心，但想到問題的嚴重性，艾倫又覺得他們未免也放得太鬆了。只不過真正拿問題去試探他們，艾倫才知道他們已經擬出了一套工作假說，欲推測究竟發生了什麼事情。

在訊號喪失的當時，他們已知太空船經設定、要同時處理好幾件事情，而這可能讓主電腦程式處於較大的壓力下。或許，他們推測，新視野號的電腦發生過載。在任務指揮中心之前的演習當中，同一組任務並未對任務模擬器上的同型電腦造成問題，但也許太空船上的實際狀況，與模擬中的情況並未完全相仿。

他們推測若船上的運算負荷果真過重，那電腦可能自行決定重開機。另外一種可能，是船上電腦可能察覺到有問題發生，所以決定自行關機，決策權自動轉移到備用電腦上。

不論是上述兩者中的哪一種情形，都算好消息，因為那意味著新視野號還活著，而且問題是可以處理的。不論是哪一種狀況，都代表新視野號重新甦醒，而且已經用無線電回報現況給基地。只要這兩種推測有其一是正解，在太空船自動完成初始回復步驟後的一到一個半小時內，他們都可望收到「飛鴿傳書」。艾莉絲與她的團隊看來有信心，問題就是二者之一，而想到他們已經控制新視野號的飛行這麼多年，艾倫選擇相信他們。但萬一新視野號音訊全無——接下來的一個半小時後非常關鍵——那就代表他們也不知道發生了什麼事情，而非常有可能永遠也不會有人知道。

隨著愈來愈多同仁趕來集思廣益，艾倫在戰情室裡開了個「小視窗」。所謂戰情室，是個像金魚缸的透明會議室，向外可以俯瞰波曼的新視野號任務控制室。葛倫．方騰也來了。沒多久事情趨於明朗，這不是可以藥到病除的狀況，團隊成員必須要在此長期抗戰——弄不好得披星戴月好幾天，才能讓馬上要飛越冥王星的計畫重回正軌。

今天出問題的若是繞著某顆星體在軌道上公轉的飛船，又或者是某個已經成功登陸在星體表面的登陸艇，那團隊就不用急於一時。大家可以慢慢分析問題，然後做出建議，甚至嘗試錯誤。但新視野號不是要繞行軌道或表面探勘，這是飛掠行星任務。無人太空船正以單日七十五萬英里（一百二十萬公里）的速度朝冥王星衝去——時速超過三萬一千英里（將近五萬公里）。所以不論修不修得好，新視野號都將在七月十四日飛越冥王星，然後一去不返。他們一邊解決問題，太空船也繼續在飛，沒有什麼暫停這種東西。要在跟冥王星擦身而過的瞬間滿載而歸，只有一次機會——新視野號沒有備份，沒有第二次機會，沒有辦法打電話跟冥王星說改天再約。

第一次世界大戰曾經傳下來一種形容戰爭的說法，他們說戰爭就是「百無聊賴好幾個月，然後恐怖至極好幾個瞬間」。同樣的說法，也完全可以套用在長程太空任務上。因為等待新視野號傳來佳音的那一個小時，感覺非常之漫長，而且老實說也非常之可怕。

然後，解脫終於到了：午後三點十一分，也就是與飛船失去聯繫的一小時又十六分鐘後，訊號到了，新的訊息出現在任務控制中心的電腦螢幕上：「訊號鎖定」。

艾倫深吸了一口氣。工程師的假說，顯然是正確的。太空船又開口跟他們說話了，這場比賽又有救了！

好吧，這場比賽有救了，但還是落後很多。他們得卯起來趕進度，太空船才能回歸飛越冥王星的時程。當務之急是新視野號得脫離「安全模式」——太空船在偵測到問題後，就會進入這個模式，而在這個模式裡，會關閉所有非必要的系統。但新視野號要重回飛越軌道，脫離安全模式只是各種工作中的冰山一角。去年十二月以來，所有小心翼翼上傳的電腦檔案，都是支援探索所需，在飛越作業前全得重傳一遍。正常情況下，這會是好幾個星期的工作量，但這會兒沒有幾個星期，他們只有十天。十天後就是新視野號正式抵達冥王星的日子，三天後就要對冥王星展開近距離的資料蒐集，屆時要完成所有最重要的科學觀測。

波曼跟她的團隊立馬動工，而這果然是一項艱鉅的任務。太空船跳出安全模式後，他們得下指令，讓新視野號從備用電腦轉回由主電腦控制——這是他們第一次不得不這麼做。再來他們得重建、重傳飛掠過程中需要的所有支配檔案。而且傳給新視野號之前，必須在任務的模擬器中完成測試，先確認其效果。一切流程都要完美無缺：哪怕是缺了一個檔案，或是版本不對，他們辛苦了這麼多年，就可能名存實亡。

時間滴滴答答在走。近距離飛越的第一批科學觀察——處於任務核心的最關鍵觀察——即將在距離冥王星六點四天、也就是星期二展開。這個六點四天的設定，是根據冥王星一天的長度，也就是它完整自轉一圈的時間。換句話說，我們要是想在飛離前掌握冥王星的全貌，星期二是最後的機會。要是新視野號不能在那之前回歸原訂的時間線，就注定我們會跟很大一片冥王星的表面緣慳一面——永永遠遠。

在那之前，太空船能拉回正軌嗎？艾莉絲跟她的團隊擬定了計畫，他們覺得這是辦得到的——前提是在即將展開的馬拉松式復原工作中，不眠不休的他們不要遭遇到新的問題，也不要自己犯錯來製造問題。

真的辦得到嗎？還是他們會功虧一簣？艾倫那日下午曾說，你如果是這個任務團隊的一分子，並且之前沒有宗教信仰，那你在這個點上也應該開始求神拜佛了。時間會公布答案，我們總會知道結果。但在那之前，先讓我們來說說新視野號計畫一路向前、又如何來到這一天的故事。

第一章

壯遊的夢想

這本書講的，是一個小巧精密機器的故事，這機器旅行了非常非常長的距離（三十億英里，或約四十八億公里），完成了一項歷史壯舉——人類歷史上第一次探測冥王星。它之所以能達成目標，靠的是一群科技人兼夢想家的堅持、創意與好運，這群人生於太空時代中的美國，長於大無畏的理想中，他們相信自己可以朝前探索未知的大千世界，他們相信自己可以觸及太陽系的盡頭。

新視野號的冥王星任務，是眾多支流匯聚在一起的結果。這得回溯到冥王星千辛萬苦才被人發現的一九三〇年，然後之後半個世紀，人類孜孜地發現，還有一票我們原本不知道的世界，也以軌道運行在我們行星系統的邊緣，另外有個不被看好的提案，放在航太總署的門前，而提案人是一群決心過人的年輕科學家，他們打定主意要放眼歷史性的探險，他們心之所向是嶄新的知識。

科學家對命運一說不見得都買帳，但他們絕對相信時機有好有壞。所以我們就從一九五七年講起吧，那一年，人類歷史上第一枚太空飛行器史普尼克號（Sputnik），發射後進入了繞地軌道。

小腳蹬啊蹬，是一切的開端

索爾．艾倫．史登來到地球，時間是在一九五七年的十一月，他「登陸」的地點是美國路易斯安那州的紐奧良市。他的雙親蕎跟萊諾．史登生了三個孩子，他是搶先來報到的老大。爸媽說他「非常好生」，唯一稱得上辛苦的只有最後幾星期，他突然在媽媽肚子裡伸展起來，兩隻小腳瘋狂地蹬。多年之後在大兒子五十歲生日派對上，做父親的堅稱艾倫絕對是聽到史普尼克號發射、才會蹬腳想趕緊出世，他已經等不及要上太空去親眼看看了。

艾倫從很小很小就展現了對科學的興趣，尤其是太空探險與天文學。任何書籍只要扯到太空跟天文學，他都手不釋卷。就這樣沒有多久，圖書館裡的書被他一掃而空——包括給成年人看的那些。

十二歲那年，艾倫看到主播華特．克朗凱（Walter Cronkite）在電視上一邊拿著航太總署詳細的飛行計畫，一邊描述阿波羅號任務初期的某次降落過程。「你當然沒辦法在電視上看到計畫內容，」艾倫說，「但你看得出那本書起碼幾百頁起跳，裡頭滿滿各種細節，所有活動都有腳本，單位是以分鐘計。我立刻想要一本，我想知道太空航程究竟是怎麼規畫的。然後**我想如果華特．克朗凱能跟航太總署要到一本，我肯定也能要到一本。」**

於是艾倫提筆寫了封信給航太總署，但回信卻說因為他不具「知名記者身分」，所以他們不能給他資料。但他沒有氣餒，他決定加倍努力來把問題解決。接下來的一年，他研究並手寫了一本一百三十頁的小書，書名叫做《無人太空船：內部觀點》。這個書名——連作者艾倫自己都說——「有點好笑，因為寫這書的小朋友是個徹徹底底的局外人，而且內容還都是現學現賣。」

但這有效。艾倫不僅因此從航太總署那兒收到全套的阿波羅飛行計畫，最後還被收到約翰．麥可雷許（John McLeish）的羽翼之下。約翰．麥可雷許何許人也？他是航太總署在休士頓的公關主管。經常上電視講述阿波羅任務過程的那個人，就是約翰．麥可雷許。事實上，麥可雷許開始固定寄阿波羅的技術文件給艾倫：不僅是飛行計畫，還包括阿波羅號指揮艙的操作手冊、登月小艇的在月球表面的作業程序，還有很多很多其他的玩意。艾倫迷上了太空，他長大想做跟太空有關的工作，但他也知道自己得再讀十年書，大學畢業後才有足夠加入太空團隊的技術。

太空壯遊

大約在約翰．麥可雷許跟艾倫交上朋友的同一個時候，艾倫也拿到了一本一九七〇年八月號的《國家地理雜誌》，那期封面是從其中一顆衛星望過去、土星可能的模樣。那幅圖上繪製的是一顆巨大而帶環的土星，仰著一個角度，漂浮在漆黑太空背景中，底下則是一片坑坑洞洞、結冰而奇異的地景，看起來既寫實又奇幻到無以復加。那個月的封面故事〈行星之旅〉，是艾倫世代的許多行星探險家都記得的兒時記憶。文章含有一種魔幻的元素——由機器控制的太空航行——讀起來就像在看《哈利波特》。

那篇文章描寫在未來幾十年間，航太總署計畫要發射一系列由機器控制的太空飛行器，目的是探索太陽系全數的行星。我們對行星的認識，便從科幻小說中的想像一則則，轉化為已知世界裡的照片一禎禎。

文章中對於太陽系的探索，描述為一連串持續推進的旅行，並在一旁附上第一代行星科學家的介紹——其中包括卡爾．薩根（Carl Sagan）——也就是催生第一輪探險之旅的資料，還發布與詮釋的那位卡爾．薩根。截至一九七〇年，航太總署僅成功發射了七架太空飛行器到其他行星——包括金星三架、火星四架。第一輪的跨行星飛行，性質上都只是飛掠任務。其內涵只是派出太空飛行器，然後令其快速掠過目標行星。這些飛行器既無能力減速以進入行星軌道，也沒辦法在行星上著陸，因此它們只能簡單利用與行星最為接近的幾個小時，盡可能蒐集照片與各種數據（作者按：我們說**簡單地**，但其實一點都不簡單）。

《國家地理雜誌》的那篇文章，敘述了一九七〇年代是如何躊躇滿志地想要成為「行星調查的（黃金）十年」，計畫與希望的太空任務一字排開，昭示航太總署的一番雄心，也開啟了人類對於太陽系其餘行星的了解。首先在一九七一年，航太總署送出了兩枚先鋒的飛行器去繞行火星軌道。接著是人類第一次以太空任務探索當時被稱為外太陽系（outer solar system）的廣袤未知領域，具體而言就是先鋒十號與先鋒十一號這兩艘無人太空船，會分別於一九七三與一九七四年飛抵木星，然後進一步在一九七九年斬獲土星。

不久之後，水手十號會第一次前往水星，途中取道金星，且在金星第一次利用重力輔助（gravity assist）的彈弓效應。後來人類前往太陽系各隅時，這一妙招也不可或缺。運用重力輔助時，飛行器會被送往某顆行星，然後與繞行該行星的軌道失之交臂，由此行星的重力就會先拉近飛行器，然後將之加速、甩往下一個目的地。這聽起來好像有點一廂情願——因為你會有一種不勞而獲的感覺——但事實就是如此，軌道力學的方程式是不會騙人的。對行星來說，飛行器獲得的加速，就是它本身軌道速度的損失，但因為那數值實在太小，所以對行星的影響可以忽略不計，但飛行器卻能取得奇大的推進力、朝正確的目標邁進。先鋒十一號就規畫要用這樣的方法，先掠過木星，然後再一鼓作氣飛向土星。

以上的計畫若全數成功，那麼一九七〇年代還沒結束，地球發射的飛行器便會造訪完古代人類就知道的五顆行星了——從水星一直到土星。尤有甚者，先鋒十號與十一號會在跟木星、土星擦肩而過後，累積足夠速度，徹底擺脫太陽的引力束縛，進而創下第一次有人造物體（連同最上層的火箭）離開太陽系的紀錄。

再之後呢？人類會剩下三顆行星需要探索，但以天王星、海王星與冥王星軌道那令人咋舌的距地距離，要與它們接觸談何容易。除非……

《國家地理雜誌》的文章提到一個雄心萬丈的計畫，它要啟動一個「壯遊」任務，亦即透過多次重力輔助來造訪上述三顆行星。純就理論而言，太空飛行器可以朝木星發射出去，被木星拋向土星，然後被土星依序拋往天王星、海王星、冥王星這三個未知的領域。這樣的紙上談兵若能成行，則原本遙不可及、正常來講要數十年才能飛抵的這三顆外太陽系行星，包括冥王星都可以在短短十年內到達。

但多重重力輔助的運用，並不是隨時都可以成立，這當中有時機的問題。真的要講，這種技巧只有某些年份做得到，甚至只有某些世紀才做得到。以各自的軌道繞著太陽運轉的行星，必須剛好排列成需要的軌跡，就像珠子串成一個特定的弧形，並且從地球延伸到冥王星。就像是每隔將近兩百年才會短暫「芝麻開門」的祕密通道，行星的運動會每一百七十五年排得剛剛好。

而說巧不巧，難得的機會出現了，這可說是「壯遊」的機會。把握住這個天賜良機，一九七〇年代尾聲發射的太空飛行器，可以相對迅速地縱橫太陽系，依序在外圍行星留下足跡，其中抵達冥王星的時間應該會落在一九八〇年代後期。值得慶幸的是，歷史上的瞬間，二十世紀的末期，人類已經發展出了將飛行器發射出地球表面的能力，天時地利都已到齊。

在此我要跟年輕讀者分享一些心得：物理法則可以是我們的好朋友。在正常情況下超乎我們能力的目標，物理法則都可以達成。而有的時候，事情的排列組合會帶給我們千載難逢的良機，錯過又要等好久好久。

那一期的《國家地理雜誌》上，有早期探測器拍下的火星與金星照片，也有插畫家為尚未探索過的行星繪製示意圖。文章中還附了一張圖表，提供了九大行星的已知訊息。而這張簡表中，你會發現有顆謎樣的行星非常與眾不同。在冥王星那一欄，多數格子都被打上問號。你唯一能獲取的冥王星資訊，只有它那比誰都大的公轉軌道（繞一圈要兩百四十八個地球年），還有在冥王星上一天的時間（每六點四個地球日自轉一周）。衛星有幾顆？不清楚。冥王星的體積大小？不知道。大氣層的組成？問號。冥王星表面的組成？還是問號。想知道處於冥王星上是什麼模樣，對不起，線索少之又少。艾倫記得他讀到那篇文章，看到那張圖表，他當時就想著太空船有朝一日會去勘查冥王星，那顆太陽系最偏遠、最難解的行星。

航海家號

在當時，多數的行星勘查任務都是兩台飛行器一組，這是預防萬一，就怕其中一台無法正常運作。這種邏輯非常合理，因為第二枚一模一樣的備用飛行器，設計與規畫都可以沿襲第一枚，花費大大降低。比方說水手九號，也就是要繞行火星軌道，讓「紅色行星」的紋理與絢爛呈現在人類面前的那顆太空衛星，它就是成功案例。但水手九號的孿生兄弟水手八號，因為推進火箭失效，墜落在大西洋中，下場是粉身碎骨。類似不幸也發生在水手一號上，但水手二號則成功飛抵了金星。水手三號失靈，水手四號抵達火星。

航太總署規畫中的巨行星壯遊分為兩組，每一組各有兩個規格相同的太空飛行器，預設兩組任務都要飛抵三顆外太陽系行星。其中一組排定於一九七七年發射，規畫飛越木星，然後藉其引力彈射到土星與冥王星。另一組則排在一九七九年，其發射預計造訪木星、天王星、海王星與冥王星。這趟壯遊，卡爾．薩根口中的「太陽系的初次偵測」，預計將畫上一個圓滿的句點。

計畫非常美好，但派出四架飛行器，並以飛抵至少三顆外太陽系行星為目標，是非常燒錢的事情。這趟任務從飛行器設計、打造到實際飛行，前後耗時超過十年，任務距離長度也是史上僅見，以今日幣值計算，估計費用要超過六十億美元。不幸的是，當時正是航太總署預算走下坡的階段。所以在那樣的環境下，花錢如流水的計畫根本爹不疼娘不愛。就這樣，這個需要高額補助的壯遊計畫遭砍，根本上不了發射台。

但機會此生只此一次，科學界開始動起來積極縮減成本，希望挽回壯遊計畫，由此他們催生一個瘦身版本，其計畫名為「水手─木星─土星」任務，其腳踏實地的目標變成僅探索兩顆最大也最近的外太陽系行星：木星與土星。改良過後的雙飛行器任務，以今日幣值計算，只需要二十五億美元，並且在一九七二年核准通過。在公開舉辦的命名比賽中，他們趕在一九七七年八月與九月的發射日前，讓兩艘飛行器得到了正式的名號，它們分別被命名為航海家一號與航海家二號。

雖然原版的壯遊計畫不復存在，但航海家一號跟二號的發射日與飛行路線都經過精心挑選，目標是通過土星之後，還能繼續靠重力輔助前往其他行星。核動力也納入設計，以便「主任務」後的飛行器續航多年。所以，往後說預算若有轉圜，則這些飛行器都有潛力可以續行到天王星、海王星與冥王星。

只要能順利完成對木星跟土星系統的探索，就可以視航海家任務徹底成功。但航海家一二號的設計者另有盤算——他們指望著靠點運氣，加上還不知道在哪兒的資源——航海家搞不好可以再多活好幾年，多跑幾十億英里遠，最後完成壯遊計畫原本的目標。確實，航海家計畫最終也做到了這個程度。一九七〇年代尾聲發射的兩艘航海家號，各自都在一九八一年前到達土星，完成主任務，然後也各自繼續運行到了今日——距離發射當日已經四十年了。其中航海家二號朝著天王星跟海王星的方向前去，但同時已偏離了能抵達冥王星的路徑。至於航海家一號則無懈可擊，完全走對了方向。

既然如此，那航海家一號何以最終沒有抵達冥王星呢？話說對航海家任務而言，最大的頭獎，也是成功與否的指標，就是探索到土星獨一無二、又充滿謎團的巨大土衛六——泰坦星。整個太陽系裡只有一顆衛星具備有厚度的大氣層，就是泰坦。而且泰坦的大氣層厚度甚至超越地球，成分還跟我們呼吸的空氣一樣，以氮氣為主。這麼一來，泰坦自然成為科學家想增進了解的目標。泰坦引人入勝的另外一點，在於上頭若干跡象指向有機化學（有機化學就是牽涉到碳原子的化學，在地球上這是生命得以出現的關鍵），而且泰坦大氣層內已知有含碳的氣體甲烷。一九四四年發現這一點的，是太空人傑洛．古柏（Gerard Kuiper），他不僅是現代行星科學的先驅，也很快會在本書後頭出現。

這一切都很美好，但有一個小問題，而且說到這個問題，泰坦還不太給人轉圜的餘地。想好好調查一下土衛六可以，但航海家一號在掠過土星之後，得立刻逼近泰坦星。飛行器會永久脫離壯遊計畫的軌道路徑，也就是航海家一號將向南、狠狠甩脫行星軌道的平面。如此離開土星之後，航海家一號的飛行方向會跟冥王星漸行漸遠，永遠沒有見面的一天。在當時，沒人有辦法主張應該跳過泰坦，畢竟泰坦是與地球相對鄰近的星體，比起冥王星之遙，更是唾手可及。泰坦的有趣之處，科學家已經心知肚明。相較之下，五年內都平安無事才有機會到達的冥王星，這是個什麼東西，我們幾近一無所知，沒人能保證它值得一拚。捨冥王星而優先選擇泰坦，是理想而合乎邏輯的決定。事實上直到今日，都沒有人懊悔這個決定，特別是泰坦如今已證明是個由甲烷雲、甲烷雨與甲烷湖外加大片有機沙丘所構成的奇妙世界——說這裡是人類探索過最引人遐思的地點，也不為過。當年的決定，並無可議之處，但這決定也確實讓人類在二十世紀一訪冥王星的機會消失無蹤。冥王星若有朝一日可以為人所知，也只好等到下一次，由下個世代的人去完成。

校園裡的歲月

一九七八年十二月，艾倫在德州大學完成了大學學業。而一九七九年一月，也就是航海家一號朝木星接近的時刻，則是他進入研究所攻讀航太工程的起點。他對於太空探險仍舊是癡心一片，但並沒想到自己會走上科學家之路。即便到了今天他都還記得，在聽說航海家一號要捨棄較遠較冒險的冥王星，鎖定土衛泰坦之時，自己曾有過怎樣的反應。「我記得我當時想的是，**他們這決定很聰明，但也很可惜——我們可能永遠都沒機會看到冥王星了。**」

艾倫持續對太空船任務抱持高度興趣，但在他以軌道力學為重點的碩士課程中，主要是替學生打造一張能選進航太總署太空人計畫的履歷。在這樣的情況下，他應該怎樣踏出聰明的下一步呢？

艾倫想讓航太總署看到他的多才多藝，所以他選擇去不同領域念了第二個碩士，這次他研究的是行星大氣層。此舉後來發揮了關鍵作用。艾倫回憶說：

德州有一位當紅的年輕教授一方面研究行星，一方面也想當個太空人，他叫賴瑞·特拉弗頓（Larry Trafton）。他出身自加州理工學院，之前已累積了一些不算小的發現。他另外頗為出名的事蹟，就是外傳他是個一絲不苟的硬漢。我記得我跑到特拉弗頓的研究室外頭敲門，心裡七上八下，畢竟他的名聲我早有耳聞。但我還是把要說的話講了一遍，我說他只要有研究計畫的點子，又可以相互合作，那我願意分文不取在這工作。聽我這麼說，他便告訴我，他剛完成一篇講冥王星的論文，針對冥王星的大氣層動態跟氣體流失到太空中的速率，其計算顯示，以太陽系現在的年齡而言，冥王星早就該蒸發殆盡了。但這當然是個說不通的結論——因為冥王星明明就還好端端的在那兒。換句話說，這當中一定有我們不知道的事情。一九八〇年代尾聲，當我敲上特拉弗頓教授的門板，想要找到一個理想的研究主題時，他正好就在為這個難題絞盡腦汁。於是他說了：「不然你來研究冥王星吧？」而這，最終也真的成了我第二個碩士論文題目。對冥王星的大氣層可能有著什麼樣的基礎物理樣態，我們進行了一些探究。以今天的標準來看，我們只是跑了個非常非常陽春的電腦模型。但以當時的水準而言，我們的研究成果仍稱得上能振聾發聵。

十八個月過後，這第二個碩士學位也到手了。艾倫於是搬到科羅拉多，當起了工程師，替航太巨擘馬丁—馬瑞塔（Martin Marietta）公司處理航太總署跟國防部專案。但又一輪十八個月過後，他去了科羅拉多大學，在那兒變成了一名專案科學家（專案負責人的一號助理，專案負責人就是航太總署所稱的「計畫主持人」〔principal investigator〕），負責籌備由太空梭發射的軌道衛星計畫，目的是研究哈雷彗星的組成，時間主要是一九八六年，睽違數十年的哈雷彗星將接近地球。在科羅拉多大學期間，他也另外主導了一些次軌道的科學任務，包括他指揮了某個預定要從太空梭上發射共六遍的實驗，目的是要從太空中擷取哈雷彗星的影像——靠著太空梭，這是他職涯首次出演計畫主持人。

但在這一切看似很順利之時，艾倫不禁產生了一個疑惑，就是缺了博士學位，他能在這一行走多遠。現在的他已經成家立業，所以他在想自己恐怕是已經「錯過了船期」，早知道當年在德州大學的時候，他就應該要讀博士才對。

然後在一九八六年的一月，悲劇發生了。挑戰者號太空梭在升空僅僅七十三秒後爆炸，七名太空人全數罹難。而艾倫這三年來全心投入的兩項計畫，也隨之灰飛煙滅：要用來研究哈雷彗星組成的衛星，還有他第一次上場當主要調查員——擷取哈雷彗星影像的實驗。除了他的兩個案子毀了以外，航太總署不少計畫也不復存在。甚至連太空梭本身的存廢，都出現了質疑的聲音。

男男女女，只要是當時參與過太空探險工作的人，在挑戰者號爆炸的瞬間，幾乎都記得自己身在何處。甚至我們當中有些同仁，只要想起克莉絲塔．麥可奧利弗（Christa McAuliffe）——航太總署史上第一位「太空老師」——還有在那個冷冽早晨殉難於佛羅里達上空的每一位組員，都還是會不由自主地紅了眼眶。我們許多人，都是在電視前看著實況轉播，像艾倫就是在卡納維爾角，跟同事一同見證那一次命運的升空。

爆炸發生後，艾倫深受打擊。「你沒有地方可以躲，電視、報紙，到處都是相關的報導。連著好幾個星期，還是好幾個月，我只能一而再、再而三地被爆炸畫面疲勞轟炸。」這場慘劇，逼他重新思索自己人生與職涯的未來。航太總署再來的兩個行星探險任務，如今都已擱置，畢竟前往金星的麥哲倫號與目的地木星的伽利略號，都是原定要靠太空梭發射的軌道型探測器。事實上航太總署所有的科學任務，幾乎都遭實質凍結。艾倫下了一個結論，那就是太空梭要到八〇年代結束才可能復飛，這期間太空探險不太可能有什麼新的進展，於是他決定趁這段空檔回到學校進修，把博士學位給拿到。

就這樣在一九八七年一月，艾倫進了科羅拉多大學的博士班，念的是太空物理。距離挑戰者號的慘劇，正好相隔一年的時間。在博士班期間，他的論文研究做的是彗星的起源。但冥王星畢竟曾觸動他的人生。是冥王星，讓他第一次體驗到什麼是紮實的科學研究。雖然在一九八〇年代尾聲念起博士班，但他仍不禁惑從中來。他依舊在琢磨著冥王星任務的可能性？航太總署就這樣徹底斷念了嗎？

艾倫還了解到另外一點，那就是繞了遠路讀博士班，他跟一路直衝的同學比起來，就是落後了好幾年。跟他同年的人早以博士生或博士身分，參與過令人熱血沸騰的航海家計畫。該不會首次探索新行星的最後一班車，他已經錯過了吧？話說要是他能參與到前往冥王星的任務，一切就還不遲。

只不過，他第一回在行星科學家前輩的面前提起這件事，得到的回應讓人有點洩氣。艾倫回憶說：

我覺得跟多數同領域的人相比，我的不一樣之處在於我是真的嚮往探險，這一點可以獨立於科學以外。在攻讀博士之際，我就開始丟出「冥王星任務」這樣的概念來試水溫。我會發言說：「我們對海王星了解了那麼多，是不是也該弄一個冥王星任務了呢？」但令我失望的是，科學家前輩堅信，光以探險的名義，撐不起冥王星任務的價值。

就在這個當下，艾倫經歷了基本的斷裂點。斷裂點的其中一邊，是航太總署在決定探險任務時的真正標準，另一邊則是他們對外做公關的形象。對外，航太總署會強調探險本身的熱情與內在價值。那是「就是沒人去過的地方，我們才要勇敢地邁進」的豪情與壯志。

但回歸到航太總署內部，無人太空任務的優先順序如何審核，又如何排定，操之在委員會。而畢竟航太總署的財源有限，因此委員會的章程與宗旨並不是發掘出最酷的任務，然後派飛行器去星圖上沒標定的區域。他們會想知道，到了那邊究竟能做上什麼科學實驗，回答什麼特定而重要的科學問題，他們希望有一板一眼的細節，可供說明每次潛在任務如何推進科學領域。所以即便科學社群知道自己想去某個地方，也真的是出於探險那單純的奇妙與喜悅，他們還是得接下一個挑戰，那就是把跑這一趟的科學理由定義出來，好讓人感覺這一趟在科學上有不去不行的急迫性。

艾倫猶記在一九八〇年代尾聲的光景，「有位大前輩告訴我：『你絕對沒辦法用探險的名義，說服航太總署接受冥王星任務。你必須要想個辦法，讓科學界公開說這攸關特定科學領域的發展，這個任務才可能開花結果。』」

發現冥王星——一九三〇年

在經典的九大行星當中，冥王星不只最遠、最晚獲得觀測，冥王星還最晚被發現——發現那年出生的人類，不少現在都還健在。冥王星是在一九三〇年，由克萊德．湯博（Clyde Tombaugh）這位來自堪薩斯州農場、沒有受過正式訓練的少年所發現的。這是一個好傻好天真、最後用堅持換來豐碩成果的經典案例。

克萊德生於一九〇六年的伊利諾州，家中務農，並不富有，但他從小就深深著迷於其他世界。「六年級的時候有一天，」他在一九八〇年出版的一本自傳[2]中提到，「我突然想到，我在想其他行星上的地理是什麼模樣呢？」後來他慢慢長大，家裡也搬到了堪薩斯的農場，他便在那兒開始認真研究起天空。至於裝備，用的是爸爸從希爾斯百貨型錄上給他郵購來的望遠鏡，口徑是二點二五吋。他靠自已研究天文學，自已研磨新組裝的望遠鏡鏡頭，還仔細描繪其觀測到的木星與火星特徵。家鄉圖書館裡只要是跟天文或行星有關的書籍，統統被他讀了個精光。當時在波士頓，有位富有又具人望的天文學家帕西瓦．羅威爾（Percival Lowell）主張自已「發現」了火星上的「運河」，還為此大肆宣揚，因而引發了爭議，相關論戰都在克萊德的追蹤之中。期間克萊德也讀到羅威爾的想法，他判斷在海王星的軌道以外，應該存在一顆未被發現的行星。

羅威爾曾經仔細檢視過海王星的軌道，然後下了一個結論，即是其運動中有些不尋常處，而這透露遠方有一顆第九號行星在進行些微的引力拉扯。克萊德讀到，羅威爾創辦的天文台址在亞利桑那州的弗拉格斯塔夫（Flagstaff）山上。他幻想自己也可以有那麼一天去上大學，然後成為一名天文學家，但現實人生感覺跟這幻想相隔著無數個世界。當時景氣並不好，他根本不敢想說家裡會有錢，讓他不要務農而去追夢。

但不洩氣的他，整理好最自豪的火星速寫，寄給羅威爾天文台的天文學家。一九二八年尾聲的某一天，奇蹟發生了，他收到了署名為維斯托・斯里福（Vesto Slipher）博士的回信，而斯里福博士便是羅威爾天文台的台長。信中提到天文台正要聘一名助理，不知道克萊德有沒有興趣。

興趣可大了！一九二九年的一月，克萊德幾乎就只帶著一整箱衣服跟天文書，外加媽媽給他做了在路上吃的三明治，就此搭上西行開往亞利桑那的火車。還要三個星期才滿二十三歲的克萊德心中滿是興奮，但離開家中的農場，也讓他有點難過。隨著火車戚嗆戚嗆駛離了堪薩斯，爬坡到亞利桑那的山上，他也看著車外的風景，從一望無際的堪薩斯農地轉變成乾燥的沙漠，然後又變成松木蒼鬱的森林。當時他還沒料想到，這班列車不僅會載他登上山巔，還會載著他登上史冊。

來到天文台的克萊德，理解到他的工作是負責使用嶄新的十三吋口徑望遠鏡，並更新「X行星」的研究。這個如夢似幻的工作，等於接續由帕西瓦・羅威爾本人起頭的探索。羅威爾先生已經於一九一六年去世，很遺憾地沒有找到X行星。而繼承羅威爾先生遺志的任務，如今就

2 原書名為 *Clyde Tombaugh and Patrick Moore, Out of the Darkness* (Harrisburg, PA: Stackpole Books, 1980).

落在了克萊德的肩上。

天文台追蹤X行星身影的新望遠鏡，性能比羅威爾本人當年使用的還要優異許多。同時天文台的地點位於北亞利桑那山區，海拔七千英尺處（超過兩千一百公尺），因此具備大氣乾燥、光害少的優勢。不過以工作量而言，克萊德的職責算是相當辛苦。他得日復一日在山區的寒冷冬夜中，待在沒有暖氣的觀測台裡頭，一張又一張地拍攝下拍照硬片（photographic plate）。他鎖定拍攝的是根據軌道計算、X行星可能行經的天際範圍。

克萊德預期要找的行星非常黯淡（可能比肉眼能看到的亮度低數千到數萬倍），因此每張拍照硬片都必須要曝光一小時以上，同時他還得調整望遠鏡的方位來抵銷地球的自轉，以保持星星在硬片框中的位置固定。每一禎硬片上頭都有數以千計的恆星、偶爾來串門子的星系，還有眾多的小行星，甚至偶爾會拍到彗星。

在這麼多「雜訊」當中，克萊德要怎麼知道某個光點是行星呢？祕訣就在於針對同一個小點連續拍攝數夜，藉此觀察某顆微弱的「獵物」，看它在眾恆星襯托下，是否以正確速度移動。若是，就代表這個目標正在海王星以外的軌道運行。為了分析拍下的影像，他使用了當時非常先進的設備「閃爍比對器」（blink comparator）。這可以幫助他快速比對連續幾晚的同區影像。背景的恆星會保持在相同的位置，供觀測者在不同的影像間跳躍比對，這時行星的運動就會顯示出來。

這種比較，可以想像是一個極為枯燥、極需要專注力的過程。到了今日，上述的每一個步驟都可以由電腦代勞，但當年這些全部都是人力作業。就這樣，每晚只要天候許可、滿月又沒有沖刷掉滿天的黑暗，那克萊德就會到望遠鏡前報到。他的生活是按照二十八天的月曆進行，遇到滿月而不可能拍到他鎖定的黯淡目標時，時間就拿來沖洗行星影像，並且用閃爍比對器一格一格、一顆一顆檢視。

誰也無法保證最後能成功。有些資深的同事要他別浪費時間，因為如果真有什麼其他的行星，他們之前早就發現了。所以說過程中他會感覺低落與氣餒，真的是情有可原，但最後他還是堅持了下來。

經過近一年的鍥而不捨，時間來到一九三〇年的一月二十一日。那天天空十分晴朗，而克萊德照例對天際進行系統性的地毯式搜尋，最後他的搜尋來到了雙子座的區域。那天晚上很折磨人，主要是外頭吹起了強風，讓望遠鏡搖晃得厲害，甚至門軸都快撐不住，要讓門被吹走了。這樣拍下的影像極其模糊，一開始認定應該不能用，但事實證明——雖然當事人第一時間沒有發現——克萊德已經拍下了他魂牽夢縈、朝思暮想的目標，羅威爾先生的X行星。

因為二十一號的天候狀況很差，所以克萊德決定在二十三號跟二十九號再重拍同一個區塊。他有想到要這麼做，真是萬幸。

數周之後的二月十八日，這天幾近滿月，要尋找昏暗的目標又成了不可能的任務，於是他再度搬出了閃爍比對器，打算研究一月份拍下的影像，目標依舊是以特定速率移動的物體，因為這個速率會告訴他，這東西的運行軌道比已知任何行星都遠。經過不斷試誤，他發現若以大約每秒三次的速度來回比對，效果最為理想。就這樣在一月份的某張硬片上，他瞥見了一個物體符合他的設定。一個昏暗的小點，以八分之一英寸的距離前後移動——正好是軌道距離遠於海王星的位移。「有了！」他心想。克萊德說：

我渾身像電到一樣。我來回切換著快門，細究著影像……接下來的大約四十五分鐘，是我一生中最興奮的時刻。我必須要持續檢查，才能百分之百確定自己的發現屬實。我用公制的尺量出了位移是三點五公厘，然後我將比對中的其中一張硬片換成了二十一號拍的東西。幾乎一瞬間，我就發現了那物體位於二十三號位置的東邊一點二公厘處，而兩天差一點二公厘，跟初發現的那一雙影像相隔六天有三點五公厘，可以說是分毫不差……這下子我感覺百分百確定了[3]。

在那個當下，克萊德．湯博知道獵物已成自己的囊中物，他還知道自己是數十年來第一個發現新行星的人[4]。硬片上那顆亮度黯淡的小不點，就像隻身在黑暗森林裡的跳蚤，在一動不動的恆星之間跳來跳去，那就是人類看見冥王星的第一眼，一個之前從未被肉眼目睹到的世界。

那裡還有一顆行星！有漫長的好幾分鐘，這件事情只有克萊德．湯博一個地球人知道。接著懷抱篤定的心情，他緩緩行過了迴廊，準備把發現回報給上司。一路上他斟酌著該怎麼說話。最後，他走進了天文台長的辦公室裡，簡單地說了一句：「斯里福博士，我找到你要的X行星了。」

克萊德作事細心跟一絲不苟，斯里福是知道的。這是克萊德第一次這麼回報，要說是誤判實在不太可能。經過斯里福與另一名助理看過影像，也附議了克萊德的評估後，兩人一致認同他的發現。但他們決心要守口如瓶，只讓天文台內少數同仁知曉。在此同時，克萊德持續追蹤，希望能確認發現的真實性，並且也希望深入認識這是個什麼樣的星體，移動的方式又是如何。畢竟萬一只是誤會一場，那打擊實在太大。

他們花了一個多月的時間，再三檢查新行星，還有它在天際移動的軌跡，藉此確認了這星體軌道在海王星之外的計算結果。這顆行星通過了他們進行的每一項測驗，包括每張新拍攝的影像都有它的蹤跡，而且移動速率也都正確。在這個月當中，他們還嘗試尋找可能存在的衛星（但一無所獲），另外就是他們用上了更強大的望遠鏡來觀察此星體——這是為了要看出它是一個真正的碟型，而不只是一個小點，如此天文台才能推估星體的體積大小。但結果他們做不

3 作者註：*Clyde Tombaugh and Patrick Moore, Out of the Darkness* (Harrisburg, PA: Stackpole Books, 1980).

4 作者註：克萊德·湯博之前有威廉·賀歇爾（William Herschel）在一七八一年發現天王星，然後是約翰·蓋勒（Johann Galle）在一八四六年發現海王星。蓋勒常與奧本·勒·維耶（Urbain Le Verrier）共享這份殊榮，因為勒·維耶藉由計算天王星軌道的異常，精準預測到了海王星的位置，然後告訴蓋勒應該從何處進行觀察。

到這點，而這也代表他們看到的星體非常小。

最終，因為確定自身的觀測無誤，他們在一九三〇年的三月十三日，也就是天王星發現的一百四十九周年與帕西瓦．羅威爾的七十五歲冥誕當天，宣布了這次的發現。

消息一出，轟動了全世界。《紐約時報》的頭條是**太陽系的邊緣發現第九顆行星，睽違八十四年的又一顆新星**。無數報紙與廣播電台都報導了這則新聞。

這個發現，就像在羅威爾天文台的帽子上，插上了一根大大的美麗羽毛。但台方也很快就感受到要命名新行星的壓力，否則其他人就要越俎代庖了。帕西瓦．羅威爾的遺孀康絲坦斯曾奮戰了十年，想從天文台手中奪回先生留給台方的行星研究資金。如今研究有了成果，她也跳了出來，主張這行星要命名為「帕西瓦」或「羅威爾」。後來她又說希望這顆星能被稱為「康絲坦斯」，也就是跟她同名。很顯然沒有人希望這樣，但天文台的立場很尷尬，因為在財務上，天文台仍得依賴羅威爾家族的挹注。

在此同時，千餘封來函提供了命名的建議。有些建議非常認真地參考了西方神話，也跟其他行星的命名相配。像這類的來信裡，有人建議把新小行星稱為Minerva（慧神星）、Osiris（歐西里斯）跟Juno（婚神星）。另外有一批人建議採取比較現代的命名，比方說Electricity（電氣）。甚或還有一部分來稿天馬行空到令人不知道該說什麼：一位阿拉斯加女子的信裡是一首詩，其內容就是主張新星應該叫做跟湯博發音類似的Tom Boy（男人婆）來表揚發現者。伊利諾斯州的一封來函認為新星應該叫做Lowellofa（羅威爾洛發），這除了紀念羅威爾以外，

lowell後面的ofa代表發現它的天文台位於亞歷桑納州的弗拉格斯塔夫——o是天文台，f是弗拉格斯塔夫，a是亞利桑那。紐約一位老兄提議Zyxmal（意思是兩人相互讓來讓去，結果雙方都走不過去），因為這個字是英文字典裡的最後一個字，正好呼應這顆新星是「行星史頁中的最後宣言」。

但真正提出留名青史的Pluto（冥王）一詞者，是英國一個十一歲、還在學校念書的小妹妹，瓦內西亞・柏尼（Venetia Burney）。冥王顧名思義，就是羅馬神話裡冥界的統領者。瓦內西亞小妹妹的祖父把孫女的想法透露給了一名天文學家友人，而這名天文學家友人又發了一封命運的電報給羅威爾天文台，裡頭的內容是：

> 在命名新的行星時，請務必考慮Pluto一詞，這是瓦內西亞・柏尼小妹妹的建議，她覺得這名字很適合這顆又黑暗又陰沉的行星。

這個建議，克萊德與羅威爾天文台的前輩天文學家們都甚為中意，他們於是將之推薦給美國天文協會（American Astronomical Society）及英國皇家天文協會（Royal Astronomical Society of England），結果兩個權威單位都很認同。羅威爾天文台的學者會十分青睞「冥王」這個名稱，不只是因為它符合以古典神祇命名行星的傳統，也是因為Pluto的縮寫是PL，而這正好可以紀念天文台的創辦人兼贊助人：帕西瓦・羅威爾先生。

第二章

冥王星地下軍

冥王星粉

隨著實際行星探測於一九六〇年代展開，行星不再只是透過望遠鏡觀察到的微弱光點，一下子成為強大新穎器具與技術能夠偵測與研究的真實世界。包括原本用來研究地球這個家的工具與科技，如今都借去研究其他行星。太陽系行星上有岩石、有固態冰、有各種地形地貌，亦有不同的天氣、雲層與氣候型態，因此為了釐清行星的樣貌，投入研究工作的專家有地質學家、氣象學家、磁層專家、化學學者甚或是生物學家。而且考量到行星研究的複雜性，會受到吸引的往往是具有冒險性格的、想要嘗試新興跨領域挑戰的科學家。在這樣的過程中，誕生了一個嶄新而充滿個性的領域：行星科學。

在所有的太陽系行星裡，冥王星——最遙遠又最難達到的冥王星——始終是面貌最模糊、謎題最難解、研究也最難以進行的一顆。但這正中行星科學家的下懷，因為他們就喜歡這項挑戰，就喜歡解開謎團，而冥王星兩樣都不缺。科學家一方面自己想知道真相，一方面也想貢獻一己之力。在冥王星有這麼多謎題可以挑戰的背景之下，一個決心十足的次級社群儼然成形，他們是科學界的冥王星粉。因為渴望新的資訊，這群人用上了最精密的望遠鏡與各式先進器材，盡量想從遙遠的地球此端，釐清冥王星彼端發生了什麼事情。

關於一九三〇年發現的冥王星，人類當時立即以原始器具確認的其中一件事情，就是它軌道路徑的大小與形狀。相較於其他已知的八大行星，冥王星的軌道大上一號，而且明顯地不對勁。我們會覺得太陽離地球遠得難以想像，而太陽確實也是離我們很遠——地球與太陽相距九千三百萬英里（將近一億五千萬公里）。聽到這種數字，我們的大腦會很容易打結，我們會無法掌握那是怎樣的一種概念。我們只會覺得那反正就是很遠很遠。所以，很常見的一種作法，是透過類比去理解。比方說，我們若是調低比例尺，讓地球變成一顆籃球的大小，那太陽距離我們就是五點五英里（八點八五公里）遠！但要是以同樣比例尺去觀察，那冥王星的平均繞日軌道半徑，會是地球與太陽距離的四十倍左右。亦即地球若是一顆籃球，那冥王星距離太陽會有兩百二十英里（三百五十四公里）遠！

以這樣的距離而言，太陽的引力已經有點鞭長莫及，因此行星運行的速度會明顯較慢。所以說冥王星要花兩百四十八年，才僅僅能繞行太陽一周。你可以這麼想：庫克船長（Captain Cook）[5]第一次從英國出航，在冥王星上不過是一年前的事情，而克萊德・湯博在羅威爾天文台用閃爍比對器跳來跳去、好不容易看到點狀冥王星的第一眼，在冥王星上距今不過三分之一年又多一點。

冥王星的運行路徑極其橢圓。雖然行星軌道本來就不是真圓，但比起距離太陽較近的其他行星，冥王星的橢圓軌道格外明顯。也因著這一點，冥王星從被發現的一九三〇年到一九八〇年代尾聲，都一直緩慢地往太陽系內部移動，亦即這段期間的冥王星距離太陽與地球愈來愈近。到了一九五〇年代，冥王星的亮度持續提高，同時新設備也不斷針對星體的亮度測量有所突破。在這樣的條件配合下，科學家第一次成功測出了冥王星的「亮度變化曲線」——也就是冥王星亮度因為自轉而產生的周期變化。經過分析之後，冥王星呈現出規律的明暗脈動，至於周期則是精準地每六點三九個地球日一回。也因為觀測到這個和緩而穩定的節奏，科學家順藤摸瓜地知道了冥王星一日的長短。相對於地球是每二十四小時自轉一周，冥王星的自轉速度要「穩重」非常多。在冥王星上，兩次日出間的時間間隔是在地球上的六點四倍左右——比這更慢的只有金星與水星。

到了一九七〇年代初期，科學又更加進步了，行星天文學家也首次成功記錄下了冥王星的粗略光譜，這代表他們成功將冥王星的亮度換算成波長的函數。而光譜資料顯示冥王星整體是一顆色調偏紅的行星。

接著在一九七六年從夏威夷山頂的天文台進行觀測，行星天文學家發現細微的「光譜指

5 譯註：一七二八—一七七九年，英國海軍軍官，曾三度航向太平洋，西方第一次於澳洲東岸與夏威夷群島登岸的紀錄，都是由他創下。另外他還是第一個率船繞行紐西蘭一周的歐洲人。

紋」，證實了甲烷霜（冷凍的天然氣！）存在於冥王星的表面[6]。這是第一次有證據證明冥王星的表面組成是很不尋常的物質。而發現這一點的研究團隊，也很快意會到這發現的另一層意義，即專家可以藉此導出冥王星當時還未測量出的體積。當時的科學家，已經知道冥王星總共會反射多少光量，這代表他們要是再知道——或能假設出——冥王星表面的反射率，那他們就能計算出冥王星的大小。而因為甲烷霜是一種很亮、反射率很高的物質，因此科學家可以反推冥王星恐怕是顆很小的星體。

再來到了一九七八年六月，詹姆斯．「吉姆」．克利斯提（James "Jim" Christy）這名服務於美國海軍天文台的天文學家有了一項觀測結果。他發現在他某些冥王星的影像上，會出現一些「凸點」。這些是真正的冥王星地貌？還是影像畫質本身的瑕疵呢？克利斯提注意到在同一批影像中的恆星就沒有這些凸點，唯一看得到凸點的就是冥王星，所以他分析了凸點出現的時間間隔，結果發現周期也是六點三九天——跟冥王星的自轉周期相同！其他的觀測者在克利斯提的提醒下，也發現了類似的情況。他發現了冥王星有一顆衛星，其公轉周期與冥王星自轉周期相同。他後來把這顆衛星命名為凱倫（Charon，但英文母語者常念成Sharon〔雪倫〕），典故來自於希臘神話裡載亡者前往地下冥界的渡船人。這其中，有克利斯提的巧思，因為他妻子芳名叫做Charlene（夏琳）。話說到底，科學家也是人，也有私心。[7]

克利斯提發現凱倫，就像挖到寶一樣。在仔細觀察、比對過凱倫位置與亮度的改變之後，這顆衛星的軌道大小也成功為人所知。這項資訊配合物理的法則，我們終於得以確切地掌握住冥王星原本成謎的質量，而答案讓人相當震撼。羅威爾、湯博與許多後續的冥王星學者都期待著一顆質量與地球相當或甚至更大的行星，結果冥王星的真身竟只有地球質量的四百分之一。冥王星不但不是繼海王星之後另一顆巨行星，反倒成了迄今發現最小的一顆太陽系行星。

意外的事情接二連三。相較於冥王星本身，凱倫可以說大得嚇人，因為後者質量將近是前者的十分之一，所以這一對是貨真價實的雙（行）星！雙行星系統在凱倫出現之前，是行星科學界一無所知的事情。所以愈去了解、愈讓人覺得嘖嘖稱奇。

除了能即刻傳授給我們的新知以外，凱倫的發現還有一點十分奇妙，但在科學應用上又派得上用場。原來當凱倫被發現時，其軌道正好要進入一個非常不尋常的幾何排列：簡單講，凱倫馬上要跟地球上的我們大眼瞪小眼。沒錯，這聽來有些怪誕——實際上也確實是件怪事。在冥王星慢吞吞繞太陽一周的兩百四十八年裡頭，凱倫的軌道傾角幾乎都保持穩定，但偶爾而非常短暫地，凱倫（從地球角度望去）會正好與冥王星排成一線，亦即凱倫會先出現在冥王星的正前方，然後又跑到其正後方。這樣完美的排列，每二百四十八年只會出現寥寥幾個地球年。

6 作者註：發表並善用這項發現，成功推導冥王星體積與反射性的經典論文是“Pluto: Evidence for Methane Frost,” written by Dale Cruikshank, Carl Pilcher, and David Morrison, published in Science on November 19, 1976.

7 作者註：我們覺得有必要點出一事，首先就相干發現與觀察進行分析的人有兩位，分別是勞勃・哈靈頓（Robert Harrington）跟詹姆斯・克利斯提。首先注意到凸點、由此推論出冥王星具有衛星的人是克利斯提，但在科學文獻裡，克利斯提與哈靈頓共同享有冥衛一發現者的地位。

而神奇的是這可遇不可求的排列，即將在凱倫被發現的數年後開始。只能說瞎貓遇到死耗子，我們將可以從地球上看到新發現的衛星跟冥王星開始反覆「互掩」——這真是科學概念上的威力彩頭獎，我們因此能多了解遙遠的冥王星跟其最大的衛星。

科學家的估計顯示這些稱為「食」的天文現象，會從一九八五年開始，頂多誤差個前後幾年。而一旦開始，這現象將可延續約六年。在這個「互掩事件」的季節裡，單一的「食」會每三點二天出現一次——也就是凱倫軌道周期六點四天除二。有了這些「食」可以觀測，便能首次判讀冥王星與凱倫星的形狀與大小，另外關於兩者的表面亮度、成分、顏色與可能的大氣層，也將有不少斬獲。在林林總總、怪誕而使人額手稱慶的巧合中，兩件事絕對可以並駕齊驅、青史留名，一件是人類一掌握太空飛行技術後，就遇到壯遊計畫需要的行星排列，另一件就是凱倫能在即將與冥王星互掩前被觀測發現——畢竟下次再出現這種連續「食」的機遇，要等一百多年。

冥王星粉絲裡有一個人，已經準備要好好觀測這些互食現象了。這名年輕的科學家，叫做馬克・布伊（Marc Buie）。隨人類進入太空時代，馬克也是從小在黑白電視前看載人火箭升空。那些畫面深深觸動了他，也永遠改變了他。上了大學，他更是像得病一樣被冥王星的研究圈粉，而且還一病不起。

馬克後來進了研究所深造，地點在土桑的亞利桑那大學。一九八五年拿到博士的他，可以說是生而逢時，因為冥王星與凱倫的互食已經近在咫尺。馬克回憶說：

我們真的是運氣好，可以在互食發生的跟前發現凱倫，這才讓我們得以進行這為期六年的觀察計畫。也因為有這六年的觀察，冥王星才會無役不與地登上期間每場大型行星科學會議的議程，在科學界的集體意識中，冥王星位階又擢升了一級。

在一九八〇年代中期，好幾個觀察團體都在等候預期中的互食開始，但沒人知道確切的時間。最後觀察到這現象的第一人，是一名年輕的科學家，名喚李察・「瑞克」・賓佐（Richard "Rick" Binzel），時間是一九八五年的二月。然後等「互食現象出現了」的消息傳開，冥王星跟凱倫正式開始每隔三點二天，相互投影在對方身上，增加的觀測者不斷加入戰局，新的觀測結果也不斷湧入，包括兩顆星體的表現疑似有令人想一探究竟的特徵，還有兩顆星體間出現了更多令人驚異的差別。一如馬克所言，這些互食的事件，「讓冥王星像是主角，浮上了檯面」。

號召地下軍

隨著一九八〇年代進入尾聲，航海家二號也逼近了其畫時代巨行星探險之旅的終章。飛掠海王星以及大小有如行星的海衛一崔頓（Triton），即將成為最後的高潮。

而就在航海家計畫對四顆巨行星的探索進入最後衝刺時，一群才剛從生涯起點出發的年輕科學家，在航海家計畫的大無畏精神與神話式成功的制約之下，開始做起了夢想。他們計畫傳承航海家的探險精神與實務，並走得更遠——答案很明顯，他們要去冥王星探險。

一九八八年，還是研究生的艾倫開始思考，送太空飛行器到冥王星出任務的可能性。他馬上想到的第一個障礙，或許也是最大的障礙，不在於技術或科學方面，而在於社會跟政治層面。為了計畫起步，乃至於成功，這需要凝聚航太總署與科學界內部足夠的支持。艾倫知道冥王星與凱倫的互食，已經取得不少令人振奮的初步成果，冥王星在眾人心中也開始有了嶄新的面貌，大家開始覺得這是顆非常奇妙的行星。冥王星在一九八〇年代晚期被發現有大氣層，又讓這把火燒得更旺了。此時的艾倫深知，民眾對於冥王星愈是抱持科學上的興趣，就愈可能支持太空任務。

但航太總署知道這一點嗎？看起來他們是狀況外。就以可左右航太總署決策的各個委員會而言，在他們出具的任務評估報告中，優先的決選名單裡就從來沒見過冥王星。

但航海家決定放棄冥王星的決定，發生在冥王星被發現有大氣層與巨大衛星之前，何況愈來愈多的證據，顯示冥王星具有複雜而多樣的地表。被航海家任務捨棄的這些年，冥王星的魅力大躍升。

再者冥王星與冥衛凱倫之間為期六年的互食，很多答案也揭曉了，這包括冥王星亮區與暗區的表面存在顯著的差異，令人意外地，也包括冥王星跟凱倫的表面是由極為迥異的冰塊構成。冥王星的表面是冰凍的甲烷，而凱倫的表面則被發現是冰凍的水。持續觀測「掩星」

（occultation）現象──恆星因為有冥王星從前方飛越而暫時變暗──讓科學家發現冥王星的大氣結構有其奇特之處，包括顯示在低海拔處有霾。由此暗示著，冥王星是顆出奇複雜的行星。

由於上述的種種因素，在艾倫眼中，冥王星理所當然是下一個目的地。同時他也覺得時機已到。想知道自己能不能號召足夠的行星科學家，現在正是時候。

他不太確定該如何號召支持者，但艾倫想說先集合冥王星學的科學家，辦一場能見度不差的科學論壇，應該是不錯的第一步。在當時，線上的行星科學家不過一千人上下，其中多數都是每年春冬兩季美國地球物理聯合會（American Geophysical Union）會議的固定班底。每逢美國地球物理聯合會的會議，科學家會聚首一個星期，參與各個時段、主題各有不同的演說。艾倫跟幾位同事，決定他們也要來開闢一個時段，研究主題是關於冥王星的新發現與新知。他們打算把企畫上呈給美國地球物理聯合會的會議籌備委員會，而最近一場五月的春季會議將落在一九八九年，地點在巴爾的摩。

為了籌備這場會中會，也為了成功招攬其他科學家，艾倫找了一位幫手，即法蘭・貝格納（Fran Bagenal），一名年輕而聲勢正旺的英籍行星學者。她在航海家號計畫裡以科學團隊成員的身分表現傑出，許多人因此對她印象深刻。此時的法蘭剛獲科羅拉多大學大氣與行星科學系聘書，這份教職是她第一份「真正的工作」。而科羅拉多大學，正是艾倫即將完成研究所學業、大衛即將要成為教授的地方。

法蘭並沒有被冥王星圈粉。事實上，一開始艾倫還是費了一番唇舌，才讓法蘭認可冥王星在美國地球物理聯合會議程裡是個有意義的主題。在那個時候，法蘭想到冥王星，只會覺得那是個有趣的玩意，但也是個很遠的玩意。再者冥王星也不是她可以施展科學魔法的領域，她的專業說起來跟（行星的）磁場有關。對一個一眼看到行星，頭一個就會先看到那些宏偉磁場結構的人來講，冥王星不過是一顆小小的冰球，哪來的磁場供她研究？法蘭說：

老實講，我原本沒怎麼把冥王星放在眼裡。在外太陽系的系統裡，冥王星真的是個「細漢仔」。它多半沒有磁場。而沒有磁場的話，它又如何能跟太陽風產生互動呢？這樣的冥王星，有什麼好花力氣去研究的呢？就那麼一顆破冰塊，真值得我們千里迢迢地前往一探？

但法蘭是行星科學界的明日之星，而艾倫衷心希望她加入團隊。現在回頭看，她覺得自己當時會願意加入戰局，一方面得歸因於艾倫的倡議，一方面則是因為在後航海家號時期，大家急需一個勇闖新天地的探險計畫來振奮人心：

艾倫當時在招募一批人，他努力想說動這群人把冥王星當成工作目標。我還記得自己想的是：「喔，航海家計畫就要結束了，我們接下來要幹什麼？」

於是乎在艾倫的敦促下，法蘭出席了一些冥王星的科學會議，結果沒多久，她就被圈粉的臭蟲給咬了一口，染上了冥王星這種病：

> 我的想法有了變化，而且這變化發生在一九八九年五月的美國地球物理聯合會會議前。我發現確實有聰明人在觀測冥王星的大氣與地表，而且觀測的收穫還相當有趣。所以我找來了瑞夫・麥可納特（Ralph McNutt），我們一起坐了下來，研究冥王星的觀測資料。我們的結論是冥王星與太陽風之間，確實可能存在相當有趣的互動。就這樣，我們開始好奇起冥王星上可能會出現的物理現象。

法蘭與麥克納特的相識，是麻省理工學院的研究生時期。當時他們兩人都是航海家號計畫的電漿器材團隊一員，負責研究磁場。在新墨西哥州（以核子武器研發聞名）的桑迪亞國家實驗室（Sandia National Laboratories）裡工作過一段時間後，瑞夫終於「棄暗投明」，回歸麻省理工。當航海家號飛越天王星與海王星的時候，瑞夫的身分就是麻省理工的老師。他回憶當時的情形是：

> 在艾倫的敦促下，法蘭跟我向一九八九年的美國地球物理聯合會繳交了論文摘要，準備在會議上探討冥王星與太陽風的可能互動。到時候她負責上台發言，之後我們再一起

寫出論文。我們都開始了解到太陽風與冥王星之間的互動，更精確地說是與冥王星大氣所揮發之甲烷的互動，其實是個至關緊要、值得好好研究的課題。接著我更了解到我們需要一次任務來回答所有的問題。就這樣，我跳了下去。

自此之後，凡有人對我說出「冥王星」一詞，我的反應一概是「我們需要派艘飛行器過去。我們對太陽系的探索必須有始有終，而且既然要做，就一定要好好做。」法蘭與艾倫與一干人等的熱情，感染了我，他們都深知冥王星研究在科學上的潛力。我們全都義無反顧，而且我們都還那麼年輕。不懂太多的我們，只知道要一路往下衝。

在瑞夫的鼓勵與配合下，法蘭加入了艾倫，與他一起籌備前面提過、史上首見的美國地球物理聯合會／冥王星議程。接著他們對科學界中的冥王星學者放出了風聲，要他們「用腳投票」，要他們投稿論文發表，或者出席議程，藉此展現學界對於冥王星探測任務的濃厚興趣。

在回應艾倫號召的科學家之中，有一位聰明絕頂且特立獨行的地球物理學者，威廉・「比爾」・麥坎南（William "Bill" McKinnon）。比爾才剛獲得聖路易的華盛頓大學助理教授的聘書，而他的專長正是行星地球物理，原本用以研究地球內部結構與運動的知識與技術，他會拿來解釋其他行星與衛星上的相同現象。要把地球物理學的所知，套用到冥王星這在望遠鏡下只是一個光點的星體上，需要點想像力與勇氣。但包括巨行星的諸多衛星與遙遠的冥王星在內，比爾深深著迷於那些冰封世界的地質與起源。

非常之高又有點乾癟，五官有稜有角又留著深色長髮，這樣的比爾看來有點像是已故的前衛搖滾歌手法蘭克．札帕（Frank Zappa），或至少比較像是你會在札帕演唱會上遇到的傢伙。在行星科學會議上遇到他，你會覺得他是不是走錯地方。事實上比爾曾經是，也依舊是搖滾樂的死忠樂迷，並且他也有種乾巴巴、時而帶點黑暗的幽默感。你很難遇到比他腦筋更好的人，同時他也是那種可愛的理科宅宅，你會覺得可以跟他聊科學聊到天荒地老。

一九八四年，比爾的一篇重要研究論文，發表在《自然》（*Nature*）雜誌上——〈論海衛一崔頓與冥王星的起源〉。雖然相隔數十年，但這篇論文至今仍被視為經典。當時常見的冥王星起源一說，遭到這篇論文的駁斥。當時的主流認為冥王星原本也是海王星的衛星——崔頓的雙子星——後來逃脫了海王星的引力，才進入如今的繞日軌道中。比爾在論文裡將所有這些星體間的引力與潮汐拉扯納入模型，而他充滿說服力且聰明的計算中，顯示出對崔頓跟冥王星來說，唯一可能的情境正好與主流看法相反。比爾用論文述說的故事是「捕捉」，而不是「逃脫」。冥王星不是離家出走的海王星衛星。相反地，崔頓原本跟冥王星一樣，是個自由運行的太陽系行星，是後來才被海王星的引力捕捉住，成為了海衛一。他的論文結論是：「最簡單的假說，即崔頓與冥王星是兩個獨立的代表性星體，它們代表的是外太陽系的大型微行星（planetesimals）。」

整個一九八〇年代，麥坎南持續鑽研冥王星的起源，最後他相信我們要是能派觀測器過去，看到的一定不會只是一個小小世界裡雞毛蒜皮、可有可無的小事情。一定能發現更多實實在在、值得深究的東西。麥坎南認為冥王星可以帶我們一窺面紗背後的新世界，而新世界裡又藏著整個太陽系成型的祕密與線索。所以冥王星任務的必要性，對他來說顯而易見、理所當然。

這樣的他一聽說艾倫的美國地球物理聯合會議程，就表示願意貢獻一場演說，題目叫做《論冥王星—凱倫雙天體系統的起源》（*On the Origin of the Pluto-Charon Binary*）。

美國地球物理聯合會議程的籌備工作，進行得相當順利——不少人願意發表研究報告，但凡研究冥王星的重要學者，幾乎都計畫出席。議程大致有了把握之後，艾倫感覺到這似乎也是個不錯的時機，他可以把冥王星任務的種子直接種在航太總署的總部裡。

於是在美國地球物理聯合會成員聚集巴爾的摩的大約一個月前，艾倫提出了要求，要與傑夫·布里格斯博士（Dr. Geoff Briggs）一對一面談，也獲得許可。這位布里格斯博士，主掌航太總署當時的太陽系探索部門（Solar System Exploration Division）。這不是平常某個研究生想當面就教博士的場合。比起陽春的博士生，史登稍為年長，已有太空飛行器工程師的工作經驗，而且史登還認識布里格斯這條人脈。

美國地球物理聯合會會議召開的前一周，艾倫走了一趟華府的航太總署總部。在布里格斯的辦公室裡，艾倫提到美國地球物理聯合會即將到來的冥王星議程，提到令人振奮的科學進展，還提到外界對冥王星的興致愈來愈高。他問布里格斯：「航海家號任務已經告一段落，我們為什麼不趁勝追擊、完成對太陽系的探索？您願意補助我們，讓我們研究冥王星任務該如何執行嗎？」

布里格斯立即而毫不猶豫的正面回應，讓艾倫吃了一驚。布里格斯說：「你要知道，這樣的請求我是第一次聽到，我覺得非常好。我們就應該這麼辦。」

一頓晚餐與一場運動

凡事都有起頭，而愈是大事，其起頭愈常反差地微不足道。許久之後，水到渠成，預算將近十億美元的新視野號任務，其發軔不在別時別處，而在一九八九年五月的一個夜裡，在巴爾的摩小義大利區裡一家不起眼的義式餐廳。一大票行星科學家來此參加破天荒第一場美國地球物理聯合會／冥王星議程，活動安排包括十二場演講，而且講者可以說是菁英薈萃。參加這次議程的有上百名科學家，引發了相當不錯的回響。因為知道所有與冥王星有關的關鍵人物都會到場，所以艾倫與法蘭希望打鐵趁熱。於是他們安排核心人士於當晚會議後共進晚餐，希望藉此討論如何實現任務。艾倫、法蘭、馬克與比爾，還有另外九名科學家，出席了晚上聚餐。但席間無一人會想到，以這一夜為契機，其催生出的事物竟能在歷史上留名。

在肉丸、義大利麵、卡本內紅酒的推波助瀾下，或者做東、或者受邀的這群人開始議論起冥王星之行的必要元素。這顯然不是件容易的事情。任務本身需要策畫的細節，此時根本八字都還沒一撇，更別說已有一堆其他的太空任務排隊中，而且每一個任務都巴望著能早日起飛，每一個任務一字排開，也都有各自的倡議者陣容。這包括搞火星的有一群人，弄金星的有一群人，然後大手筆的卡西尼計畫周圍又有一群人——卡西尼號是上頭答應過要做（但非常燒錢）的土星軌道衛星——還有些人夢想著能從彗星上採集樣本。每一個拖了不知多久的計畫，背後都有令人眼睛為之一亮的規畫。問題是僧多粥少，航太總署的預算就這樣。在手頭拮据的一九八〇年代，航太總署一共只啟動了兩項全新的行星探測任務。

晚餐的這群人知道自己討論的是超出自己頭頂的東西，但他們都堅信冥王星任務的重要性。艾倫已經在研擬「進攻計畫」，而在場的所有人都洗耳恭聽。艾倫講述了他在航太總署總部與傑夫．布里格斯博士會面的經過，當中也提及他是怎樣發現了「任意門」，輕輕鬆鬆就取得研究補助。

研究經費多半有了著落，接著的問題是：他們要怎樣號召行星科學界，好讓航太總署知道冥王星任務有廣大民意支持？他們腦力激盪了一下，一個建立信任與爭取支持的計畫於焉成形。他們拿餐巾紙當筆記，抄下了準備行動的項目。其中一個是要發行一本《地球物理研究期刊》（*Journal of Geophysical Research*）的特刊，展示當日美國地球物理聯合會／冥王星議程中所發表的研究成果。另外一個則是設法讓他們在航太總署裡的熟人能熱血起來，還有就是要去追蹤任務研究贊助的後續。他們還會開始鼓勵那些支持冥王星任務者，加入各個能對航太總署提出建言、有可能影響行星任務優先順序的委員會。然後他們會組織一人一信的運動，鼓動同事與航太總署接觸，藉此聲援冥王星任務。

這裡有項利多，冥王星粉多數是青年才俊，尚是職涯新鮮人。對這些三十出頭、甚至才二十出頭而且充滿抱負的太空宅宅來說，他們是在阿波羅號、水手號、維京號與航海家號的陪伴下成長，所以一想到冥王星任務，這樣叛逆的計畫能顛覆既有的秩序，那感覺不僅有點刺激，更有點瘋狂。就算是不自量力，就算是小蝦米妄想挑戰大鯨魚，過程也肯定會很有趣。這群人對背水一戰或與體制唱反調的概念，超沒有抵抗力。

他們自稱是「冥王星地下軍」，但不是那一夜才開始這樣稱呼的。事實上，沒人真正記得這個渾名從何時而起。但不知怎的，這名字慢慢就開始口耳相傳，從很多方面來說，這名字都非常貼切。「冥王星地下軍」，無疑是在向「火星地下軍」致敬。火星地下軍的成員是一群充滿熱情的科學家與太空迷，他們用極具想像力與積極性的火星基地計畫，徹底撼動了航太總署。而在實際的成果上，火星地下軍也不斷地「騷擾」、推著航太總署去計畫新一代的火星任務。一定要雞蛋裡挑骨頭的話，冥王星這群人更有資格使用「地下軍」的標籤，因為比起火星，冥王星任務從起始就非常有顛覆性、非常不知天高地厚。想出這點子的是一群反骨者的結盟，他們好比手無寸鐵去挑戰一個帝國。

馬克·布伊記得那一夜離開義式餐廳時，他覺得自己眼前有了不一樣的視角，身上則多了個要去執行的任務：

對我來說，那頓晚餐是關鍵的瞬間。這一切能從在走廊上跟同事「嗚」、「哇」的各種閒聊，變成更大、更有系統、更有目標的攻擊行動計畫，那一夜稱得上是轉捩點。離開之後的我有任務在身：我發起科學家給航太總署的一人一信草根運動。我回到辦公室，寫好封信，寄給我在這領域裡不分老少的所有人脈。我在信裡鼓勵他們寫信給航太總署總部說：「我們應該要考慮去冥王星。」

馬克被交託的一人一信任務，有點像是美式足球裡沿邊線跑、並繞過防守重兵的狀況，只不過這裡的防線不是大個子的球員，而是航太總署的正常建議流程。這運動有點是要繞過這些內規，或至少有要賭賭看的意味。事實上地下軍的整場運動，都有隨機應變、打游擊戰的感覺。淌這渾水，也讓馬克陷入了一些麻煩。他在巴爾的摩的太空望遠鏡科學研究所（Space Telescope Science Institute）裡是個新人科學家，平日在那兒，所有以哈伯太空望遠鏡進行的行星觀測，他都是衝第一個。而馬克這封以「親愛的研究所同仁」開頭的信，引起了上司李卡多．吉爾柯尼（Riccardo Giacconi）的注意。李卡多．吉爾柯尼何許人？他是統領太空望遠鏡科學研究所的所長（兼不久之後的諾貝爾獎得主），權力與氣場都不同凡響。關於吉爾柯尼，馬克說的是：「他把我叫進他的辦公室，痛斥我不該搞這東西，還指控我這麼做是在遊說人。而我告訴他說：『我知道遊說二字是什麼意思，而這不是遊說。我只是跟好同事分享我的科學興趣，這應該是我的權利。』」

布伊的一人一信活動，讓航太總署收到了數十封請願書，冥王星地下軍希望用三寸不爛之舌宣傳的作戰行動，在短時間內獲得了立足點。話說每年最大的行星科學會議，是所謂的DPS（Division of Planetary Sciences）大會，也就是美國天文學會（American Astronomical Society）底下行星科學部門的會議。而在那年秋天的行星科學會議上，航太總署排了一個晚間議程，主要是讓內部同仁們有機會呈報潛在的任務企畫，並給行星科學界知曉，再順便蒐集一些回饋意見。在這個場合上，傑夫．布里格斯起身對著近千名行星科學家喊話，他說的是航太總署總部的信箱湧入了大批來函，且全都在呼籲航太總署研究冥王星任務的可行性。按照他的說法，行星科學界對冥王星的興趣之高昂，有點出乎航太總署的臆想。由此他們對冥王星任務的態度，也開始比較認真了起來。

於是乎，在跟行星科學會議差不多的時點上，距離艾倫殺去航太總署、找他談研究的事情不過短短四個月，布里格斯就撥款補助了航太總署第一個冥王星項目可行性的官方研究。他延聘了剛從研究所畢業的艾倫，以及才第一年在科羅拉多波德授課的法蘭教授，兩人共同主持這一研究計畫，另外他還給艾倫跟法蘭找了一位極具經驗且非常優秀的搭檔，他是航太總署裡大他們一世代的資深工程師——勞勃．法夸爾博士（Dr. Robert Farquhar）——來負責研究的管理工作。這是個好兆頭：法夸爾博士做為兼具創意與遠見的任務設計師，其口碑已臻於傳奇的等級。

這個研究的時機很幸運，跟另外一波橫掃行星任務文化的浪潮卡得剛剛好。話說當時在航太總署裡有一股共識，那就是大家體認到行星研究需要多一點小型任務。

　　考量到預算面的現實，署內實在沒那麼多錢來支應航海家號等級的大型新任務。這是為何呢？已經核定的伽利略號與卡西尼號，這兩個航太總署接下來的大型計畫，兩個都是耗資數十億美元的巨行星軌道衛星，而兩者也都正歷經嚴重的差錯。伽利略號剛發射要去繞行木星，就已經出師不利。主天線損壞，回傳數據給地球的速率必須大幅調低，由此伽利略號能達成多少目標與期望，前景實在不容樂觀。卡西尼號——航太總署正在打造的土星軌道衛星——是下一個要出發的飛行器，但其成本已經快速膨脹，計畫取消的風險愈來愈高。這兩個任務——用太空計畫的行話來說——就叫做「聖誕樹」，意思是上頭掛滿了各式各樣的功能與科學研究器材，數十億美元的標價就是這樣來的。

　　以一九九〇年代的美國財政景氣而言，任何這種規模的任務都免談。相較之下，航太總署的布里格斯等人鼓勵發展小型、便宜、目標更明確的任務，並且酬載要更節制，設備與功能的搭載要適量。他們希望可以發揮更多創意，讓任務可以用更少花費、達成更遠大的目標。

　　法夸爾的冥王星任務研究進行了一年，在一九九〇年尾聲告一段落。這個研究名為「冥王星三五〇」（Pluto 350），他們專心想做出的是一個三百五十公斤的小型太空飛行器，重量僅約航海家號的一半。研究出來的設計包括一個比航海家號小上許多的設備酬載，但設備更緊密貼合、更現代化，最大化每磅酬載的科學含量。這當中包括一台相機跟一台紅外線光譜儀，可以拍攝並繪製冥王星的地貌，一台紫外線光譜儀可以觀察冥王星的大氣，還有一台電漿設備可以量測冥王星大氣與太陽風的互動。

法夸爾——他在二〇一五年底見證過新視野號飛掠冥王星後，沒幾個月便不幸去世——是軌道力學的天才，他最出名的成就就是懂得妙用各種辦法，讓飛行器在行星與行星之間移動，並且讓燃料的耗用降到最低，而且是低到別人都覺得不可能的程度。他最大的絕招就是善用重力輔助，而為了讓冥王星三五〇的預期成本壓到最低，他的其中一個創意就是安排飛行器用小一號的三角洲二號火箭（Delta II）發射。但這個規畫有一個缺陷，就是飛行器的速度不足直接飛抵木星，也因此無法藉由木星的引力彈射到冥王星。為此法夸爾提出了替代方案，即讓冥王星三五〇先向內朝太陽的方向前進，利用金星還有地球的重力一起將之甩到冥王星。這便能讓冥王星三五〇搭配較小的火箭動力，照樣抵達冥王星。但這也意味著冥王星三五〇得在太空裡待上十五年，才能抵達目的地，還得在途中先忍受金星的高溫，再奔向遙遠旅程另一頭冥王星的寒冷。這並不是最理想的行程，但卻是預算花在刀口上的行程，而預算與成本也正是研究團隊的第一考量。

這份研究報告在一九九〇年秋天問世，由法夸爾與艾倫共同掛名，並發表在《行星報告》（*Planetary Report*）上，要屬一篇很多人讀過的文章〈將太陽系疆域向前推進：冥王星—凱倫雙天體系統任務初探〉（Pushing Back the Frontier: A Mission to the Pluto-Charon System）。話說《行星報告》是由行星學會（The Planetary Society）所出版，這是一份有著豐富插圖、設計非常內行的電子報，而行星學會本身有著上萬會員，創辦者是卡爾・薩根，其成立要旨是希望行星探索數量在增加之餘，也能獲得更多普羅大眾的支持。這篇文章開門見山地說「在過去三十年裡，人類已經派了飛行器去太陽系的各個行星，唯一的遺珠就是冥王星」，結論則是「人類究竟願不願意投入資源、探索這個令人神往的成雙世界（冥王星與凱倫）尚未可知——這是我們必須要決斷的問題」。

這篇文章提出了非常有力的論述，說明我們為何必須探索冥王星，為什麼現在是好的時機，還有冥王星三五〇的研究如何證明了這任務可以小、預算可以不失控。艾倫與法夸爾希望讓這篇文章出現在《行星報告》的讀者眼前，一方面可以讓民眾增加對於冥王星任務的興趣，一方面可以爭取行星協會為冥王星任務遊說。

就在他們的文章登出在《行星報告》上的前後，航太總署召開了一場記者會，來宣布冥王星三五〇的研究結果。艾倫與法蘭與幾名研究人員受邀暢談冥王星任務在科學研究上的潛在意義。這場記者會的出席人數出奇地踴躍，而航太總署也開始注意到了，跟美國地球物理聯合會與行星科學會議大會上遇到的一樣，冥王星一詞老是成為票房保證。

在麥克風之前，也在閃光燈與電視拍照的炫光底下，冥王星地下軍的成員瞠目結舌地互望，他們不敢置信的是冥王星任務所引發的熱議。天字第一號的目標已經達成。他們已經從蟄伏的地下爬上了地表，看到了天光，而且有如「概念車」一般的任務設計也已經握在手中。惟更艱鉅的第二號目標已然橫在眼前：他們能不能說服航太總署啟動更嚴肅、更全面的任務研究，讓任務取得資金、再邁進一步呢？

第三章
荒野中的十年

新的起點？

朝外太陽系邁進！在冥王星三五〇的研究成功帶動話題之後，冥王星粉紛紛覺得「起風了」，順風正推著他們朝星圖上沒有的外海王星區域前進，那是我們太陽系裡杳無人煙的未知領域。有那麼一瞬間，他們覺得事情一帆風順。

但他們的夢想與機器要離開地球表面，必須得先平安通過詭譎凶險的地面，那是這些年輕科學家無從準備起、也一點也不熟悉的境地。任何行星任務在發射之前，必然得先接受「環狀線」的考驗——精確的說，是要通過華府環狀線內政治中心的政治染缸考驗——因為只有此處才有足夠的政治權力，才能真正撥款給深空探險計畫。他們必須涉足、跨越華府的撥款沼澤。這段路途，事後證明會比他們想像中更長。從某個角度去看，這段路走得比地球到冥王星的旅程更加艱辛。

就在冥王星三五〇的記者會後不久，艾倫與法蘭回到了航太總署總部。他們在那兒與傑夫・布里格斯等幹部開始研擬下一步，冥王星三五〇怎樣才能從紙上談兵的計畫，變成貨真價實的任務。用行話來說，他們最終需要的是「新起點」，也就是核准通過。

各種任務在概念階段的發想、排行與研究等工作，在航太總署內要算是全年無休的過程。但除非署內能為某任務背書，包括將其排入預算，並呈給國會決議，否則一切都不算數。只有進了航太總署的預算書——設計與建造的經費都已經配置好——計畫才算是有「新起點」。航太總署官員提供給艾倫與法蘭的資訊是要取得「新起點」，他們必須得到太陽系探索小組委員會（Solar System Exploration Subcommittee）的背書。

絕地最高議會

在當時航太總署的任務政治學範疇裡，有幾個諮議委員會是新計畫能否開綠燈的關鍵。再怎麼優秀的計畫要是跨不過這個門檻，一樣只能黯然失敗。在一九九〇年代與二〇〇〇年代初期，對航太總署擬定行星任務與「新起點」決策時最具影響力的團體，沒有別人，就是太陽系探索小組委員會。不論你想去太陽系的任何一隅，任務都必須通過他們的決議。

對於航太總署的行星任務而言，太陽系探索小組委員會還不至於像絕地議會啦——在《星際大戰》的絕地議會裡，尤達大師會與其他睿智的長老齊聚在雄偉的廳堂裡，敲定銀河系等級的重要議題，同時間還有壯觀斜坡窗戶外的帝國首都科羅森星（Coruscant）背景——但也所差無幾了。在華府航太總署總部的太陽系探索小組委員會，約莫有十二名由航太總署指派的顧問——絕地大師剛好也是十二人——常會在相對陽春、而沒有對外窗長方形會議室裡會面。但他們不是全知的大師，而是在專職之餘，另外抽出時間來就行星探險策略提供建言的科學家。而這永遠是僧多粥少的世界，點子多、預算少。

大多數時候，太陽系探索小組委員會的成員聆聽報告者細說分明，主要是要了解不同的任務能對行星科學界做出什麼樣的貢獻，還有就是各個任務要花多少錢。在聽取完報告之後，他們便會針對優先順序，進行討論與排定，最後再製作「路徑圖文件」。

在一九九一年的二月，太陽系探索小組委員會接到委託，要評估冥王星任務。他們收到了冥王星三五〇的研究報告，外加由艾倫、法蘭與其同仁們執筆的一份文件。文件中除細部描述了探索冥王星的科學論述根基，還表列了冥王星三五〇可以回答的科學問題，包括下方的範例：

> 與行星等級的海王星衛星相比，比方說崔頓，冥王星有何同異？崔頓與冥王星真的是一對孿生兄弟，而且都是早期大批冰凍矮行星群聚的孑遺嗎？
>
> 冥王星的地表組成，真的如其表面特徵所顯示的那般分歧嗎？不同的區域，真的是由完全不同物質所構成的嗎？

冥王星具揮發性的冰面有多深，流動性有多強？冥王星的冰只是薄薄的一層表面？還是具有一定厚度的結冰地殼？

冥王星的內部活躍嗎？

與冥王星本身相比，冥王星的衛星凱倫有哪些地質特色？

冥王星的大氣結構為何？其大氣正以何種速率從冥王星地表流失？

冥王星強烈的四季變化，對其地表與大氣產生何種影響？四季變化能解釋冥王星表面的高度色差，還有南北極冰帽之間的視覺差異嗎？四季是冥王星面對凱倫那面最黑、背對凱倫那面最亮的理由嗎？

冥王星—凱倫的雙天體系統起源為何？與地球與月球的系統一般，這雙天體系統曾需要巨大的衝擊事件方得以成形嗎？

在給太陽系探索小組委員會的諸報告裡，冥王星粉強力證明了一點，即設備周全的飛掠任務可以為人類對冥王星所知帶來革命性的改變，回答完上述種種問題還有餘裕。他們舉出的例證與說明是累積近兩年所得到的成果，內容扎實而由不得誰視而不見。時任太陽系探索小組委員會主席是強納森．路乃（Jonathan Lunine）這名年輕但非常優秀、自信到無法掩飾同時又廣受敬重的亞利桑那大學教授。他本身也是一位想藏也藏不住的冥王星粉。但太陽系探索小組委員會某些成員，認為冥王星任務還不夠成熟，這原本默默無聞的想法崛起得太快，在許多長期發展的概念旁邊不值得大驚小怪。還有些人擔心這計畫耗時過久，因此財源並不充裕的航太總署應該專注在可以快些回收的計畫上——他們指的是飛行時間較短，距離較近的目的地。

所幸，強大而有影響力的聲音站到了冥王星任務的身後。喬治．布里格斯做為航太總署太陽系探索部門的第一把交椅，曾給過艾倫機會，並踏出非常重要的第一步，但他已經退休了。他的繼任者魏斯．杭崔斯（Wes Huntress）是相當有成就的行星天文化學家。在被拔擢到航太總署總部、主掌行星計畫之前，他曾經在加州理工學院的噴射推進實驗室（Jet Propulsion Laboratory）研究行星大氣層多年。一九九一年的二月，在太陽系探索小組委員會的會議上，杭崔斯主張，在顯然兼具科學研究與公眾興趣的狀況下，冥王星計畫在「新起點」的考量中，應該優先順序最高。

儘管有了杭崔斯的支持，太陽系探索小組委員會上仍爆發了冥王星粉與冥王星黑之間的唇槍舌戰。前者主要是年輕的科學家，後者則以科學界的前輩為主。不過艾倫仍記得在論戰當中，有一個資深意見人士站了出來，為冥王星仗義執言，那就是六十八歲的唐諾．杭騰

（Donald Hunten）。在行星科學家當中，杭騰——一名大氣物理學家——是活生生的傳奇。用來描述與理解行星大氣運作的數學機械，大多出自他的手筆。做為一個守分際、不廢話的加拿大人，他在討論中的存在感極重。他低沉、沙啞的喉音只有兩種音量可以調整：大部分時間都幾乎聽不到，然後惹毛時又會超大聲地咆哮。嚇人歸嚇人，杭騰也很出名地剛正不阿。他是那種一言九鼎、正反兩邊通吃的人物，畢竟他身為科學家的直覺可謂無懈可擊：說白了，杭騰懂得的東西夭壽多，被他言中的機率又超高。

在太陽系探索小組委員會會議上，杭騰在辯論中的關鍵時刻起身，當下艾倫主張冥王星計畫應該被當成下一個「新起點」，因而遭到砲轟。有人主張冥王星應該再等等，因為火星更重要，而且更容易到達。此時杭騰站了起來，環顧全場，然後把冥王星任務有其必要的科學論證總結了一番。接著他用他獅吼般的嗓門宣告：「夠了吧！等這任務抵達冥王星，我應該已經沒命可以看了。就算苟延殘喘，我也肯定老到不知道這任務是什麼東西了。重要的是科學，該做的事情我們就做吧。」

杭騰的發言與份量，扭轉了會議的風向。會議結束後，在太陽系探索小組委員會的報告中，將冥王星飛掠任務列為九〇年代新任務中最高優先層級。這並不能保證冥王星成為新起點，但這代表冥王星任務的概念已經不再是初生之犢，已經強大到足以逐鹿中原。未來航太總署要評估資金給誰時，冥王星任務必然會是優先候選人。

一切條件開始水到渠成，包括取得太陽系探索小組委員會支持，這代表冥王星粉已經盡了一切力量。由此杭崔斯新成立了一個等級甚高的科學諮議委員會，名稱叫做「外行星科學工作小組」（Outer Planets Science Working Group）。外行星科學工作小組會守護冥王星的任務，並通過後續的發展步驟，而他任命的小組召集人沒有別人，就是艾倫。

「船屋」

我們之前提到過，一九九〇年代初期航太總署內部有一股努力，想要遠離那些萬中選一、十年磨一劍、耗資數十億美元，還要「畢其功於一役」，其搭載的精密器材包山包海的「超級任務」，然後改擁抱那些發射頻率高些、規模小些、便宜一些、腳踏實地一些、更有針對性一些的任務。而腳踏實地又有針對性的冥王星三五〇任務，非常能滿足這樣的條件。

但在當時的行星探險圈子裡，還有另外一個運動效果完全相反。有些任務設計者與航太總署的經理人點出了一件事情，那就是每次新的行星任務，好像設計上都得從頭來過一遍，包括從零開始發想飛行器。這一派所問的是，要是他們可以開發出一種標準化的飛行器載具——上面再安裝為個別任務「客製化」的測量儀器與零件——這樣不就可以滿足各個不同行星目的地的需求了嗎？這種標準化的飛行器，難道不會每趟省下點錢，進而擠進更多任務嗎？這個崇高的目標，具體地展現在了第二代水手號（Mariner Mark II）的概念上。

魏斯．杭崔斯對任務小型化的運動有分同情，但同時間他也看到二代水手號這概念累積了不小的動能與支持，這點在噴射推進實驗室裡看得特別明顯——這兒在航太總署的各個行星任務發展中心裡，算得上是最有經驗的一個，也是魏斯來到總部前的老東家。

緊接著外行星科學工作小組的成立，他便指示艾倫，研究比冥王星三五〇大一號的任務方案，一個與其他任務共用飛行器的方案。所謂「其他任務」，包括發射日期將近的卡西尼號土星軌道衛星任務——卡西尼號是以二代水手號為基底的大個子，並繞行某顆彗星的另外一個大型航太總署任務。

因為卡西尼號與繞行彗星的任務性質都屬於超大型，搭載的科學器材甚多，因此要將冥王星計畫揉捏成它們的形狀，本質上違反了冥王星粉追求小而美任務的初衷。杭崔斯的要求，形同要艾倫與外行星科學工作小組放棄冥王星三五〇的精簡設計，改採「聖誕樹」式的臃腫體型。屆時飛行器的重量將飆漲為初始設計的十倍以上，攜帶的設備酬載也會廣泛許多，導致任務需要更大的火箭。這樣的大玩具，標價會貴不只一點點。

艾倫並不樂意，但這是「老闆」杭崔斯的命令，所以他也只能咬牙照辦。「我覺得這簡直是瘋了。我覺得我們能拿到錢、做小而精幹又便宜的冥王星三五〇，就會是老天保佑了。如今改成這麼大、又貴這麼多的玩意兒，行星科學界怎麼可能認同，航太總署又怎麼可能買單，這根本是目的地冥王星、包山包海的『船屋』任務，不是嗎？」

搭配二代水手號的研究在一九九一年尾聲完成時，外行星科學工作小組發現這得花二十億美元。了解到這不可行之後，外行星科學工作小組強烈建議航太總署應改走傾向冥王星三五〇的精簡路線。到了一九九二年初，因為辦公桌上已擺著其他棘手的預算問題，杭崔斯終於同意，不應強求用二代水手號去負責冥王星的探測。年輕的冥王星粉們這才鬆了口氣。冥王星的任務規畫，終於避免了大轉彎。隨著這段插曲的塵埃落定，加上太陽系探索小組委員會在前一年給冥王星三五〇計畫的高排名，冥王星粉開始寄望，任務的前途可以轉趨光明，也希望計畫的啟動能指日可待。

但他們此時還渾然不覺，遠在加州有顆老鼠屎，正準備著要徹底毀掉他們的那鍋粥。

「倉鼠」

一九九一年十月，在航海家任務完成對巨行星的探索之後，美國郵政總局發布了九張一組的郵票，要慶賀美國歷年行星探險的成就。這組郵票對應了九大行星，每張郵票上都繪有一顆行星，並註明了第一趟前往該顆行星的探索任務名稱。唯有冥王星——尚未有飛行器前往過的唯一行星，郵票上只能敷衍地畫上藝術家的空白想像，附上的文字也只能直言冥王星還沒有飛行器到達過。

噴射推進實驗室辦了這組郵票首日封的發表會，而實驗室裡一對年輕的太空飛行器工程師看到冥王星郵票上的空白，便將之視為一項挑戰。他們問：「為什麼跳過冥王星？」這對優秀科學家的其中一位，是羅柏・史蒂勒（Rob Staehle）。羅柏除了有計畫經理的職稱，本身也是個不按牌出牌、不想墨守成規的人。另外一位則是史黛西・維恩斯坦（Stacy Weinstein）。史黛西是深諳軌道力學的任務設計者——優秀如她，已經參與過若干堪稱成功的行星任務。他倆立即決定，視未經探索的冥王星為他們個人想要跨越的挑戰。關於科學界這兩年對冥王星任務的推動，羅柏與史黛西一無所悉，於是兩人拿著這套郵票跑去找他們的上司，即時任噴射推進實驗室行星探索主管的查爾斯・伊拉奇（Charles Elachi），然後對著查爾斯提出了一項頗為激進的冥王星任務研究。

羅柏與史黛西想要探究，派極微型太空船前往冥王星的可能性。他們設定飛行器的目標質量是三十五公斤。相較之下，這僅有冥王星三五〇的十分之一，而三百五十公斤以飛行器來講，就已經非常輕了。他們計畫運用最新的微型化技術，包括部分借自羅柏手上國防部計畫的研究成果，設計出適合迷你行星冥王星的迷你飛行器。他們主張這種輕量的飛行器能以現有火箭加速到極高速，也因此可以在甚短的時間內抵達目的地。相對於冥王星三五〇的迂迴路徑，原計畫得利用金星、地球與木星的飛掠、取得之後將近十五年的行進動能，否則就到不了冥王星，羅柏與史黛西可以讓飛行器「直飛」冥王星，旅程時間可以縮短為一半。他們稱此任務概念為「冥王星快速飛掠」（Pluto Fast Flyby），而他們也說服了伊拉奇，讓他同意這作法值得深入研究。

伊拉奇提供了所需的資金，讓羅柏與史黛西可以想出初步設計。這是個非常簡單，功能非常少的設計——科學儀器僅僅兩台而已。

外行星科學工作小組聽說了這個方案，但並不是很喜歡。他們既不覺得這麼做的成本可以壓到如羅柏跟史黛西所宣稱的那麼低，也不覺得這任務可以如兩人所說的那麼快完成。但真正的關鍵，是他們覺得兩人把減重工作做得太過火，把科學觀測的回報期望值降得太低了。相對於二代水手號那艘被他們一番唇舌擋下來的「船屋」，現在這隻「倉鼠」也讓他們口誅筆伐。為此外行星科學工作小組向航太總署喊話，他們主張冥王星三五〇才是船屋與倉鼠間折衷的甜蜜點，籌備的工作應該要不日啟動，不應再有拖延。

好萊塢行動

好萊塢電影裡的情節編得有多扯，接下來發生的事情就有多扯。事實上，接下來的事還真就發生在比佛利山的一場典禮上，至於事發之所則是一處富麗堂皇的禮堂，更精確地說是美國影藝學院（Academy of Motion Picture Arts and Sciences）的總部。羅柏・史蒂勒對自身計畫遭到外行星科學工作小組拒絕甚為不悅。於是很諷刺的，冥王星地下軍成了羅柏眼中的保守派與建制派。羅柏覺得外行星科學工作小組寧願打安全牌，就此捨棄了創新的機會。他同時知道有一個新的權力連線將來到航太總署，而這些人會同情他的路線。

說到這個新的權力連線：一九九二年的四月一日，丹・高汀（Dan Goldin）在美國老布希總統的任命下，就任為航太總署的新任署長。而正如我們之前所說，當時的航太總署鼓勵發展小型、務實的行星任務，這包括任務目標要合理而有針對性，飛行器搭載的器材要少，發射升空的頻率要比過去高。

高汀身為一名航太官僚，一心想要重整航太總署的文化，他認為署內太執著大而無當又所費不貲的太空飛行器。除了推動小型任務以外，高汀還希望能帶動冒險的風氣。按照他的邏輯，如果航太總署以「少量多餐」的方式，發射大量的小型任務，那麼就可以分攤、降低個別任務的風險，署內同仁就不會習於風險趨避。畢竟偶爾失敗一兩次，後面的小型任務仍會前仆後繼，挫折感便不會那麼深重。高汀的論述還包括冒險可以省錢，若要部署未經測試的新科技，署內的態度將不若傳統上那般保守而謹慎，由此任務出發前也就不用再做那麼多嚴謹的測試了。高汀的座右銘於焉誕生，而這座右銘也成了航太總署的三字箴言：F－B－C，即Faster, Better, Cheaper的縮寫，也就是外界熟知的更快、更好、更便宜。

魏斯．杭崔斯回憶他的新老闆高汀非常有效率，一上任就向他解釋起新的署內哲學。同時他記得高汀似乎對實務上哪些可行、哪些不可行，抱持著一種天真而狀況外的態度。杭崔斯說：

我被介紹給丹的時候，他用力注視我的雙眼，戳了戳我的胸口，然後劈頭便說：「啊哈，你是那個負責行星探索的傢伙，我要你弄個任務飛到冥王星，取回其表面樣本，送回地球。我給你十年的時間，預算不超過一億美元。」這種要求嚇了我一大跳，搞得我當下就脫口而出，「哇，這麼有挑戰性的任務非同小可，我們得先研究看看。」我內心的ＯＳ是這根本天方夜譚。我想所幸我沒有衝動亂講話，才保住了飯碗，畢竟高汀上任的第一年，就有不少助理署長與高幹的烏紗帽被他摘掉。

羅柏・史蒂勒想著，要是能取得高汀的注意，那這位新署長肯定會欣然接納他「冥王星快速飛掠」的任務版本。史蒂勒知道他得想辦法繞過正式的管道，直接在高汀眼前提出他的概念。他要的這個機會出現了，一個在影藝學院電影院擔任帶位員的朋友，向他密報說高汀要去洛城的影藝學院參加某個典禮，而影藝學院距離噴射推進實驗室不遠。史蒂勒回憶說：

她打給我說：「羅柏，影藝學院這兒有些動靜，而我在想你可能會有興趣。這跟你的新老闆有關。」我說：「妳說我的新老闆是什麼意思？」她說：「嗯，航太總署不是來了個新署長，丹・高汀嗎？你知道他是誰吧？」我說：「嗯，我認識他，但他不認識我啊，而且他的底細我也不清楚。」她說：「嗯，他坐進署長辦公桌上的時候，似乎曾拉開抽屜，看到裡頭躺了個小金人，一旁還有前任署長迪克・楚利（Dick Truly）留下的紙條，上頭寫道：『我一直沒機會把這東西還給影藝學院，或許你可以代勞。』」

這座小金人，曾經在年初的奧斯卡獎活動中跟著太空梭飛上天。太空梭的組員參與了頒獎，而小金人就全程在無重的狀態下飄著，陪著組員見證了史蒂芬．史匹柏頒發終生成就獎給執導星際大戰的喬治．魯卡斯。而現在高汀，再加上幾個太空梭上的太空人，得親自跑一趟來歸還小金人。羅柏的朋友算是夠義氣，想說好人幫到底，洩密就算了，還幫他拿到典禮的邀請函。

史蒂勒在典禮之後堵到了高汀。在好萊塢名流與一小撮航太總署同仁的包圍下，他先是自我介紹，然後就單刀直入地說出大意如下的話：「署長先生，我是一名工程師，在噴射推進實驗室裡負責冥王星任務的研究規畫。我們有革命性的科技，可以花小錢實現冥王星任務，但現有體制不讓我們嘗試。我可以在一九九〇年代以前讓人類飛抵冥王星，而且用的是極小的飛行器。我手中這一包就是可以證明我所言不虛的研究資料，您可以幫幫我嗎？」高汀說：「我有這個榮幸嗎？」於是羅柏就把含任務細節的研究報告交到了高汀手上，而高汀也承諾晚一點會詳閱其內容。

以此為契機，高汀很快就擁抱了「冥王星快速飛掠」的概念。回到華府之後，高汀告訴魏斯．杭崔斯說：「我要你負責這件事。」魏斯因為知道新老闆喜歡「剷除異己」的習慣，所以便立刻聯絡了艾倫，告訴他得讓外行星科學工作小組放棄冥王星三五〇。他說航太總署將改弦易轍，開始以羅柏的「冥王星快速飛掠」概念馬首是瞻。「這是署長的意志。」杭崔斯說，「所以我們就得照辦。」艾倫立即知道這是個壞消息：

我只是內心在想：「我們完蛋了，因為這個東西不可能行得通。」你一看就知道這當中的研發過程需要太多的奇蹟，最後的結果不是預算暴增，就是飛行器『暴肥』，羅柏團隊承諾高汀的飛行速度，根本不可能實現。還有一點，太陽系探索小組委員會將會發現這飛行器的性能實在太薄弱，與其保持距離。結論就是：我覺得我們會花上一年甚至更長的時間在研發這個東西，但最後徒勞一場。而你知道，事情後來也不幸被我言中。

在高汀的指示下，杭崔斯提供了史蒂勒更多的資金，只為實踐冥王星快速飛掠的概念。但短短不到一年，史蒂勒本身的團隊就證明了這個發想沒用，它沒辦法照著噴射推進實驗室的原始設計進行。他們做不出三十五公斤的飛行器。就算是陽春到只剩下骨架的飛行器，上面只安裝寥寥兩種觀測器材——一台相機與一台「無線電科學實驗儀」（Radio-Science Experiment）來探測冥王星的大氣——重量都突破一百公斤。而這還沒有搭載任何備用的系統，以便確保飛行器足以承受將近十年的長途飛行。

要抗衡沒有備用系統便太過冒險的外界批評，史蒂勒的團隊著手製作了一個更為強韌的版本，但強度當然會增加重量，由此他們的飛行器已經重達一百六十四公斤——幾乎已經是冥王星三五〇的一半了，但其偵測性能卻看不到冥王星三五〇的車尾燈。同時成本預估也穩定爬升，從原本的四億美元來到十億美元以上——跟冥王星三五〇相比完全沒有省到錢。

史蒂勒的團隊帶著一個全尺寸的飛行器模型，來到了一九九二年的華府，參加世界太空大會（World Space Congress）。團隊覺得自己已經小有成就，但當丹．高汀聽到破表的重量與造價，他一整個氣炸了。「說好的三十五公斤呢？」他質問了起來。

或許高汀覺得他買到了詐騙的東西，他那所謂花小錢便可以轟動世界的美夢，如今彷彿已消散在爆炸的煙霧中，但史蒂勒那「冥王星快速飛掠」的概念，其實也成為了冥王星社群裡的一場噩夢，因為所有人都被逼著只能研究這個概念，不許旁生枝節。

艾倫推測就是在這個時間點上，高汀認定了冥王星社群（對他來說就是以羅柏．史蒂勒為首的一群）都不老實，答應的話都不能相信。高汀與杭崔斯直到今天都還堅稱，說他們沒有背棄盡快讓冥王星任務起飛的承諾，但艾倫認為其實在這個點上，高汀就已經在內心打了退堂鼓。

總之結果就是：讓冥王星任務成行的努力沒有停止，但前途變得更加崎嶇。高汀仍公開宣稱冥王星任務會優先進行，但新的要求與阻礙不斷從他的辦公室冒出來。自此迎接我們的，是年復一年的挫折感。做不完的任務研究，撤案，然後又是新的研究開始，新的撤案。

正所謂禍不單行，大約也在這個節骨眼上，另外兩個大魔王跳了出來，讓冥王星的事情更難辦了，而且還兩件事還都跟「墜毀爆炸」有關：首先是預算爆炸，接著是火箭墜毀爆炸。先說第一個。總統在一九九三年二月份發布了一九九四年的財政預算，當中行星任務的支出遭到白宮大筆一揮，顯示為「零成長」。杭崔斯念茲在茲的預算擴編，那個他指望著能挹注新的外太陽系任務的財源，徹底被抹煞了。第二個重大的挫折，則在短短幾個月後出手。一九九三年的八月份，航太總署的火星觀察者號炸掉了。但其實要是沒出意外，三天後火星觀察者號就將點燃引擎，成為繞行紅色火星的軌道觀測衛星。火星觀察者號原本備受期待，它可望成為航太總署重返火星的壯舉，同時也能結束維京號（一九七五年發射）以來的任務空窗期，但如今它已經變成一個繞著太陽轉的太空垃圾。

對於火星觀察者號的挫敗，高汀的因應之道一如往常大膽：他啟動了一整組全新的火星計畫，當中包含多個飛行器。他計畫把原本沒做成的科學觀測都補回來，而且還額外增加了很多東西。於是做為一整個系列中的不同任務，這些飛行器將分多年陸續啟程。他打算用這組新的火星計畫來貫徹他所謂「更快、更好、更便宜」的哲學，而這意味著他減少測試與備份，接受高風險的代價，提高任務出發的頻率。而為了籌措新計畫的財源，高汀把所有他能弄到手的錢都集中在了一塊兒。艾倫回憶起這段經歷說：

高汀對我們說：「我愛冥王星，但我有個新的火星計畫需要資金，所以你們橫豎都得把預算壓到四億美元以下，含發射費用。」這怎麼看，都像是個不可能的任務。冥王星三五〇的預算需求遠高於「冥王星快速飛掠」，何況就算是史蒂勒那砍到只剩骨頭的設計，總預算也會超過十億美元，事實上在當年，光是發射就得花到近四億美元。高汀的新詔令，幾乎已提前判了冥王星任務的死刑，除非我們能找到辦法掙脫他的成本框架。

俄羅斯出招

艾倫．史登的外行星科學工作小組，跟羅柏．史蒂勒在噴射推進實驗室的冥王星任務辦公室，在航太總署的總部裡仍是對連體嬰。而兩邊有一點英雄所見略同——那就是高汀新推的成本目標一點道理都沒有。航海家任務花了將近十倍於四億的錢，請問誰能用區區四億美元完成冥王星任務？光是發射載具（火箭）就貴到讓冥王星任務寸步難行，除非他們能從海外找到人出錢。

在當時冷戰之後的經濟不景氣當中，前蘇聯的太空計畫可以說是奄奄一息。蘇聯的行星探索計畫，曾經有過數十年的輝煌過往，這包括他們曾成功將飛行器降落在月球與金星表面，就連哈雷彗星也被他們的探測器順利攔截到，但如今蘇聯的行星計畫只剩一口氣撐著了。蘇聯有能幹的科學家，有巨大而可靠的質子號（Proton）火箭。他們現在所沒有的，是可以放到這些火箭上、朝行星發射的飛行器，而當然他們沒有資源可以自建新的飛行器。另外他們也欠缺美國航太總署探索外太陽系行星的實務經驗。

從艾倫的角度來看，美俄的條件可說完全互補。於是艾倫設想了一個跨國聯合計畫：蘇聯提供其強有力的發射載具，而美國則負責打造與發射飛行器。

最終的榮光由兩國分享。在美俄關係開始融冰的當時，艾倫覺得前往冥王星的機票，會是首輪行星探測的勝利終章：曾經對峙的兩強以聯合任務來一笑泯恩仇，攜手奔向已知行星中距離最遠、等待人類探索最久的冥王星。

對用不到四億美元完成冥王星任務這種無理要求的厭惡，以及可能有便車可搭的興奮之情，讓艾倫決定調整戰略。在取得史蒂勒的諒解之後，基本上都單打獨鬥，艾倫決定主動向俄羅斯同行伸出友誼之手，測試拉他們進來的可能性。未經任何人允許，他搭機去了莫斯科，見到了亞歷克．加列夫（Alec Galeev）。以亞歷克．卡列夫為首，位居發展前沿、名聲遠播的莫斯科太空研究所（Space Research Institute），他們等於是俄版的噴射推進實驗室。對於此行，艾倫回憶說：

> 我與這位紳士素昧平生，但我知道他說話很有份量。想在高汀的成本框架內完成冥王星任務，他是我們的希望所繫。所以我還是對他施展了三寸不爛之舌，我說的內容大概是：「貴國一直沒有機會探索外太陽系的行星，而我們希望您一起加入我們非常耀眼的冥王星任務，您可以將之想成是行星探險界的攻頂聖母峰。我們對您的期盼，是能提供發射載具給我們使用。這麼做不但可以重振您的行星探索計畫，而且我們也會邀請俄國工程師加入計畫。我們會傾囊相授外太陽系行星的探索經驗。朝最後一顆行星出發的第一趟任務，是你將可以收穫的資歷與殊榮。」

在艾倫成行前，從噴射推進實驗室那兒，杭崔斯耳聞了這個計畫，而他曾設法要勸退艾倫。艾倫人都已經在機場要登機了，杭崔斯也不肯放棄。艾倫說：

我接到他的電話說：「不要上飛機！你沒有得到授權跟俄羅斯人談條件！」

魏斯的說法是：

我認為艾倫的做法，確實讓航太總署總部的國際事務辦公室裡，某些同仁心裡不痛快，他們覺得怎麼會出了個不受控的科學家，大老遠跑去莫斯科，還跟我們在行星合作上的主要窗口談。這傢伙在搞什麼？他又不是我們雙方協議中的一環？這讓他們有點不爽。而我只是喝著咖啡，呵呵笑了兩聲。

但艾倫知道，要想符合高汀的預算目標，發射器非拿到免費的不行。而凡事照著規定走，事情一點進展都沒有。艾倫回憶說：

我登機，到了目的地。把準備好的台詞說給了對方聽，但加列夫等人對我說了聲：「涅。」（Nyet，俄語的「不」）他們說我給的誘因不夠大，他們不想被利用，不想第一天發射完就被踢開，結果任務的其他環節都被美國人包辦了。我記得當時是一九九四年的一月，外頭風雪交加。莫斯科的天氣壞到一個不行，那寒冷感覺跟冥王星有拚。

但我隔天再接再厲，又跑回去見了加列夫一面。這次加列夫說：「我們有一個新的提議。你的美國飛行器上可以也放一個俄國的探測器。這個探測器會跟飛行器分離，然後在墜毀前帶著質譜儀，進入冥王星的大氣。」如此一來，在冥王星的探索上，俄國人就占據了獨特的一席之地。他們可以誇說美國人沒有真正碰觸到冥王星，但他們做到了。加列夫說：「答應讓我們這樣做，我就讓你們用質子號火箭。」我說等我回美國，應該可以說服大家這條件，於是我們就暫時休會，轉移陣地去喝起了伏特加跟喬治亞（共和國）的葡萄酒。

俄羅斯提出的大氣偵測器，讓我這趟莫斯科不虛此行。我興奮到沒有先回科羅拉多的自家，而是直接飛去了噴射推進實驗室，坐下來跟史蒂勒、維恩斯坦暨全體團隊懇談。我解釋說：「想讓這一招成功，我們可以說。這象徵冷戰的結束，最後一顆行星要由美俄兩國攜手探索。」大家對這個建議的反應都很熱絡，他們也都覺得這是一次勝利，因為這讓他們得以跳脫高汀的成本緊箍咒。

艾倫接著就帶著這個提案，去找了總部的杭崔斯。杭崔斯固然不太爽艾倫的「自走砲外交」，但他其實也很熱中在這件事上與俄羅斯合作。於是杭崔斯說動了高汀，組織了航太總署的代表團前往俄羅斯科學院（Russian Academy of Sciences），進一步就聯合任務的概念交換意見。幾個月後於莫斯科，在艾倫等冥王星學者的與會見證下，杭崔斯主打冥王星任務是「俄羅斯的第一次外太陽系行星任務，也是前進太陽系『西伯利亞』的第一次太空任務！」要讓冥王星任務拿到資金與許可成行，原本就是一場複雜的遊戲，如今再把國際關係、外交等一整組無法預期的變數給引進來，事情看來真的難說樂觀。但杭崔斯仍覺得值得一試。

結果是杭崔斯才一搭上返美的班機，俄方就敲定他們不會完全無償提供火箭。他們的開價要比美國國產火箭便宜很多，但並不是一毛都不用出。

在此同時，美國政府機構如航太總署，依法是不得購買俄製火箭的。為了不要有違法的疑慮，美方必須引入第三國支付，實質上由美國取得質子號火箭。艾倫開始徵詢各國的態度，結果他得知了德國的太空中心可能有興趣，條件是讓他們把德國的探測器放上火箭，然後按計畫在木星進行引力彈射時脫離飛行器。德國想研究的是木衛一埃歐（Io）。

但美國這邊的事情複雜性還不止這樣而已。航太總署內部有一個新的疑慮，是反對讓不可或缺的核動力搭載在俄羅斯的發射載具上。不少人覺得，美國政府中凡有職權在核動力太空飛行器的核准文件上簽字的單位，都不可能在這一點上放水——包括國防部、能源部與環保署。

這整件事，開始給人一種好高鶩遠或是想要一步登天的感覺。使用俄羅斯火箭當做載具的計畫，曾經被視為一個省錢的妙招，但此時卻說解體就解體。於是在一九九六年，參與冥王星計畫的每一個人，又回到了原點。

好事多磨

對冥王星粉而言，一九九〇年代末期是士氣的低點。他們已經拚了六年多，一星期一星期就在努力中過去。一九九一到一九九二年間，他們覺得夢想已經近在眼前，但最終卻眼睜睜看著這夢想退化成一個由挫折交織成的迷宮，陪著他們度過這幾年。在丹．高汀就任的初期，冥王星之行曾看似就要三步併兩步地有所進展，而如今這任務已經不再光鮮亮麗，歷經世事的它已經滿目瘡痍，磨損到傷痕累累。

事實上，外太陽系界已經找到了一個新寵：木衛二歐羅巴（Europa）。根據伽利略號木星軌道衛星的觀察，歐羅巴上可能有地底的海洋——這在當時是地球外第一次發現液態海洋。行星科學界中的不少人都看到了高汀的興致勃勃，因此都在揣摩上意，覺得自己應該調整研究的優先順序，把衛星送到歐羅巴，好去追蹤那廣大海洋中可能的生命跡象。

冥王星的支持者深感挫折。每回艾倫的外行星科學工作小組跟史蒂勒的冥王星團隊想到了辦法，符合高汀的預算要求，規則就會重新擬定。好幾次他們找上了太陽系探索小組委員會，也找上了如今已主掌所有太空科學業務的杭崔斯，才被告知高汀署長想給他們另一個新的、更令人感到挫折的工作。

我花了好幾年，才想通這是怎麼回事。因為高汀老說我們是他偏心的人，也老是每年審批三千萬的預算上限，用以進行冥王星科技發展與任務設計的相關研究，但他從來不讓我們有機會把研究徹底做完，也從來不給我們機會用「新起點」去建構任務。每次好像看起來有點搞頭了，他就會編出個新藉口，趕我們去「沖涼」，然後接著又是更多別的研究要做。

曾經高汀甚至這麼跟他們說過：「我對這件事完全是支持的，但你們得想出辦法來不用核動力啊。」我們一聽全都傻眼。「什麼？你是在說笑吧？誰有辦法把飛行器送到離太陽那麼遠的地方，然後還不准用核動力啊？」或許我有一點被害妄想症吧，但這也實在太誇張，誇張到讓我懷疑高汀根本是在敷衍我們，他壓根就沒有要讓冥王星任務開始吧。不然怎麼會永遠有新的理由，永遠有新的理由要研究各種概念。所以到了一九九六年底，我開始相信高汀只是找事情讓我們忙得團團轉，而且我也不是唯一一個這麼想的人。雜事一件接著一件接著一件，每次一忙下去就是六個月，甚至一年。我感覺他永遠都不會讓我們研究有做完的一天，但我知道我們不能放棄：只要我們一放棄，一轉身，他就會順理成章地把這任務丟到垃圾桶裡。那樣的話，冥王星任務就真的絕望了。所以我們決定跟他比氣長。

太陽系第三區的崛起

幾十年來，行星科學家都懷疑著，太陽系外圍的冥王星並不是孤零零的。確實，早在一九三〇年代與一九四〇年代，就有人開始在遙遠的冥王星周圍搜尋星體——只不過一無所獲。這之後的數十年，更多的觀測搜尋前仆後繼，但魚網內依舊空空如也。惟儘管如此，冥王星周邊很熱鬧的想法，反而愈來愈得人望，時不時就會有行星科學家提出數學或其他的論辯，想主張冥王星四周有一群夥伴陪它一起公轉。

到了航海家二號在探索天王星跟海王星的一九八〇年代尾聲，比爾・麥坎南成了這一派看法的意見領袖。他的邏輯是根據其對於海王星衛星崔頓的分析。崔頓的大小與冥王星非常近似，而按崔頓的軌道看來，事情的真相應該是崔頓原本在跟冥王星類似的繞日軌道上運行，後來才被海王星的重力吸引而納為衛星。話說有一就有二，無三不成理。麥坎南想既然有冥王星，有崔頓，那什麼理由不能有第三顆呢？而且搞不好還不止三顆呢。

太陽系外圍可能存在一大群小星體的想法，之前是由二十世紀中期的行星科學先驅與巨擘傑洛・古柏提出。古柏想解開的，是行星的起源之謎。一九五〇年，古柏提出了「吸積」（accretion）的可能性，也就是經由宇宙物質的吸收與累積，讓星體由小而大的誕生過程。吸積過程在創造出地球等行星之後，理應會在最外側巨行星、亦即海王星的更外面，遺留大量的「微行星」，也就是拼湊一般行星後剩下的「小積木」。

或許——麥坎南與古柏等人英雄所見略同的推理是——冥王星不是個怪咖，不是個異類，而是我們往後跟一群小行星的第一類接觸。至於這群小行星，就是後來為人所熟知的「古柏帶」（Kuiper Belt）。

一九九一年，艾倫的想法又向前推了一步。他發表了一篇論文叫做《關於外太陽系的行星數目：千公里級星體成群集結的證據》（*On the Number of Planets in the Outer Solar System: Evidence of a Substantial Population of 1000-km Bodies*），並在文中透過數學計算，主張根據數種外太陽系的跡證，人類可以研判出有數百至數千顆小行星，從以往存在到現今，並共同構成了一個全新的「太陽系第三區」（3rd Zone），至於地點就在海王星的軌道之外。

超過百年的時間，人類都稱木星與海王星之間的區域、也就是航海家號探索的範圍為「外太陽系」。但在一九九一年，艾倫發表的那篇論文則宣稱巨行星區域可能只是夾在內太陽系（也就是地球軌道所在的地方）與「真正」外太陽系之間的中間地帶。而所謂「真正」的外太陽系，就是冥王星與其族類的所在地。

到了航海家二號與海王星的相遇之時，地球上的陸基望遠鏡與偵測器又有了長足的進步，其性能已經足以在理論上察覺到所謂的古柏帶天體（Kuiper Belt Objects），當然前提是它們得真的存在。人類花了些年找尋，但這時的天文學者已經不用土法煉鋼，我們有電子成像器（亦即現在每台手機裡都有的ＣＣＤ〔電荷耦合器件〕相機），還有大型電腦幫助搜尋（湯博的痛苦我們不用經歷）助我們一臂之力，由此搜尋起來的效率可以說不可同日而語。於是乎從一九九二年起，就不斷有行星科學家開始發現古柏帶天體的蹤跡——冥王星的親朋好友現身了！

一開始只是一小撮，但之後現蹤的愈來愈多。最終到了一九九〇年代，被發現的古柏帶天體已經超過一千顆，位置分布在海王星軌道外的廣袤區域，也就是現在所稱的古柏帶。大部分的古柏帶天體都不大，約莫是美國一個郡的大小，但大一點的也有，甚至有一些還大得跟冥王星不分軒輊——地球上一個洲的大小。時至今日，根據已經發現的部分，再對照缺人缺錢所以還無法探索、畫定的廣大區域，我們估計有超過十萬顆古柏帶天體的直徑達到五十英里（約八十公里），至於比這小的更是不計其數。

法蘭．貝格納回想了這些發現，如何像是燃料一般，讓冥王星任務的火愈燒愈旺：

古柏帶天體一出現，各界的興趣就有如爆炸一般。原本只有我們這一小群冥王星粉，才對在太陽系邊陲這個孤零零的物體感興趣，然後大呼小叫地要求探索任務。但突然之間，情況就變成了「哇嗚，這是一個全新的疆界！」我記得某天我坐在科羅拉多大學波德分校的研究室裡，我們在那兒開會，要擬份文件宣傳冥王星任務的必要性。那天比爾．麥坎南也在，而他指著窗外的洛磯山脈說：「這就像還沒人去探索過的西部首次發現地點一樣，我們應該像前人一樣去闖一闖。那兒到底有什麼東西呢？」我當下就意會到，他說得沒錯，而我心中也立刻燃起了熊熊烈火。

古柏帶的發現，提供了額外的科學研究動機，讓冥王星探索任務的優先順序得以直衝排頭。為了強調他們期望中的任務已不只關乎冥王星，而是要一併去探索太陽系的整片第三區，冥王星任務的名字也被改成「冥王星古柏特快」（Pluto Kuiper Express）。

冥王星古柏特快，已是有心人想爭取到冥王星任務的第五波努力了。從最早的冥王星三五〇出發，歷經了一次次轉型與改名，冥王星計畫不外乎就是想迎合潮流，找到正確的鑰匙來轉開航太總署的預算大門。這一次，毅力源源不絕的冥王星粉又繼續朝氣蓬勃地迎向挑戰，設法為噴射推進實驗室的這個新概念賦予定義。

為了在冥王星古柏特快的骨架上長出肉來，也為了邀各方就任務科學器材提出建議，杭崔斯組成了一個科學定義團隊（Science Definition Team），成員都是冥王星跟古柏帶的專家。科學定義團隊的任務，要定義出冥王星任務的官方目標，以及要完成這些目標的基本器材規格。這是一個很好的兆頭。

科學定義團隊的組成，意味著署內再次對冥王星任務認真了起來，因為科學定義團隊的建制一向是航太總署用來啟動正式規畫、為任務新起點鋪路的工具。行星科學家強納森．路乃，也就是之前擔任過太陽系探索小組委員會主席的那位，此時受杭崔斯之邀，來此擔任科學定義團隊的主席，而路乃的團隊陣容納入了艾倫、諸多冥王星地下軍與外行星科學工作小組的舊部，乃至於從事古柏帶研究的新面孔。路乃掛帥的科學定義團隊運作了將近一年的時間，交出的成績單包括一份扎實的任務宗旨、一張六十分與一百分的科學設備清單，另外還附帶詳盡的科學實驗說明。他們的整份報告大放異彩，行星科學界的好評紛至沓來。

就這樣，情勢再度樂觀起來。但話又說回來，在一九九八年的尾聲，長期在總部聲援冥王星任務的科學主管魏斯・杭崔斯揮別了航太總署（二〇一六年，杭崔斯在受訪時表示他離開時最大的遺憾，就是沒有能為冥王星計畫爭取到飛掠任務的新起點）。而很不幸，繼他擔任太空科學助理署長的天文學者艾德華・魏勒（Edward Weiler）在對冥王星的熱情上，遠不如他。

但魏勒還是維持了部分的資金供輸，然後在一九九九年，路乃的科學定義團隊發表了研究報告後，魏勒的辦公室發出了「英雄帖」，要各團隊參加比稿，贏家就可以取得資金、打造冥王星古柏特快需要的科學器材。這也讓任務的前景又更打亮了一點：貨真價實的美鈔，將用來打造真材實料的設備，並向冥王星飛去。按照冥王星古柏特快飛行器的結構設計，上頭會有四種偵測器（相機、成分光譜儀、大氣光譜儀，還有一個用來探測大氣溫度與壓力的無線電裝置），但比稿會選出的贏家只有兩組：一組是集合前三者偵測器的三合一套裝偵測器（正式名稱為「遠距感測套組」），另一組的無線電裝置則是本質上與另外三者格格不入的別種器材，所以沒辦法組裝在一塊兒，這是設備的「天性」使然。這次的比稿，就像是神槍手的正面對決，活下來的才能搭上開往冥王星、很可能僅有的一班火車。想要贏，就要有一翻兩瞪眼，與對手拚個你死我活的覺悟。互為假想敵的團隊，開始在美國各個實驗室與大學中四起，每一隊都有一個隊長，也就是我們之前提過航太總署所稱的「計畫主持人」。

艾倫團隊提出的企畫，是一種成像器／光譜儀的套裝儀器，而團隊成員裡有許多出身冥王星地下軍與外行星科學工作小組的科學界新銳。艾倫評估他們最強大的對手，是來自噴射推進實驗室，一個由航海家號老鳥所集結成的團隊，領頭的是來自美國地質調查局（US Geological Survey）的行星地質學家賴瑞・索德布隆（Larry Soderblom）。賴瑞的聲望遍及整個行星科學界——算是這領域裡一個神級人物。艾倫跟他相對年輕的團隊，要怎麼跟經驗十足的索德布隆團隊匹敵呢？嗯，首先，別人有神，艾倫也找來了一個自己的神：尤金・舒馬克（Eugene Shoemaker）。舒馬克被尊為行星地質學的創始者，並且在各項行星任務中幾乎是無役不與。舒馬克多半是——不誇張——這領域中最廣受敬重也最有人緣的人物。他的影響半徑無人能及。對此艾倫的評論是：

我感覺賴瑞根「扎得很深」。他在航太總署總部的人脈甚廣，他掌握了噴射推進實驗室裡的「一軍」工程師，同時他還指揮了一個強到沒話講的科學團隊。要說一流的科學團隊，我也有一支，但我總歸還是覺得我們基本上是一群叛逆的小毛頭，而橫在我們眼前的是位大師：一個親身經歷過航海家號等知名計畫的練家子。那感覺就像他們是衛冕軍，他們是來接受挑戰的。我們會想請尤金・舒馬克來助陣，就是為了要抵銷這方面的劣勢。我們組隊時，預期航太總署的決戰時刻會落在一九九八年尾聲或一九九九年。當時金的年齡是六十九歲，而我費了好一番唇舌，才說服他投入這個可能要耗時十五或二十年的長程計畫，但結果是好的，他接受了我的力邀。我記得他對我說的話是：「十年前有人找我參與卡西尼的土星軌道衛星計畫，我就覺得我太老了，但這次邀約實在太有趣，錯過實在太可惜！」

艾倫與團隊不眠不休的研擬提案，精益求精了將近十八個月。為了狀大提案，他們引進了外部的專家來針砭當中每一個環節。包括飛行器的設計、管理層面的規畫、面向普羅大眾的教育與推廣，以及計畫執行時程等林林總總的細節，艾倫的團隊都力求好還要更好。當然同樣的事情，其他的競爭團隊也都同時在進行。

交稿的時間終於在二〇〇〇年春天來臨。航太總署於是召集了一批專家，組成了遴選委員會，審查各界的投稿。輾轉經由私下的管道得知，艾倫在同年夏天得到了內線消息，他的團隊獲選為相機／光譜儀組的正取。這讓他們感到十分振奮，但然後……就沒有然後了。艾倫回憶說：

我們等了又等，就盼著航太總署通知我們贏了，但沒想到一道青天霹靂下來，我在二〇〇〇年八月接到了羅柏・史蒂勒的一通電話，而他傳來的噩耗是：「看來魏勒已經決定要砍掉整個計畫了。」器材的遴選結果不是都內定了嗎？不是任務的新起點都有譜了嗎？怎麼會這個時候還搞這種飛機？我一整個被打敗了。

停工令

搞了半天，雖然探測器材已經進入審查程序，但航太總署總部發現來自噴射推進實驗室的工程師創造了一個預算怪獸。魏勒得到過的承諾，是冥王星古柏特快可以在七億美元之內完成。但當魏勒下令審視成本，出來的結果卻是噴射推進實驗室的實際成本會來到七億的將近兩倍，甚至更多。

魏勒一股氣上來，決定停損。他受夠了冥王星研究老是不能脫離紙上談兵的階段，只因為設計的人老是「不計成本」地讓預算愈吹愈大。於是在二〇〇〇年的九月中，魏勒宣布航太總署將終止偵測設備的比稿競賽——任其胎死腹中——意思是他們不會宣布贏家了。所有人都是輸家。

設備比稿取消就算了，魏勒還以一道「停工令」勒令冥王星任務的方方面面就此打住。做為航太總署所有任務的最高負責人，魏勒的發函有等同法律文件的效力，即凡航太總署的員工，都不得再花一毛錢在冥王星任務的研究之上。艾倫回憶起這段經歷說：

簡直令人措手不及。歷經了五輪獨立的努力、來自航太總署各委員會不計其數的背書、科學定義團隊提供的科學定義，還有科學偵測設備的比稿，十年光陰砸下了少說三億美元，魏勒的一個決定就將讓全部付諸流水，而且連上訴翻盤的機會都不給。

做為回應，噴射推進實驗室將全數資料收入檔案櫃，並且解散了史蒂勒的團隊。這一切瞬間彷彿過眼雲煙。

曾經付出過心血的我們，感覺就像在過勞地獄裡團團轉，一晃眼白忙了十年，航太總署總部的研究方針只要稍有變化，我們就要砍掉重練。天曉得我們做過多少修正，簡報過多少委員會，換過多少個行星科學部門負責人，忍受過多少各式各樣的狗屁倒灶？大任務、小任務、微任務、俄羅斯任務、德國任務、非核動力任務、冥王星單一任務、冥王星加古柏帶任務，等等族繁不及備載。但魏勒一句話就讓我們屍骨無存。

結束了，他是凶手。那感覺就像我們活過了一九九〇年代的「巴丹死亡行軍」[8]，然後正當我們來到終點線時，正當我們得到了承諾，可以打造科學儀器，要開始任務時，他們卻一斧頭讓你身首異處。

魏勒的任務取消命令，讓我們一下子都僵住了。我們覺得自己好像一口氣被拋回了

8 譯註：一九四二年四月九日，約七點八萬名美菲盟軍在激戰四月之後向日軍投降。之後便被日軍以慘無人道的手段由巴丹急行軍到百公里外的戰俘營。途中死傷無數，因此被冠上死亡行軍之名，為二戰期間著名的戰爭暴行。

一九八九年，所有的事情都得從頭開始。

就像在傷口上撒鹽，魏勒還宣布航太總署至少十年以內，都不會再考慮任何的冥王星任務研究——一切等到二〇二〇年代再說。他公開宣判了冥王星任務死刑，包括任何想要爭取任務新起點的努力，他都只重複著一個形容詞：「死、死、死。」

就這樣了：歷經了天旋地轉的十年，歷經了當中的希望、幻滅、反轉再反轉，也歷經恐怕於心理健康有害的長久堅持，冥王星粉終於來到了故事的尾聲。高汀挺魏勒，於是上訴之路也堵死了。

一切都結束了。

第四章

一息尚存

拚死一搏

隨著一九八九年以來的冥王星任務研究統統被清出桌面，魏勒這種一槍斃命式的停工命令，讓人真不知該何以為繼。之前不論再多的延誤與挫敗，其感受都不如這一回深刻。因為這形同航太總署宣布退出冥王星的探險事業，並與其一刀兩斷、再無瓜葛。

對艾倫而言，這不是能說放下就放下的事情：他們投入的籌碼已然太大，太多人賭上了他們太多的人生。因此他跟冥王星地下軍決定重操舊業：他們拍了拍身上的灰塵，繼續捲起袖子工作。他們首先成為真正的地下軍，開始鴨子划水地在幕後作業，但不久他們就又開啟了第二條戰線，把他們的努力搬到台前。他們希望讓輿論與科學界了解他們的震驚與憤怒，他們希望盡可能曝光冥王星任務的必要性與熱血之處。他們去函媒體總編，他們投書社論（這是個還沒有部落格的時代），而其筆鋒統統指著同一個方向：不要只因為噴射推進實驗室的任務設計太燒錢，就一筆勾銷整個冥王星計畫。

以重啟冥王星任務的大義為名，他們還找了外援來助拳。林林總總加起來，他們成功帶起了風向：媒體與輿論開始廣泛討論起冥王星任務遭取消一事。《太空日報》（*Space Daily*）的一篇文章報導：「此舉激怒了不少行星科學家，因為……冥王星做為科學研究的主題，有個幾近獨一無二之處，那就是它不等人。」文章中還引用了盧・費德曼（Lou Friedman）的說法。時任行星學會理事長的費德曼說，冥王星任務起死回生與否，決定性的因素是「航太總署要被冥王星的高人氣嚇到」。

但時間仍舊不斷在跑，因為各種地面與星際的因素正在匯聚，向冥王星任務發出「最後登機」的警語。

首先，地球、木星與冥王星之間的相對運動，形同為發射時間定出了一個窗口。就像航海家的壯遊任務受到巨行星罕見排列的限制，冥王星任務的發射也一定要在考慮到（公轉周期十二年的）木星與冥王星何時對齊，因為我們需要木星重力輔助的效應來為飛行器加速。若想在二〇二〇年代抵達冥王星，那近在眼前的二〇〇二到二〇〇六年，就是木星位置恰好而不容錯過的發射窗口。

此外，冥王星在其周期二百四十八年的繞日運動中，還有兩個特點讓時間壓力變得更重。首先是在一九八九年，冥王星已經通過了它的近日點——公轉軌道中與太陽最近的點——此後它便會逐步拉開與太陽的距離，而這也代表了一件事，目的地冥王星會逐漸一年年更加難以飛抵。其二是隨著冥王星遠離太陽，其溫度開始下降，可能不利人類對其大氣層的研究。

到了一九九〇年代初期，人類已知冥王星大氣層的主要成分是氮分子，跟地球的大氣層相仿。但跟地球不同，冥王星的氮大氣層，是由其積雪表面昇華（sublimation）[9]而成。而在昇華的過程中，大氣壓力的強度會隨表面溫度連動。事實上，冥王星的大氣壓力會以表面溫度的指數倍增或倍減，由此其表面溫度那怕是降個幾度，冥王星的大氣壓力都會只剩下一半。隨著冥王星軌道距離太陽愈來愈遠，太陽為冥王星表面保溫的能力會愈來愈弱，可能也可以預期冥王星的大氣壓力會遽降到只剩下近日點壓力的幾百分之一，甚至幾千分之一。事情若弄到那步田地，那冥王星的大氣層就幾乎與不存在無異。冥王星的大氣層一旦凍結，那派什麼任務去也沒有意義，因為你能研究的對象已經不存在了。

根據模型預測，冥王星大氣壓力的潰散很可能發生在二〇一〇與二〇二〇年之間，頂多比這晚一點點。對冥王星粉而言，這代表飛掠任務的期限迫在眉睫。要想觀察冥王星的大氣，現在就要出發——早一秒是一秒。

而你以為這樣就很不得了了嗎？對不起，冥王星還出了另外一個考題：冥王星是個傾角很大的天體。以其軌道面為準，冥王星的傾角是一百二十二度（記得老師說地球的傾角是多少嗎？沒錯，是二十三點五度）。而冥王星這麼陡的傾角，創造出非常極端的季節性日照差異。

9 譯註：昇華類似蒸發，但蒸發是液體因為受熱而成為氣體，若固態冰以類似的方式變為氣體，中間跳過了液態的階段，那科學家便將之稱為「昇華」。

你可以想像，地球的南北極圈會每年先享受到午夜的太陽，然後再接著數個月的永夜。冥王星上也有類似的現象，只是狀況還要再極端許多，畢竟其傾角比地球大那麼多。

隨著一九九〇年代向前推進，冥王星也在其繞日的弧線上緩緩踱步，而此時其南半球有愈來愈大的區塊展開為期數十載的永夜。由此凡是在二〇一五年抵達冥王星的任何偵測器，都只能觀察到它百分之七十五的表面積，另外的百分之二十五會覆蓋在極圈的永夜裡。但更糟的是進入二〇二〇年代，可見的表面積，會再減少到只剩六成，然後每年繼續遞減。到了二〇三〇年代，冥王星的可見範圍將只剩一半。這翻譯成白話就是：任務多拖一天，飛行器大老遠過去，能看到的冥王星表面就愈少（凱倫也是一樣），能研究的東西也愈少。

這些變數——木星重力輔助的必要性、冥王星大氣凍結的可能性、冥王星與凱倫愈來愈小的可觀測表面積——都是冥王星任務得抓緊時間的重要原因。

在這場戰鬥裡，冥王星粉有一個強大的老戰友，不是別人、正是好久不見的太陽系探索小組委員會。在二〇〇〇年萬聖節當天的會議上——也就是魏勒宣布取消冥王星古柏特快任務剛滿一個月之時——在議程上第一條，要討論的就是冥王星。

行星科學界照管的太陽系探索小組委員會表達了不滿，對取消冥王星任務的傲慢決策一事，也非常不以為然，畢竟這任務已經辛辛苦苦走過了多年的流程，好不容易才冒出頭來。全美大學與實驗室裡有多少他們的同仁為了這個計畫焚膏繼晷，這才奠定了冥王星任務的科學基礎，之後又不惜相互較勁，設計出最符合探索冥王星需求的科學儀器組合。這些努力，太陽系探索小組委員會的科學家都看在眼裡。魏勒的大刀一砍，感覺不止是冥王星研究圈的挫敗，而是整個行星科學界的心都揪了一下。冥王星粉是如何苦過這些個年頭，行星科學界終於也能夠感同身受。

在適逢萬聖節的那場會議上，艾倫與強納森．路乃得以向太陽系探索小組委員會喊話，他們再次說明了去冥王星的意義所在，也擺出了經得起考驗的科學論證，就是希望太陽系探索小組委員會能了解為何要去冥王星，而且現在就要去。他們使盡吃奶力氣，主張冥王星任務必須盡快重啟。這兩人另外還描述了噴射推進實驗室的對照組，即冥王星古柏特快方案，自此冥王星的偵測可以更便宜、更簡單。

冥王星古柏特快方案的問題，就在於噴射推進實驗室估計整個外太陽系行星計畫（此時已包含冥王星與歐羅巴）的預算，已經膨脹到今日幣值近四十億美元，而純論冥王星任務，成本也爆衝到十五億美元——這還只是至少。但隨著太陽系探索小組委員會掌握愈來愈多狀況，他們益發納悶成本怎麼計算的。

太陽系探索小組委員會裡有一名關鍵角色，其成員身分是德高望重的資深希臘裔美籍太空科學家，史塔馬提歐斯．「湯姆」．克瑞米吉斯（Stamatios "Tom" Krimigis）。湯姆是個高個兒，瘦瘦的，看上去溫文儒雅。他嗓音低沉，說起英文有濃重的希臘口音，好萊塢的老電影裡那些不知名的希臘帥哥，若由他出演也很適合。

在專業上，元老級的湯姆幾乎從一開始就參與了行星探險的工作，他所參與、製作的科學儀器曾隨著飛行器，一起去冥王星之外的每一個太陽系行星，外加若干小行星與彗星。一九八〇年代，他曾經是航太總署最早的其中一位計畫主持人（包括人為創造出極光，並藉此參透這種現象的起源）。進入一九九〇年代，湯姆曾發揮長才，協助航太總署發展出當時概念仍很新穎的（行）星際任務競爭結構。在這個新的典範當中，不止科學儀器，而是所有東西——整個飛行器的設計與打造，整個地面的作業，還有科學的調查工作——一切的進行都會相互競爭，然後由交出最佳提案的團隊獲得表現的機會。而每一個團隊，都會有一位領導者：計畫主持人，我們提過很多遍的計畫主持人。

美國在九〇年代晚期面臨極大的財政壓力，行星探測任務的發展軌跡因此受到一定程度的威脅。大致上是對於成本暴增、公部門預算壓力的回應，這種以計畫主持人為本的任務發展模式隨之崛起，而這也代表航太總署告別了以往的常態，只將行星任務託付給某大型實驗室（通常是噴射推進實驗室）。以往航太總署會拿來比稿的，只有要一起上太空的科學儀器，但任務本身，整體還是會交給專業專案經理人來指揮若定。

不過分地說，湯姆的公信力不輸圈內的任何一個人。但湯姆比起其他人還多了一個加分的資歷：他還在前面提到過的約翰霍普金斯大學應用物理實驗室中掌理太空科學部門。話說約翰霍普金斯應用物理研究所，當時正在崛起，並成為噴射推進實驗室較小、也較精實的對手。比起噴射推進實驗室，應用物理實驗室能少花點錢，拼裝出行星任務。

湯姆記得在二〇〇〇年那場太陽系探索小組委員會的會議上，有那麼一個關鍵的瞬間：

噴射推進實驗室專案經理約翰·麥可納米（John McNamee）出席委員會，是要告訴我們何以冥王星任務的預算會從六億膨脹到十五億美元，以及何以冥王星任務的飛行器會這麼有「份量」而無法縮減成本，諸如此類的東西。他犯了一個錯誤，把一塊電路板零件傳給委員看，而這電路板上頭的鋁有足足一英寸厚。對此他的說詞是：「看看這個，看看它有多沉。我們要讓這東西先飛掠木星、再前往冥王星，所以再多的輻射保護層都不嫌少。這就是我們的設計理念。」

那塊電路板在席間「傳閱」，傳到我的時候我說：「那個，等等。這架冥王星飛行器要飛越木星，去到比航海家遠很多的地方，結果航海家需要的屏蔽是零，這玩意反而保護得很周到。這太離譜了吧。」

弄了半天，噴射推進實驗室是聽了航太總署的指示，所費不貲的木星輻射保護設計規格，才從歐羅巴任務那裡搬到了冥王星古柏特快之上。這層東西使飛行器的造價飆高，也像船錨一樣拖住了任務發展的腳步。

太陽系探索小組委員會一察覺此一矛盾，便意會到冥王星任務其實可以便宜很多。於是在時任全美最大行星研究機構——亞利桑那大學月球與行星實驗室（Lunar and Planetary Laboratory）——主任麥可·德雷克的領導下，太陽系探索小組委員會發函給魏勒，說他們不認同取消冥王星任務，並認為這個決定的衝擊不容小覷：他們認為此舉將貽害美國行星探索的健全發展與未來前途。太陽系探索小組委員會建議魏勒重啟冥王星任務，但要控制成本，而且也不宜將任務直接交由噴射推進實驗室，反之應該開放競爭，就像航太總署不知重複過多少遍的流程那樣。太陽系探索小組委員會的其他建言，還包括必要時應該延後歐羅巴任務，以便確保冥王星探索能得到足夠的資金挹注。太陽系探索小組委員會重提了一遍冥王星任務不能等的各種理由，而歐羅巴任務一個都不適用。

在此同時，還有兩件大事在漸次成形，而這兩件事都對冥王星任務的重生起了一定作用。首先，在艾倫的好說歹說下，行星學會又一次策動會員，進行老派的「一人一信」活動，須知這些會員都對行星探險非常狂熱，尤其還長年期待冥王星之行。就這樣，來自行星學會的信箋灌爆了航太總署的總部，好幾千封抗議信全都在表達對任務取消的不滿。同一時間，在艾倫不知情的狀況下，一名叫做泰德·尼可斯（Ted Nichols）的高中生橫空出場。泰德對冥王星任務懷著無比熱情，同時又是個天生的公關人才，於是包含名為「救救冥王星任務」（Save-the-Pluto-mission）的網站在內，他以各種宣傳招數吸引到不少人的矚目。關於這名高中生，艾倫記得的是：

當時的泰德十七歲，是個長得算相當可愛的孩子。對他來講，冥王星任務的取消實乃是可忍，孰不可忍。泰德家住賓州，距離華府說遠不遠，於是他單槍匹馬殺到了航太總署的總部，只為了替冥王星任務請命，而他一來，媒體也一擁而上。他是個有勇有謀的孩子，否則關乎航太總署取消冥王星古柏特快計畫一事，他不會懂得要讓自己化身為失望輿論的代言人，讓人一看到他就想起這回事。後來不知怎麼陰錯陽差，他一路過關斬將，來到了魏勒的辦公室。我不清楚他是說了些什麼，才敲開了助理署長的大門。航太總署覺得這是我在背後慫恿，要不然就是行星學會的陰謀。但實情是泰德的一舉一動，都是他自己的決定。我當時不要說鼓動他，我根本不認識他。而這孩子去到那兒，得到了魏勒那些人什麼樣的待遇呢？他們讓這個才十七歲的孩子跟六個成年人共處一室，六個都是在航太總署當官的大人，然後由這些人輪番對其「審問」：「是誰指示你的？」、「你莫名其妙冒出來想幹嘛？」、「誰是你的靠山？」、「你的旅費是誰出的？」而面對這些問題，泰德的回答長得像下面這樣：「沒人指使我」、「我想看到冥王星獲得探索，而你們卻讓我夢想幻滅，你們憑什麼？」

泰德・尼可斯其人其夢，使他成為了媒體寵兒，取消冥王星任務一事也因此充滿了人味與故事性。泰德不只是泰德，他成為了年輕人被辜負的象徵。另一方面，到了二〇〇〇年秋天的尾巴，行星學會已經累積了破萬封要給航太總署跟國會山莊的請願信，署名的都是對任務取消憂心忡忡的公民百姓。與卡爾・薩根聯手創立行星學會的盧・費德曼，當時做為行星學會的執行董事，將這些信綑成一綑，在加州上了飛機，煞有介事地將民眾的心聲交到國會山莊……後頭還拖著一群媒體，那是一定要的。新聞稿上頭說的是：「美國人替冥王星抱不平！」

輿論的炮轟未曾稍歇。全球最大、也最具影響力的行星科學家團體「行星科學會議」，在艾倫．史登與強納森．路乃等會員的敦促下，發布了新聞稿，點出若再不趕緊啟動冥王星任務，關鍵的發射窗口就要錯過了，到時候冥王星大氣層凍結，人類就會苦於「巧婦難為無米之炊」，即便飛行器在瘋狂而遙遠的二〇二〇年代抵達冥王星，也沒有東西可研究了。

這些呼籲漸次獲得媒體的注意，報章雜誌乃至於電視新聞都做成了專題報導，航太總署不斷累積壓力。魏勒飽受各方抨擊。有一回他只是趁空檔、跑到航太總署的外頭抽根菸，不識相的路人還會上前，要他重啟冥王星任務。

到了十一月初，壓力已經大到讓魏勒想要找個出口。而為了尋覓解決之道，他找上了應用物理實驗室的湯姆．克瑞米吉斯。

應用物理實驗室並沒有太多行星任務的經驗——事實上也就一百零一次——但是在地球觀測與軍事衛星的打造與發射上，應用物理實驗室倒是有長達數十年的傲人實績，而且他們做出來的東西都是「便宜又大碗」。再者，他們僅有的那次（行）星際任務，結果可說是大放異彩。那次任務之所以會誕生，是因為當時克瑞米吉斯協助航太總署推動了所謂的「發現計畫」（Discovery Program），也就是一系列小型、開放競爭且由計畫主持人負責的行星任務。其中應用物理實驗室的「發現計畫」任務簡稱NEAR，意思是「近地小行星探訪」（Near Earth Asteroid Rendezvous）。近地小行星探訪的飛行器在一九九六年發射出去，最後也順利成為第一個繞著小行星運行的人造飛行器。事實上，近地小行星探訪飛行器除了繞了愛神星（Eros）這顆小行星一整年，最後甚至還降落在了愛神星上，算是非預期的錦上添花。更了不起的是，應用物理實驗室團隊時間大限還沒到，就游刃有餘地做出了飛行器，花的錢還比預算少三千萬美元，為此航太總署還收到了應用物理實驗室的退款。

不論橫看豎看，近地小行星探訪都是成功任務的典範。那我們就要問了，應用物理實驗室是怎麼辦到的呢？話說答案很大一部分就在於一套除非絕對需要、否則絕不濫加幹部的管理哲學，畢竟疊床架屋的人事，往往就是成本突破天際的原因。應用物理實驗室捨棄此作法，多出的責任都加在專業最集中的層級——他們家的工程師們。應用物理實驗室之所以能維持任務精簡，還憑藉一股基本的渴望，那就是他們想要維持自身組織的精實特性。換句話說，應用物理實驗室篤信的是重質不重量，他們要的不是「人多勢眾」，而是「一言九鼎」。

這一切的一切，都造就了應用物理實驗室與他們的科學部門主管，湯姆·克瑞米吉斯，他們成為圈內人心中的一支勁旅，有能力弄出匹千里馬，但又不用消耗太多糧草。於是到了十一月中，魏勒徵詢了克瑞米吉斯的意見，問他能不能找到辦法、做出冥王星任務，但又能便宜很多。湯姆說他可以。「我大概可以把成本壓到噴射推進實驗室的三分之一。這就是應用物理實驗室的風格。」

於是乎在魏勒的鼓勵下，克瑞米吉斯帶著一支不算大的團隊，全力衝刺起原型機的設計與成本分析，而且時間只有十天，所以他們要跟閃電比快。團隊也犧牲了感恩節假期，不眠不休地工作。就這樣到了二〇〇〇年的十一月二十九日，湯姆來到了魏勒的面前，手中已然握著任務本體與成本分析。湯姆回憶說：

我們實質上已經想出了方法，這後來也成為新視野號的設計概念，大至飛行器的形體，小至一個鈽電池——卡西尼號用剩下的——跟其他節省成本的創意發想。全部集合起來，就會是一個理論上可以趕上木星重力輔助的發射計畫。根據我們的研究，這任務可以在五億美元內搞定，包含備料，而這也是我跟航太總署保證的內容。

有了應用物理實驗室的研究證明任務可行，魏勒也似乎知道下一步該怎麼走。

逆轉

二〇〇〇年十二月底，艾倫得知僵局已經破冰，航太總署終於還是要帶著冥王星任務前進。至於怎麼前進，則跟他預期的完全不同。他原以為發動輿論與科學界施壓一招若能奏效，則航太總署就會讓冥王星古柏特快計畫起死回生，然後從之前停下來的地方重新出發。他以為航太總署會按原計畫選擇器材酬載，然後再進展到任務的「新起點」。但在十二月十九日，艾倫接到一通總部基層「臥底」的內線電話說：「你們贏了，冥王星任務要重啟了，但這也將是你們最大的夢魘。」他最大的夢魘？那是什麼意思？隔天魏勒公開表示，航太總署在太陽系探索小組委員會的建議下，即將重新尋找冥王星任務的可行之道，但這一次他們要一口氣把整個任務丟出去比稿：偵測儀器、飛行器、地面操作、科學調查。這是個清倉的概念。這就跟湯姆．克瑞米吉斯幫助催生出的「發現計畫」一樣，採取的是計畫主持人制，也就是以計畫負責人為單位，由各團隊提出構想、一較高下。這次跟「發現計畫」不一樣，比賽有個大上許多的頭獎——比起以往由計畫主持人主導的行星探索計畫「小而美」，冥王星之行完全是「高大上」。

以冥王星之名，這場腦力競賽對所有人開放。所以視冥王星任務為其禁臠的噴射推進實驗室，這會兒可得跟天下英雄一較高下了。話說提案想勝出，就必須要拿出說服力，讓人相信任務可以滿足三項要件：首先是根據路乃與冥王星科學定義團隊所提出的要求，必須達成所有的科學觀測（就是科學目標不可以偷斤減兩）；第二，飛行器必須要在二〇二〇年前飛抵冥王星，即便是不得已要在第二志願的發射窗口出發，這個期限也不會延後；第三，在進行完整觀測與準時飛抵的前提下，預算必須壓在破天荒的七點五億美元以下（這是換算為今日幣值的數字，且必須有可信的預留預算空間），而且是從設計到建造到測試到起飛，全部就是這個錢。其中預算是大魔王——須知七點五億美元不僅只是冥王星古柏特快估計成本的一半多一點，更只是航海家計畫成本的五分之一。

讓人冷汗之外再冒冷汗的，是這一點：提案必須在三月二十一日之前繳交完成，這幾乎是個不可能任務。航太總署裡像這種等級的任務提案，通常都得上千頁起跳，裡頭必須詳述設計細節、完整的科學觀測內容、相關的管控計畫、飛行排程、財務預算、團隊成員的履歷，外加林林總總其他章節。但這一次，有志者要把一年起跳的工作量擠到短短幾個月內，唯有如此才有可能趕上三月二十一日的截止日期。

魏勒宣布這項決定的同一天，艾倫的電話響了兩遍：應用物理實驗室與噴射推進實驗室都準備組隊參戰。艾倫不過四十三歲，但在歷經了一九九〇年代冥王星任務研究與冥王星政治學的雙重洗禮後，他「冥王星先生」的稱號已經不脛而走。由他來當頭，團隊一定叫得動。於是乎兩大實驗室都屬意由他來掛帥出征。

其中代表噴射推進實驗室來電的，是當時該實驗室的第一號人物，查爾斯·艾拉奇。艾拉奇的電話，只比魏勒的宣布晚不到一個小時。艾倫跟艾拉奇交談了一番，但沒有馬上答應，因為他輾轉從瑞夫·麥可納特那知道，應用物理實驗室的湯姆·克瑞米吉斯也馬上就會來電。

艾倫心裡很清楚，較無經驗的應用物理實驗室團隊，參加這種等級的任務競賽，一定會是下駟對上駟。但噴射推進實驗室令他擔心的是膨風的不良紀錄，他實在不太相信噴射推進實驗室能心懷成本與時間，老老實實地帶冥王星任務走到最後。

因為早知道兩邊都會打來，所以艾倫事前擬好了簡單的問題，打算要問艾拉奇與克瑞米吉斯。首先第一個問題是：「要是跟了你，我會是你唯一的冥王星計畫主持人嗎？」他會在意這個，是因為艾倫希望獨占所有「一軍」的工程師與幹部，他不要在實驗室內部還得跟人競逐人才，他要確定自己不論跟了哪一邊，都能是他們「賭上全部雞蛋的唯一竹籃」，如果要比喻的話——他希望自己的提案，能是該機構唯一勝出的指望。艾倫的第二個問題是：「萬一贏了，你願意白紙黑字承諾絕對不鬆手，誓死戰到最後一兵一卒，不會因為資金或政治問題而臨陣脫逃嗎？」關於這兩個問題，艾倫回憶說：

艾拉奇跟克瑞米吉斯都要求先回去研究一下我的問題，隔天才會給我回電。第二天艾拉奇打來之後，他花了半小時跟我解釋，噴射推進實驗室何以一定會輕鬆收拾掉應用物理實驗室，但噴射推進實驗室既不可能只做一個案子，也不可能哪天案子取消，就跟航太總署翻臉。基本上，電話上的他只是打槍我兩個問題，然後試著安撫我，要我放心加入噴射推進實驗室，但他們還是會同時讓不同計畫主持人跑好幾個團隊，也不會承諾無條件為任務赴湯蹈火。克瑞米吉斯不久也依約來電，而他說的是：「艾倫，你會是我們唯一僅有的計畫主持人，要是案子真的贏了，我們死也要讓它執行到最後。這是我的保證。」湯姆的回覆很中聽，但掛上電話後我想：「我慘了，噴射推進實驗室不挺我們，而應用物理實驗室雖然挺我們，但他們很顯然是以小搏大，輸的機率很高，畢竟噴射推進實驗室實力強，政治淵源也深。」天人交戰於焉展開。

應用物理實驗室之所以這麼不被看好，是因為噴射推進實驗室的實績相當豐碩——兩次先鋒號飛掠任務、兩次航海家飛掠任務，就連兩顆外太陽系軌道衛星伽利略號與卡西尼號，他們都蒐集到了——應用物理實驗室相形之下，就完全沒有可以拿來說嘴的外太陽系經驗或任務履歷。這點差異之所以要緊，是因為關乎外太陽系的任務技術與管理，其中獨有的眉眉角角不勝枚舉。比方說比起內太陽系，前往外太陽系需要長上許多的飛行時間，因此飛行器必須更耐久，而在長年的飛行中，相關的操作與後勤都極具挑戰性。飛行器的穩定性與「故障防護」能力——即飛行器在太空中自動處理問題的能力——都必須經得起外太陽系行星間的長途跋涉。途中會歷經的極端溫度，也代表飛行器得經過精妙且可靠的熱工程學設計。再者，身在距離太陽極遠的地方，也代表太陽能板無法做為飛行器的動力來源，核動力才真正可行，但一用上核動力，就又會扯到一拖拉庫技術面與核能管制的新挑戰。艾倫回憶說：

> 要在噴射推進實驗室與應用物理實驗室之間選擇，讓我當晚陷入了長考。我知道應用物理實驗室的能力辦得到，但我覺得自己好像遇上了某種「哈布森選擇」（Hobson's Choice）[10]，因為選擇應用物理實驗室就是比較冒險。
>
> 後來我半夜醒來，心裡就清楚了，應用物理實驗室是我該去的地方。我知道，我只能選擇真心想要完成冥王星任務、絕對不會退縮的團隊，但我也知道自己的選擇有無法否認的弱點。我還知道要是去了應用物理實驗室，我這輩子在噴射推進實驗室、在艾拉奇

心中都不受到歡迎。選擇應用物理實驗室，讓人不禁嚴肅起來，因為要是真的（如我預期般）輸了，我個人要面對的後果可是非同小可。只不過既然艾拉奇的回答是那樣，再對比一下克瑞米吉斯的說法，我的選擇只能是應用物理實驗室。

醒著躺到天亮，腦子裡一直想著即將開打的競賽，我開始燃起熊熊鬥志，想打敗噴射推進實驗室。我那天超早去上班，然後分別致電給兩間實驗室。克瑞米吉斯喜出望外，艾拉奇則完全沒想到會被我打槍。

開戰

同意了要統領應用物理實驗室的冥王星計畫後，他跟湯姆．克瑞米吉斯便開始著手組建一支「夢幻隊」。首先提案與計畫經理，應用物理實驗室找來了湯姆．考夫林（Tom

10 譯註：哈布森選擇，簡單講就是沒有選擇的選擇。你可以選擇，但選項只有一個，要就要，不要拉倒。這裡的哈布森是湯瑪斯．哈布森（Thomas Hobson，1544-1631），他在英格蘭劍橋開馬廄，而他的顧客上門只能租距離馬槽最近的那一匹，沒得挑三揀四。

Coughlin），他們實驗室裡經驗最豐富的太空計畫經理。他們唯一成功、還省下三千萬預算的近地小行星探訪任務，在其後運籌帷幄的就是湯姆。再來為了通過核動力發射許可的險灘，應用物理實驗室自其太空部門起用了葛倫．方騰這名頭腦冷靜而聰明的工程師。接著艾倫開始思考，該邀請哪些科學家來加入團隊，成為這項計畫的共同負責人。

二〇〇〇年的聖誕假期，艾倫統統用來招募科學團隊，並且與應用物理實驗室合作進行太空飛行器的設計研究，先在最高層級處理十餘筆路徑與飛行器的問題，以便定調任務性質。另外艾倫也在籌備團隊會議，以便大家能就任務分配跟酬載儀器的選擇達成共識。

一切就緒之後，接下來就是不知道什麼叫做周末的工作地獄，大家幾乎是沒日沒夜地在設計任務的細節，然後寫成可以跟電話簿比厚的提案，所有航太總署要求要的資訊，裡面都得有所交代。

這個節奏相當之恐怖：通常需要經年的思考、研究才能得出的結論，這會兒要在幾天內做成。這就坐雲霄飛車一樣刺激，但每個決定又都影響至深：好高鶩遠，會讓想達成預算、時間、重量與動力的要求變得不切實際。但若妄自菲薄，提案在對手之間、審查委員會的面前便毫無競爭力可言。艾倫覺得自己走在薄如刀鋒的稜線上，兩邊都是失敗的萬丈深淵，也知道唯一生機，就是創造出一個既技術本位又易於管理的提案，找到各方面的微妙平衡點，因為若有任何的瑕疵或弱點，經驗更勝一籌的噴射推進實驗室各團隊就會抓到小辮子，到時候勝利就得拱手讓給他們了。

為了在三月的截止日前完成整個任務提案，應用物理實驗室的團隊沒有一個周間或周末敢在建構、檢查與調整上稍微鬆懈。但努力所迎來的結果，簡直出自卡夫卡小說的奇幻狀況：在二〇〇一年的二月初，提案初稿剛完成了完整一校時，新上任的布希政府公布了執政以來第一份聯邦預算書，而這份預算書狠狠打臉了剛宣布冥王星任務要重新比稿的航太總署，主要是航太總署的冥王星任務預算遭到凍結，反而授予歐羅巴任務「新起點」的位階！聯邦預算公布後一兩天，航太總署就中止了冥王星任務的提案競賽。

艾倫感到不可置信，而且怒火中燒。他甚至懷疑噴射推進實驗室在這其中動了手腳，因為比稿胎死腹中，噴射推進實驗室是可以坐收漁翁之利的：

> 我氣到頭都暈了，而且我總覺得哪裡不對勁。如果歐羅巴任務可以成行，噴射推進實驗室保證可以開工，因為這個任務當初是直接派給噴射推進實驗室的——不用比賽——以金額而言，歐羅巴任務還要遠大於冥王星計畫。

艾倫推測噴射推進實驗室在幕後有所動作，才說服布希政府砍掉冥王星任務，然後歐羅巴任務取而代之。他還相信噴射推進實驗室砍掉冥王星任務的動機，就是萬一應用物理實驗室比稿贏了，應用物理實驗室就會趁勢坐大，到時日後所有的外太陽系探險就有了競爭者，對噴射推進實驗室來講，後患無窮。

艾倫立馬打了電話給克瑞米吉斯。他在電話上對湯姆表示：「是時候破釜沉舟了。」他從來沒有聽過太空科學家這麼講話。「我的天，」他想。「我絕對是挑對人了。這個任務於他而言，就是戰鬥！」

湯姆決定以毒攻毒，打蛇隨棍上。他打了電話給自己備而不用的政壇王牌——馬里蘭州喊水會結凍的參議員芭芭拉．米庫爾斯基（Barbara Mikulski），要知道馬里蘭州就是應用物理實驗室的老家。她當時正是參議院裡主掌太空任務的撥款委員會主席。在湯姆的要求下，米庫爾斯基寫了封措辭尖銳的信給航太總署，要求航太總署恢復冥王星的任務競賽。她在信裡對航太總署不假顏色，也提醒了航太總署，其自行取消比稿的行徑，無異於濫權剝奪了美國國會要不要撥款給冥王星任務的權限。她直言航太總署沒資格這麼做。畢竟她是在參議院裡控制航太總署銀根的委員會主席，航太總署只能乖乖聽話，恢復了比稿。

比賽重新開始。

「不計一切代價」

除了艾倫的應用物理實驗室團隊以外，參加冥王星比稿的還有四支隊伍，其中兩支最來勢洶洶的對手，就來自噴射推進實驗室，兩支團隊都由資深有經驗的計畫主持人領軍，他們不是參與過航海家計畫，就是參與過其他傳奇性任務的沙場老將。噴射推進實驗室其中一隊的主帥，正是賴瑞・索德布隆這名來自美國地質調查局的行星地質學者，他曾經是航海家號拍照團隊中研究結冰衛星的重要人物，深受噴射推進實驗室管理階層器重。噴射推進實驗室的另外一隊由賴瑞・艾斯帕西托（Larry Esposito）這名行星博學家領軍，他除了是卡西尼號土星軌道衛星上紫外線光譜儀的計畫主持人，也是在科羅拉多大學裡講授行星科學的教授（這也就代表艾倫得對上自己研究所的恩師）。艾倫知道自己無法在經驗上與這兩位行星科學界的巨擘匹敵，因此他的團隊非得繳出最棒的提案不可。艾倫常覺得這是場大衛與不只一位巨人歌利亞的戰鬥，他跟他的團隊是大衛，噴射推進實驗室的兩支隊伍是歌利亞。

回到艾倫陣營，容我介紹一位後起之秀——行星科學家萊絲莉・楊恩（Leslie Young）。她在一九八八年還是麻省理工大學部學生的時候，就是發現冥王星大氣層的團隊成員。到了二〇〇一年，萊絲莉已經有了博士頭銜，也以博士後的身分開始為艾倫做事。

萊絲莉成為了提案團隊的重要成員。聰明而充滿熱忱的她，所投入的工作量令人咋舌，而且還親自執筆提案中的一段關鍵文字，也就是飛行計畫：為了讓提案具有可信度，航太總署要求飛掠計畫不僅得符合所有科學觀測的需求，而且還得不超過所提飛行器的設計性能。而且僅僅科學儀器的解析度達標、敏感度達標、各種技術規格都符合（甚至超越）任務目標，也是遠遠不夠的。團隊還得證明，所提飛行器的設計與儀器的性能，搭配上所選擇的飛掠軌道，能夠構成一個足以執行所有觀測的完美飛行計畫，這包括飛行器與觀測儀器的聯合作業可以天衣無縫，包括要預留足夠的轉向時間，包括動力不能在任何一刻流失過多，包括處理資料儲存空間不足，也包括林林總總、方方面面的要求。

要擬出這樣一個無懈可擊的飛行計畫，就像在十維起跳的空間裡下西洋棋。萊絲莉義無反顧地領導開發工作。而也在這樣的複雜任務中，她出落成了一名世界級專家。一開始，艾倫確實有點擔心，像萊絲莉這般年輕的博士後研究員能否領導這麼一項工作，他深知這會相當複雜。但艾倫橫看豎看，萊絲莉的條件真的沒得挑了。而且當他開口問艾絲莉能否晚上跟周末加班到案子結束，萊絲莉的回答是：「我來這就是要贏，不計一切代價。」「不計一切代價」這幾個字，自此成了萊絲莉的座右銘，也讓艾倫印象深刻。後來只要工作遇到難關，這句話也是艾倫用來鼓舞士氣的隊呼。

應用物理實驗室的團隊合作有著上百名專才的參與。其中幾位比較關鍵的人物，包括有艾莉絲．波曼這名老練的應用物理實驗室飛航指導。艾莉絲被交辦的工作，是設計讓新視野號可以在十年航程中順利操作。克里斯．赫斯曼（Chris Hersman）是一名電子與系統工程師，他負責的是新視野號的整體設計。比爾．吉布森（Bill Gibson）來自西南研究所（Southwest Research Institute），是團隊中最富經驗的太空計畫經理。比爾的長才在於擔綱桶箍，來自四家企業或大學共七種科學儀器的設計、構建與測試，全都要順利框在一起，而且要有成本觀念，不得逾越預算。

除了要與各種工程與管理面的設計挑戰搏鬥，試著撰寫出完美無暇的提案以外，艾倫還想要讓這提案通過異常嚴格的內部「紅隊」審查，藉此發覺並排除提案中大大小小的技術、管理，乃至於科學教育層面的問題。在那個年代，多數類似提案都會規畫強力的紅隊審查，也就是安排模擬的專家審查委員會來針砭提案，找出其罩門。但為了抵銷噴射推進實驗室的經驗優勢，艾倫希望模擬審查的標準要提高到三支紅隊。這會很燒錢，而且很花時間——甚至說瘋狂也不為過。應用物理實驗室抗拒了一下工作量與成本問題，但最後勝出的仍是堅持到底的艾倫。艾倫表示：

在提案團隊裡，我有段時間十分顧人怨，因為我要求的東西一大堆——一會兒要增加模擬審查，一會兒內容改來改去，同時晚上跟周末都有加不完的班。我來，不只是要弄出個案子提出去而已，我來是要拚個輸贏，是要拚第一，第二名毫無意義。

休士頓，我們有名字了

寫案子的過程中有個看似不起眼、但其實很要命的任務，就是要為提案與任務想出一個響亮的名字。身為計畫主持人，艾倫責無旁貸，但他也希望這名字可以符合整個團隊的期待。

有玩過樂團的人，就能理解這是個什麼樣的過程。你想要想出個一百分的團名，但被團員們打槍太多次，你慢慢開始覺得這些名字都混在一起了，或者是這些名字統統都很爛。艾倫想要一個可以讓人對任務性質有些概念，但也帶著點激勵性的名字。但當然因為這是航太總署的案子——航太總署平時就愛用NASA的簡稱——所以很多英文字首的簡稱都紛紛出籠。因為這是個冥王星的任務，所以很多隊伍都用上了P，然後探險的E跟任務的M也都很熱門。點子來來去去：有的太無聊、有的太沒記憶點，比方說像是COPE（處理）、ELOPE（私奔）、POPE（教宗）與PFM等字首縮寫。然後慢慢有些名字稍微像樣了一點，比方說像PEAK（巔峰之意，全稱為Pluto Exploration And Kuiper-Belt〔冥王星探索與古柏帶〕）或APEX（頂尖之意，全稱為Advanced Pluto Exploration〔先進冥王星探索〕）。但這些都還是不夠激勵人心、不特別強而有力，也不特別琅琅上口或讓人有印象。就在這樣的過程中，艾倫團隊得知了一個對手——由科羅拉多大學賴瑞．艾斯帕西托領軍的噴射推進實驗室團隊——決定要給任務取名叫POSSE（警衛隊之意，全稱為Pluto Outer Solar System Explorer〔冥王星外太陽系探索者〕）。艾倫覺得這個名字多少算是一目了然，但卻不怎麼熱血。他開玩笑地說：「他們打算要逮捕誰嗎？」艾倫期望這任務名稱要能帶給人希望。

在試了幾十個縮寫都不成功後，艾倫意會到他得跳出NASA這類縮寫的窠臼。他決定放棄縮寫，改以一個激勵性的片語或口號當任務名，一個能充分表現出任務精髓的名字。

各種創意再次一擁而上。有人覺得為了記念湯博最初找尋「X行星」，任務名稱不妨就稱為「X任務」。他們認為這名稱所流露的未來感，也可以暗指航太總署不斷推陳出新的X系列飛機（X-planes）[11]，比方說像X–15。其他的建議還包括「New Frontiers」（新疆界）或

「One Giant Leap」（一大步），但這些名字都還是有點怪怪的：對某些人來說，X是毒品搖頭丸的別名，而新疆界裡的New Frontier字眼，曾經是一九六〇年甘迺迪在民主黨內初選勝利時的競選口號，也是他心儀的太空計畫名稱[12]，艾倫怕布希政府聽了不開心，進而遷怒到計畫身上。「一大步」明顯是要記念阿波羅號登月時「人類的一大步」，但艾倫擔心這會害冥王星任務被揶揄是「矇著眼往下跳一大步」。時間繼續不停在走：一星期一星期地過去，艾倫不斷被同一個要求砲轟：「我們要名字，我們已經有紅隊在拷問提案內容了，但卻還是個無名的案子。給我們名字！」

這之後在老家波德，一個難得的星期六，艾倫去跑了跑步，順便在腦子裡釐清各種想法。想著想著他想到了命名的難題。艾倫回憶道：

11 譯註：這是美國一系列的實驗性飛機／直升機／火箭，主要用以測試尖端科技。部分X－飛機被大力宣傳及用做破紀錄，但同時大部分X－飛機在開發過程中都保持高度機密。首部X－飛機——貝爾公司的X－1因首次突破音障而聞名，X－15則是在一九六〇年代著名的火箭動力飛機。絕大多數的X－飛機都不會量產，且多數由航太總署經手。最新X－57是二〇一六年出品的純電動飛機。

12 譯註：甘迺迪當年承諾美國選民一個廢除種族隔離、民權進步與和平共存的「新疆域」，並打算與蘇聯合作，將人類的夢想帶到太空去。

當下我決定「新」這個非常有正能量的形容詞，一定要留著，因為我們做的事情，從很多方面來看，確實很新。媽的，我想，「新疆域」真的很接近答案了，但就是政治包袱太大。然後就在我跑到路口等紅綠燈時，西方地平線上的洛磯山脈映入了我的眼簾，而我也馬上有了靈感。就叫「新視野號」得了──我們想去一探究竟的冥王星、凱倫、古柏帶，都位在嶄新的地平線上啊。另外第一次用計畫主持人帶隊的方式來執行外太陽系行星任務，也是嶄新的嘗試，所以也是一種新視野的概念啊。而且我在想這麼光明的名字，應該沒有哪個天才能想到什麼事情來抹黑了吧。「新視野號」好念、好記，而且象徵著任務將成就上述兩方面的新猷。我愈跑愈遠，也愈覺得這個名字對。我試著在腦海裡找碴，看能不能擊落這個名字，但我發現我怎樣都辦不到。等跑完步，我的心意也定下來了。我記得在心裡想著，這也算是個歷史性的決定：「萬一我們的提案真的贏了，萬一國會真能生出錢來讓任務成行，萬一真的有一天，這任務在發射平台上架設完畢，萬一萬事俱備連東風都不欠，萬一我們真的成功完成了冥王星的探險──那『新視野號』這個名字就會載入教科書跟百科全學書裡面，流芳百年。」

具有新意的新視野號

為了要贏得比稿，新視野號的提案裡有幾樣殺手鐧，就是希望能與經驗略勝一籌的對手有所區隔。而其中最核心的，就是新視野號擴充了儀器酬載。這一點使得新視野號不僅可以完成必修作業，也就是航太總署要求的科學觀測，而且還額外補強此行的科研意義。有些儀器固然沒有在航太總署的要求之列，但艾倫覺得這些器材可以擴大格局，讓更多的科學領域與社群成為他們潛在的盟友，誰知道哪一天需要為任務預算續命時，盟友的聲援會有多麼關鍵。增加額外儀器之所以可行，主要是因為應用物理實驗室有過相關的「省錢經驗」，畢竟他們曾用噴射推進實驗室說不可能的低廉成本，成功開發出飛行器與太空任務。他們就是有辦法在預算中開一個小縫，把額外的科學設備給擠進去。

他們提案中的新視野號酬載，是把重心集中在整合式的成像與光譜學套件上，那是艾倫團隊為（現已做廢的）冥王星古柏特快比稿所組裝出的設備。

而整合在這個套件裡的，第一樣是縮寫為ＰＥＲＳＩ的「冥王星探測遙感設備組」（Pluto Exploration Remote Sensing Investigation）：這是一組功能強大的相機，外加可讀取可見光、紅外線與紫外線的成分光譜儀。ＰＥＲＳＩ將可拍攝冥王星與凱倫的表面照片，並能觀察到足夠小的細節，揀選出城市街區大小的地貌特徵。ＰＥＲＳＩ還可以進行紅外線觀測，用以標定冥王星與凱倫表面的物質成分。至於光譜儀中的紫外線部分，則可以顯示出冥王星大氣層的結構與組成，並搜尋凱倫四周是否有大氣層。

第二樣是前面提過縮寫為ＲＥＸ的無線電科學實驗儀。無線電科學實驗儀可以偵測冥王星大氣層的壓力與溫度，並將其顯示為海拔高度的函數，這是航太總署的要求。為了打造無線電科學實驗儀，艾倫找來了史丹福大學的連·泰勒教授（Len Tyler）團隊——這支相關經驗無人能出其右的團隊，曾從事過冥王星任務的無線電科學設備開發，同時也擁有國際實驗效果最好的相關技術。能延攬到泰勒教授的史丹福團隊，不僅為艾倫鎖定了一群極為幹練的無線電科學能人，相對所有競爭者，這也代表他取得了不容小覷的戰略優勢。

再來他又挑選了兩種儀器，用做帶電粒子的觀測（這是瑞夫·麥可納特與法蘭·貝格納的專業領域）。這兩個儀器分別是縮寫為PEPSSI的「冥王星高能粒子光譜科學調查儀」（Pluto Energetic Particle Spectrometer Science Investigation）與縮寫為SWAP的「冥王星周圍太陽風分析儀」（Solar Wind Around Pluto）。它們的設計是用來研究冥王星大氣層的流失速度與氣體組成。

如果新視野號的酬載算是一塊奶油蛋糕，讓一切變得完美的那顆櫻桃，就得算是縮寫為LORRI，暱稱為「蘿莉」的「遠距勘測成像儀」（Long Range Reconnaissance Imager）了。這單純是一台黑白照相機，但它的影像來源卻是一架長焦距的大型望遠鏡。而這台儀器，將為新視野號的科學工作增添三個非常重要的面向，而且這三點，都是噴射推進實驗室壓根沒排在太空任務裡的東西。首先第一點，有了蘿莉的高解析望遠鏡，新視野號將可以在冥王星與凱倫的地圖解析度上，達到航太總署要求的五倍或以上。由此蘿莉將能讓地質學研究「玩很大」，並且提供其他行星第一次飛掠時都無福享受到的超精細影像。蘿莉的解析度足以辨識不是城市街區大小、而是建築物大小的地貌特徵。第二點，因為它是一個可高倍數放大的成像儀，所以在其靠近與遠離冥王星的各十周內，即便是哈伯望遠鏡拍到最好的冥王星照片，也難以與其蘿莉的「作品」匹敵——這意味著飛掠冥王星或許只是短短一個周末的事情，但蘿莉成就的科學觀察，卻可以是一場延續好幾個月的視覺饗宴——這是大加分的事情，許多新的研究都因此從不行變成可以。第三點，也或許是最重要的一點，蘿莉的高倍數成像使單趟飛掠就足以取得冥王星與凱倫的基本「遠側」地圖，須知星體的較遠一側就只能靠單趟飛掠時遠遠地觀測，這是唯一的可能。

這樣的儀器套件陣容，遠比航太總署的基本要求強大許多，但這樣的酬載陣容不是擬出來就沒事了，搭配的行銷功夫也不能少。新視野號團隊必須一方面讓酬載內容遠高出基本分，一方面也得讓人相信一切可以在預算與時間內完成——免得被人認定好高騖遠。

為了取信於人，新視野號團隊在案子裡仔細說明了一樣樣儀器有多不複雜，還有就是他們的「血統」如何有助降低風險。這裡說的血統，是指每樣儀器都沿襲團隊的舊款太空儀器，所以它們在太空中都算有過實績。

在此同時，這提案還點出了遺珠之憾，也就是原本可以強化科學觀測、但團隊選擇割捨的儀器，比方說可以用來搜尋冥王星磁場的磁力儀。這種求勝戰略——主張自己已然知所進退，沒有貪得無饜——就像他們在一場一翻兩瞪眼的賭局裡猜到了敵人想幹嘛，同時也讓人感覺他們的CP值才高。

除了在儀器設備上精挑細選以外，新視野號還有不少創新之舉，其提案在在都把馬步紮得更穩。

首先，團隊表示新視野號可以很快飛抵冥王星。方法呢？方法就是除了規畫木星重力輔助，讓飛行時間削去幾近四年以外，他們還在巨大的擎天神五號（Atlas V）火箭上增設了一截構造簡單、但相當靠譜的固態輔助火箭，此舉又進一步縮短了飛抵冥王星所需要的時間。整個算起來，新視野號團隊規畫的航程僅短短八年。亦即若於二〇〇四年十二月的木星重力輔助窗口間發射，則預計抵達時間為二〇一二年中。若得延後到二〇〇六年發射——備用的發射窗口，也是不想再等很多年的最後機會——則航程會需要稍長的九年。新視野號團隊主張航程愈短，風險也愈低，因為任務的時間線愈短，就愈沒有時間可以出差錯。飛得愈快，他們點出，就意味著愈早到達，冥王星大氣提前凍結的機率就愈低。

新視野號團隊還提出了幾個辦法，說明飛行器一旦抵達冥王星，就可以展現最高的工作效率。飛掠一定是個稍縱即逝的過程，這一點我們無能為力。飛行器會以超過三十萬英里（四十八萬公里）的時速咻地飛過目標，所有要緊的觀察都必須在幾個小時內完成。考慮到這一點，新視野號的性能，包括在飛掠期間可同步執行最多五種儀器的能力，同時搭載在飛行器上的固態快閃記憶體，資料容量高達冥王星古柏特快曾承諾過的三十二倍！另外經過精心設計，新視野號可以用極高速在凱倫與冥王星之間來回轉向，在最接近目標那天，跳一首由眾多觀察項目構成的精采舞碼，並設法將科學成績衝到最高。

為了讓所有這些性能統統到位，新視野號提案必須絞盡腦汁，從飛行器的其他地方把錢省回來，目標是讓總額不掉出航太總署的預算外。而在這場省錢大作戰裡有一招非常聰明，就是讓飛行器在旅程中盡量「冬眠」，亦即新視野號會在木星與冥王星之間關閉多數系統，「睡過」那幾年，僅有最起碼的通訊與導航功能會持續開啟著。這種冬眠從未有任何航太總署的任務嘗試過（惟某些冥王星任務研究中曾建議過），但總之重要的是，這可望大幅降低任務控制中心的人事費用，只有最骨幹的任務組員才需要在冬眠期間與飛行器保持聯繫。憑藉此一與其他方面的任務操控創新，新視野號提出少於五十人的控制組員規模——相較於航海家號用上了四百五十多人的大陣仗，新視野號的作法可謂氣勢磅礴的一大突破。另外，新視野號提案還刻意降低飛行器在冥王星的電子通訊能力（以位元速度而言），甚至低於航海家號在海王星時的水準。這代表天線可以小很多，輕很多，便宜很多，發信器則可以選用低功率的機型，讓新視野的核動力源從兩顆減為一顆——又可以省下更多的動力、成本與質量。只要他們最大化冥王星的資料蒐集，再存到大容量而穩定可靠的記憶體裡，資料回傳就不用著急。新視野號團隊的信條是：「都能花快十年飛到冥王星了，多花一年等資料傳回來，又有什麼關係呢。」

新視野號團隊還提出了好幾種重要的辦法，壓縮低成本任務航向太陽系邊緣的風險。只派出一個飛行器——而不像之前所有首發行星任務都是兩個一組——本身就是一樣冒險，但他們實在騰不出兩架飛行器的經費。於是新視野號想了個折中的因應之道，就是飛行器上所有需要運作的系統，都「徹底備份」。從推進系統到儲存記憶體到飛航控制到指向電腦，乃至於孿生的電力系統與電訊發射器與接收器——每一樣壞了會出人命的組件，都搭載了功能完全一樣的備份，這是怕機器出狀況的未雨綢繆。

之前做過的某些冥王星任務研究，會以減重或成本之名，犧牲掉備用器材，但新視野號卻把備用儀器當成一個賣點。他們基本上是在對航太總署喊話，他們要主事者知道新視野號使命必達。他們訴求的是，就算途中硬體難免發生故障，該到手的東西也一樣都不會少。這就是何以新視野號提案的科學酬載會包括備用器材：一二三四五六七——共八台成像相機，兩台各自獨立的光譜儀（可記錄冥王星大氣成分）、兩架電漿儀、兩台無線電科學實驗儀。像這樣小心過度的設計，就是要把風險降到最低。這樣即便某台儀器在只有一次機會的冥王星飛掠之前或之中出包，所有關鍵的科學觀測還是可以順利達標。

一分耕耘，一分收穫

航太總署主辦的冥王星任務設計競賽，分成兩個階段。任何人只要找得到隊員組隊，有錢提案子，都可以進入第一階段。航太總署會從這當中篩選出兩個最好的提案，進入更多要求、更重細節的第二輪，然後這兩強再對決。你可以把這兩階段想成是職業運動的例行賽與季後賽，但這也表示能帶著冠軍盃回家的隊伍，只會有一支。

而且職業運動還可以明年再來，冥王星的提案隊伍不會有明年，這次的比賽就是一切，就是僅有的機會。

在第一輪當中，航太總署接到了五支隊伍的報名，其中一支不被看好的隊伍半途而廢，但在二〇〇一年四月六日，仍舊有四支隊伍通過了交稿的終點線，提出了細節多到不行的技術與管理草案，其中描述他們打算如何打造並完成這次的冥王星任務。航太總署接著召集不同專家，組成一個個委員會——有的看專案管理，有的看預算分析，有的看風險評估。一共十餘個專業委員會負責評估這四個提案，並再進行排名。這段縝密評估過程耗時兩個月。

好不容易等到航太總署要宣布入圍第二輪的兩強時，艾倫人在巴黎，正參加一場以古柏帶為題的國際會議，在場有不少研究冥王星／古柏帶的圈內人，而他們都知道命運的兩強即將放榜。六月六日晚間近午夜，艾倫從會場回到了距凱旋門不遠的下榻飯店。而當他穿越一樓大廳，櫃台人員便向他表明：「史登先生，您有四筆來電留言。」（當然這是指前手機時代的留言。）艾倫用視線掃了一遍訊息，沒有一筆來自航太總署總部。但其中有一筆是某位「楊女士」所留，區域號碼還是科羅拉多。艾倫認出了那個號碼，也意會到「楊女士」其實是萊絲莉．楊恩，但他以為萊絲莉來電，只是為了兩人剛完成不久的一篇研究論文。就這樣到了隔天早上，他想說這樣不行，還是回個電話好了。接起電話的是萊絲莉，但艾倫聽到她的背景跟夜市一樣吵，人在波德的萊絲莉得用吼的，音量才能壓過背後那群簡直像在開趴的「派對動物」，而萊絲莉說的是：「我們被選上了，我們是最後兩強了！」

新視野號辦到了！至少他們打進決賽了，只不過最後的強碰會更不好打就是。

他們的決賽對手，是噴射推進實驗室的冥王星外太陽系探索者，其計畫主持人是科羅拉多大學的賴瑞・艾斯帕西托。所以冥王星的提案競賽，最後確定會成為波德的內戰，由科羅拉多大學對決西南研究所。這會是為期三個月的瘋狂衝刺，就看誰能為任務寫出又詳細、又可行的方案。

艾斯帕西托的冥王星外太陽系探索者團隊陣容相當堅強，提案也甚具水準，更別說他們還有噴射推進實驗室的影響力與實績可以幫襯，有經驗豐富的洛克希德馬丁公司待命，為他們生產飛行器。以小搏大的感覺仍未離開新視野號團隊，他們依舊是這場戰鬥裡的大衛，但至少他們面前的巨人歌利亞不再是三個，而是只剩下一個——不是你死，就是我亡。

冥王星外太陽系探索者的提案，在許多方面都與新視野號有所出入。由於噴射推進實驗室跟洛克希德家大業大，相關的成本天生比較高，因此冥王星外太陽系探索者必須採用性能稍差的發射載具，也就是得犧牲掉第三節的輔助火箭，才能把預算壓在航太總署的成本框架裡面，由此他們的飛行時間會比較長。再者，冥王星外太陽系探索者的飛行器重量較重，也沒有設法在高低功率的電訊系統中做出取捨、節省成本。另外，冥王星外太陽系探索者很不聰明地吞下了艾倫認為的「蠢蛋誘餌」，那就是他們提議說要開發新科技，像是迷你的高性能推進器。這雖然能在科技發展上得分，但卻得多花錢，也會增添新技術來不及上路的風險。再者，冥王星外太陽系探索者還一口氣在飛行器上裝了十一種科學儀器，這個數字已經超出了艾倫主觀認定的「聖誕樹線」——徒然讓預算很小、時間很趕的任務承擔起吞多嚼不爛與輕諾寡信的風險。

新視野號提案入選最後兩強的消息確定後，在科羅拉多跟馬里蘭州之間穿梭往返，同時沒日沒夜也沒有周末的日子，也延長了三個月。包括更精細的任務設計、成本分析、器材效能評估、萬一延到二〇〇六年發射的「雨天備案」、紅隊審核，統統都得在這三個月內搞定。在馬里蘭州的哥倫比亞市，應用物理實驗室北邊十分鐘路程的喜來登飯店，也就成了團隊成員的第二個家。他們經常三更半夜還泡在飯店的酒吧裡加班配啤酒，敲鍵盤的敲鍵盤，在紙巾上寫東西的寫東西，搞到飯店工作人員都熟到能一一叫出他們的名字。其中一名酒保琳達・拉帕（Linda Lappa）成了他們「下班後繼續上班的」會議班底，還被成員們熱情地加到非正式的專案管理表格中，頭銜顯示為「專案酒保」。

九月十八日截稿前的最後幾個星期，是極盡瘋狂之能事的衝刺，怎麼做出「最好的最終版」提案，成了大家唯一關心的事。一如萊絲莉・楊恩常說的，要睡等案子交出去再睡，到時你睡到翻過去，都沒有人管你。

二〇〇一年的九月十日，新視野號團隊完成了最終審校，再來就是要把這寶貝送印、簽名、交寄。但沒想到晴天霹靂，距離截稿日只剩一星期的隔天早晨，發生了撼動全美與全球的紐約雙子星九一一恐怖攻擊。扣掉太小還不懂事的孩子，所有人都記得那天聽聞紐約與華府遭受攻擊的瞬間，自己身在何處、在忙什麼。瀰漫於空氣中的焦慮讓人窒息，尤其是就在華府邊上的馬里蘭州。空中交通全數停飛。本身就隸屬國防部的應用物理實驗室，也因為遭受炸彈威脅而全體疏散。

就跟每一個美國人一樣，新視野號團隊陷入九一一恐攻的心理餘震中。但不變的是航太總署的交稿期限只剩一個星期。於是從應用物理實驗室撤離之後，團隊成員將剩餘工作搬到當場跟喜來登租下的會議室，展開了馬拉松式的收尾。艾倫回憶說：「在悲戚的心情中，真的很難工作，但我們沒有選擇，只能繼續衝。我覺得是一份以美國為榮的愛國情操，加上這項任務的歷史意義，讓我們在這種瘋狂而盲目的毀滅中，在那非常難熬的一個星期中，再度找到了繼續前進的動力。」

最終，在美國全國幾近停擺的非常情況下，航太總署給了兩支隊伍多一星期的時間，截稿日因此從九月十八延至九月二十五日，而這也讓兩強避開脫稿的命運。

拿到了最終版的提案後，航太總署展開了更精實的一輪技術、財務與管理面審查，目標是嗅出兩支隊伍與兩份作品中的強項與弱點。

每次這類的比稿來到最後階段，航太總署都會前往兩隊的據點進行「現地考察」，期間會由航太總署的專家代表團對上提案團隊，並進行高張力且耗時一整日的口試「拷問」，當中還包括團隊得就自身提案進行詳實的簡報。提案中的大小環節都會被問到：團隊組成、參與的機構背景、飛行器與任務的設計、預算規畫情形、管理團隊的陣容、上發射台前共數千筆工作的排程細節，乃至於最最基本的東西——任務本身要達成什麼樣的科學成就——絕無漏網之魚。以新視野號為例，他們的口試排在十月十六日。新視野號團隊提前了兩周進行簡報彩排並相互針砭，還完全按照正式規格舉辦了全套預演。為此他們甚至找到了一群外部的專家，只為模擬航太總署到時會使出的「滿清十大酷刑」。

口試當天的艾倫頗具信心。他知道自己的團隊已經準備好了，也知道這次的提案比起他以往參與過的案子，就算不會更好也絕不會更差。至於對他個人而言，在走過十餘年的耕耘，歷經各種任務版本的更迭，再加上新視野號提案的馬拉松之後，他覺得自己已經千錘百鍊，什麼口試問題丟過來，他都應該能對答如流。只不過他也不是沒思慮到最終結果的成王敗寇。艾倫回憶說：

我記得我一邊開著車要去搭機、飛往應用物理實驗室參加口試，一邊腦子裡想著的是：「這有可能是我為冥王星任務最後一次奔波了。我已經這麼搞了十二年——從我第一次踏進航太總署總部去見傑夫・布里格斯博士算起，當時還是一九八九年的五月。一路千里迢迢，最後就看今天的表現了。」

整個新視野號的提案團隊——將近一百名工程師、科學家、經理等各種角色——集合在應用物理實驗室裡一間大禮堂，要進行航太總署的面試，其餘在場的還有十來個應用物理實驗室與西南研究所的管理階層，然後就是航太總署約二十人的專家小組了。

一整天下來，口試的過程非常磨人。然後在技術與管理層面的所有簡報做完後，航太總署的專家開始了鉅細靡遺的「質詢」。他們參觀了應用物理實驗室的太空部門，在那兒他們觀察了任務的設計與測試，也看到了未來做為新視野號後盾的任務管控設施。

做為收尾，負責簡報的同仁與審查委員重新在禮堂會合，由艾倫獨挑大梁講五分鐘。這五分鐘，將決定審查委員會對新視野號的最終印象。艾倫重申了一遍冥王星探索的必要性，也說明了何以新視野號團隊將是航太總署正確的決定。隨著室內光線氣氛十足地暗了下來，艾倫放起了最後的幻燈片——科學家兼藝術家丹・杜爾達（Dan Durda）精心創作，手繪新視野號飛掠冥王星的想像圖。然後就在艾倫要做結論，請審查委員們助新視野號一臂之力時，一件意想不到的事發生了。

「就在我要把準備好的結尾說出來時，」艾倫回憶說，「燈光提前亮了起來，而我似乎看到委員會的主席在對我使眼色。從他坐著的地方來判斷，我想是沒人看得到他在這麼做。我被這一幕嚇到差點跌倒。我在想他只是在默默誇獎我表現很棒，還是他根本就是在暗示我們會贏？抑或剛剛什麼都沒發生，一切都是我的幻覺？」

歌利亞的殞落

那年十一月底，行星科學界聚集在一年一度的行星科學會議上，也就是之前提到的行星宅宅慶典。在這個甚具代表性的科學場合中，大家會以行星與探索之名，交朋友的交朋友，搞政治的搞政治。而那一年，主辦會議的正好是艾倫，會場則在紐奧良，他的兒時故鄉。

星期四，十一月二十九日，就在艾倫離開一場技術論壇，要去喝杯咖啡放鬆一下時，航太總署總部的官員湯姆・摩根（Tom Morgan）來到他的面前說：「那邊有台公共電話，看到了嗎？有你的電話在等。」艾倫回憶說：

我們聽說航太總署將於那一周宣布冥王星任務比稿的贏家。所以我知道湯姆這話的言外之意是：「這是你放榜的電話——電話那頭有你是贏是輸的答案。」我朝電話走了過去，邊走還沒忘記邊稍稍禱告一下，因為我知道自己只差幾秒鐘，就要接受航太總署的宣判了——而且沒得上訴。

在電話上的是丹尼斯・波岡（Denis Bogan），航太總署總部的冥王星計畫科學家。我嗨了一聲，而他也一本正經地開口說道：「艾倫，我們的審查工作已經告一段落。」

時間彷彿慢了下來。我心想：「我職業生涯最重大的一役，就要在這像是菜市場一樣鬧哄哄、人多嘴雜的咖啡休息區裡，在這個不起眼的公共電話上有個結果了。一切的努力，就是為了這一刻。不論丹尼斯接著要說出什麼樣的句子，這都是故事的結局。而丹尼斯說出的是：

「恭喜，我們為冥王星任務選擇了新視野號。」

我霎時覺得背上一陣酥麻，沿著脊椎而上！我們贏了，我們打敗噴射推進實驗室了——巨人被扳倒了。講完電話的我難掩興奮，我第一個念頭是衝到電腦前開始寫起訊息給全體團隊。這訊息只簡短地說：「我們辦到了！航太總署總部剛剛來電，說我們贏得了冥王星任務的比稿，我們將獲得資金挹注！詳情待補。」接著我衝到上千名科學家裡尋找起湯姆．克瑞米吉斯，然後在他耳邊把消息告訴他。湯姆把我抱住，我們不光是手舞足蹈，我們兩個大男人是真的跳起了舞，就在科學會議的大廳裡。沒有人知道我們倆在發什麼神經，不少人覺得莫名其妙而對我們行起注目禮。

那天晚上，在紐奧良參加行星科學會議的新視野號成員，揪了一團開始在波本街上逛起了大街。我們沿路經過了開放式酒吧的大門，聽著音樂流洩到戶外。艾倫那夜想起了很多在紐奧良長大的回憶，他想起自己六〇年代還是個小孩，還夢想著能參與太空探險。這一年正好是在史丹利．庫柏力克跟亞瑟．克拉克兩位科幻巨擘的作品[13]中，充滿象徵意義且未來感十足的二〇〇一年，他剛剛贏得機會，即將探索人類至今未曾嘗試過的太陽系邊界，而這裡又是他幼年所有太空抱負的啟蒙地。斯時斯地，豈不叫人感慨萬千。這命運般的巧合令艾倫品味了一整夜。

那天晚間，新視野號團隊與一大群祝福者的漫步終點，是波本街邊一處又大又黑的酒吧，裡頭有由三項樂器組成的樂團在一隅表演著。接下來的幾個小時，這群人放下了所有的緊繃與矜持。說實話，他們一邊沉醉在樂團的表演裡，一邊徹底地買了個醉——讓他們酩酊大醉的，除了酒精，還有喜悅、有笑語、有壓力的紓發，還有對未來迢迢冒險之路的熱切憧憬。

13 譯註：史丹利・庫柏力克根據亞瑟・克拉克的短篇小說〈前哨〉（The Sentinel）啟發，拍出了電影史上的科幻經典《二〇〇一：太空漫遊》（*2001: A Space Odyssey*）。

第五章

新視野就在眼前？

「這種贏法，跟輸了有什麼兩樣？」

艾倫隔天離開了紐奧良，回到波德。隔一周，一封信從航太總署寄到了他的辦公室，署名是航太總署當時的太空科學主事者，助理署長魏勒，由此新視野號的勝利獲得了官方認證。艾倫關上門，打開信封，讀起信的內容：

> 史登博士鈞鑒：
>
> 我很榮幸以此信通知您，針對冥王星—古柏帶任務之第一期研究合約競賽所呈繳的概念性研究報告《新視野號：照亮宇宙邊界》（*New Horizons: Shedding Light on Frontier Worlds*），業已獲選，可以繼續執行。

光讀到這裡，這信真的是不折不扣的好消息。但是——人生就是免不了這個「但是」——

艾倫愈往下讀，他的笑容就愈僵，乃至於最後他笑容已經全部收回。這信第二段開頭寫的是：

惟於本署在此有若干要求須先達成，任務方可繼續進行……

這封信接下來的內容，基本上就是有如「天堂路」一般，新視野號必須要順利通過、否則任務就會遭到取消的各種狀況。為了避免這種情況，新視野號首先必須按排程完成發射，如此才能趕上二十一世紀前十年的最後一次木星重力彈射窗口。第二，計畫的預算上限不得追加，因此任何超支都意味著任務的失格。這封信還另行列出了各類「里程碑」，逐一都得照時完成，這還不算要通過行政程序的迷宮、成功拿到核動力發射的許可。魏勒的來信在要求東、要求西之餘，並沒有提供任何的協助，甚至連鼓勵的話都一併省了。這封信裡講的，只是一個隨便都會踩雷的危險地帶——然後撂句狠話說中一個就掰掰。

艾倫不只一次搶下航太總署的案子，但收到像這樣的賀函，還真是劉姥姥逛大觀園——凡事都有頭一回。按照這封信行文的「風格」，航太總署壓根就不相信，新視野號可以不拖時間、可以拿到白宮給的預算或是可以及時申請到核動力發射許可。「我把信讀了三遍，然後我坐了下來想著：**我的天啊**。」

同樣藏在魏勒信中的消息，還有這一則：冥王星任務的發射時間，將從二〇〇四年的十二月延到二〇〇六年的一月——也就是把鎖定的木星重力輔助窗口從倒數第二次改成最後一次。

這樣的改法有利有弊。好消息是在發射前得完成的各種工作、規畫、硬體建造、核准，會有多一點時間完成，但這也代表團隊必須破釜沉舟：萬一錯過了二〇〇六年的窗口，下一次重力輔助就得等十年以後。任務發射這麼個延法，還會對計畫預算產生一個不利的影響。雖然多出來十三個月，但預算總額不變，所以單位時間能用的錢就更薄了。一旦需要養活工程團隊更長的時間，預算超支的風險也會同步升高——按照魏勒信中的內容，這就已經踩到足以取消任務的紅線了。

艾倫稍後把信的內容告知了團隊同仁，眾人的評估也一樣悲觀：「這種贏法，跟輸了沒兩樣。你得投入未來一兩年，甚至三年的時間來做這件事，但很可能會因為掉到艾德隨便一個陷阱裡，就什麼都沒了。果真如此，那還不如一開始就像艾斯帕西托或索德布隆那樣輸掉，至少他們不用冒風險、浪費未來好幾年光陰。」

刀下留人

幾個月後的二〇〇二年二月初，隨著計畫慢慢上路，艾倫展開了新視野號的漫長宣傳之旅，而第一站就是新墨西哥州。他的任務是要對克萊德·湯博紀念小學的全體師生演講，題目是要介紹剛萌芽的冥王星任務。在對小學生講完話、也回答完問題之後，擔任當天引言人的行星科學家芮塔·畢比（Reta Beebe）把他拉到了一旁。

「布希總統昨天發表全新預算書，你看到了嗎？」

「還沒，怎麼了嗎？」艾倫說。

「新視野號任務被取消了。」

艾倫一臉不可置信。這一定是有什麼誤會吧。新視野號任務才剛由航太總署核准，而航太總署也是布希政府底下的行政機關啊！艾倫回憶說：

芮塔跟我直奔她的辦公室，然後我上網找出了當天早上才剛剛出爐、白宮預算案中關於航太總署部分的措辭。確實——白宮將我們下個財務年度的預算給歸零了。很妙的是上頭寫說冥王星任務之所以遭到取消，理由是「預算超支」。

艾倫的下巴敲到了地板。他們並沒有預算超支，話說新視野任務都還沒正式跟航太總署簽約呢，哪來的預算可以超支？這是在欺上瞞下，報他們找參議員讓比稿復活的仇嗎？還是布希政府看到的是（早在二〇〇〇年就被取消的）冥王星古柏特快任務超支，然後便大筆一揮將之（第二次）取消？但要真是如此，新視野號怎麼會揹了黑鍋呢？這到底是哪一招？或許是白宮預算管理局（Office of Management and Budget）的公務員太迷歐羅巴計畫，老早就把腦筋動到冥王星任務的頭上，所以這次才突發奇想，用這招把冥王星任務幹掉。又或者是比稿敗北的噴射推進實驗室心有不甘、暗地運作，讓他們得不到的東西，別人也休想得到？這些疑惑都沒有答案，唯一能確定的是芮塔說的沒錯：新視野號任務被砍掉了，而他們在趕進度大作戰的路上，現在又多添了個保預算的硬仗。

所幸參議員芭芭拉．米庫爾斯基再度跳出來當貴人。身為參議院的航太總署撥款委員會主席，參議員成功出手干預，提供了過渡期的預算供來年之用。但後年起的經費，參議院已經把說得很清楚：錢下不下得來，要看下一份行星探索的「十年調查」（Decadal Survey）報告，看怎麼評價冥王星任務在歐羅巴等任務面前的相對重要性。

甚具影響力的「十年調查」顧名思義，就是每十年一次，會由美國國家科學院（National Academy of Sciences）對航太總署全數行星任務進行輕重緩急的評估。這就像把行星科學界的各門各派找來華山論劍，各個行星任務的代表會暢所欲言，就未來十年的錢跟發射台要優先給誰用等事務，最後達成一個共識。

在米庫爾斯基參議員劍及履及的干預之後，艾倫很快就接到了艾德．魏勒的通知。布希政府同意有條件支持新視野號任務，前提是它必須要列名在「十年調查」中的最優先順序第一名。魏勒把話挑得很明，白宮意思就是：「你不能只是擠進A級（第一級）的優先清單，但是排名第二，你必須是A級清單裡的第一名，也就是第一名裡的第一名。否則的話，一切就都免談。就這樣。」

這將是一大挑戰——新視野號不能光是在「十年調查」中受到推薦，它還得成為推薦執行的第一順位。然後又是一個消息傳來：國家科學院宣布，由於利益衝突，所有新視野號團隊成員都不准加入「十年調查」的學者陣容。理由是：這有「球員兼裁判」之嫌。或許是吧……但這也代表對冥王星任務最了解也最有愛的一群人，將被阻擋在決定任務命運的過程之外，無法提供他們的第一手見解。

這樣的挑戰真的是要命。為什麼？因為首先，「十年挑戰」原本就是割喉戰。一狗票任務搶著要得到預算的青睞。第二，不同於新視野號，很多參與競賽的任務都還沒有經過比稿、經航太總署認可，所以可以盡情「畫大餅」，不用管合不合理——基本上就是把「聖誕樹」這一招用到極致，讓自己的提案看起來花枝招展。第三，其他任務的倡議者——像是歐羅巴的軌道衛星或是火星的登陸探測車——都可以加入「十年計畫」的審查團隊，原因是這些任務尚未獲得航太總署欽定，所以這些人也不算是相關團隊的正式成員：這些任務還沒有成為航太總署的出資對象，所以不像新視野號有利益衝突的問題。這真是太可氣了：「我感覺我們像是在開著車，但手被反綁在身後。」艾倫這麼說。

旁觀的挽馬

就在「十年調查」進行的同一時間，設計新視野號飛行器的艱辛工作也積極展開，過程中加入愈來愈多的工程師跟科學家。此外新視野號任務還有成堆的事情得處理，因為他們得以快到嚇死人的速度跟低到笑死人的預算，準備好航太總署的任務確認審查（Mission Confirmation Review）。但布希政府取消了冥王星任務，這干擾加上「十年調查」的審查，都耗掉了新視野號團隊不少的時間與能量，同時也讓任務的未來蒙上一層不確定的陰影。

一般來講，凡航太總署的任務準備進行進度確認審查，計畫團隊都可以期待航太總署總部提供大量的協助，包括各式各樣的技術與後勤奧援。但由於新視野號計畫的預算前景只能客氣地說「妾身未明」，因此團隊成員多少得單打獨鬥。另外一個讓新視野號孤立無援的因子，是時任航太總署署長的尚．歐基夫（Sean O'Keefe）。歐基夫在來到航太總署之前，待的是白宮預算管理局，而且他的任職期間還正屬前東家偏心歐羅巴任務，又對冥王星任務趕盡殺絕的時節。這樣的他到任航太總署後，也不諱言自己絕非冥王星任務與新視野號的盟友。

參議員米庫爾斯基促成的過渡預算，算是給了新視野號一年份的氧氣筒。但在這一年中，航太總署並不熱衷新視野號，畢竟它還不是布希政府支持的任務。由此新視野號的處境不只是令人挫敗——那氣氛還感覺著怪。艾倫說：

> 那段奇特的日子有如「愛麗絲夢遊仙境」。我那位做過不知多少無名計畫的計畫經理湯姆．考夫林有天來電說：「艾倫，像這次這麼奇怪的計畫，我真的是開了眼界了。正常來講，總部所有的馬都應該替你拉東西，他們應該跟你是隊友，但這次完全不是這麼回

事。所有的克萊茲岱挽馬（Clydesdales）[14]都沒有連在我們的馬車上。事實上，我覺得馬兒只是在一旁袖手旁觀地想著：『這輛馬車停在這裡幹嘛？』」

「十年計畫」的決定

又一次，冥王星任務與新視野號團隊面臨了生死交關，他們接下來不是滿載而歸，就是回家吃自己。在這段非常時期裡，新視野號計畫都得腹背受敵，兩面作戰：從二〇〇二到二〇〇三年初，他們一方面得不眠不休地設計飛行器，一方面又得拚命發聲，說明何以冥王星跟古柏帶的探索要緊到需列名「十年調查」的第一順位。新視野號的團隊成員開始對每一位「十年調查」的審查委員進行人盯人的遊說，他們撰寫科學白皮書給「十年調查」之下的委員會參考，他們努力爭取在報章雜誌上的正面曝光或讚聲，他們號召廣大民眾發揮影響力，他們甚至再次徵召行星協會裡的冥王星粉來助他們一臂之力，只為累積更多的支持。

那年六月，在航太總署與國家科學院要宣布「十年調查」結果的記者會前夜，艾倫接到了一通跟歐基夫辦公室走得頗近的記者來電。很顯然這位記者拿到了外洩的消息，因為他跟艾倫說：「你明天會如願以償，但結果又會跟你想得有點不一樣。」

想起了二〇〇〇年十二月的類似狀況，當時冥王星任務成功復活，艾倫腦子裡第一個念頭是：「這是什麼意思？」然後笑著想說：「這感覺怎麼有點似曾相識？」艾倫回憶說：

隔天早上，我很早就進了辦公室，因為艾德·魏勒希望在七點半跟他通話，而我知道他肯定是要宣布「十年計畫」的結果。結果電話響起時我人在辦公桌前。這有點像我在紐奧良接到說我們贏得比稿的那通電話：你知道不論是好是壞，一件大事會在接下來的六十秒內塵埃落定。魏勒先打了聲招呼，然後進入正題：「『十年調查』將冥王星探索任務列為第一優先，而白宮也將接納此意見。」

「哇，」我心想。「經過這麼多年，我們終於可以順利起飛了。」但我隨即想起了記者前一晚的提醒，而果不其然，魏勒才一分享完好消息，馬上就補上一刀說：「但還有一樣。」

艾德說的另外一樣，是航太總署想要在新視野號上另加一節火箭。航太總署希望這節使用太陽能的高科技離子推進火箭，能讓飛行器提速來縮短航程。並且他們希望能讓噴射推進實驗室來負責這節火箭的興建。「別擔心成本，」魏勒說，「這錢我們會出。」但我心想：「這算什麼？這時候畫蛇添足是什麼意思？萬一節外生枝，又是誰要負責？」

14 譯註：一種重型的拖曳用馬匹。

這東西讓原本計畫平添不少變數，所以艾倫只能判斷這是噴射推進實驗室的陰謀或噴射推進實驗室與魏勒同謀、要對付應用物理實驗室這個死敵的作法。但這根本行不通啊。首先第一點，以新視野號的快速發射設計而言，飛行器在太陽附近的時間根本不會太久，蒐集的太陽能怎麼也不足以推動離子火箭超過大概一年。第二點，雖然魏勒信誓旦旦地說，這部份成本不會由新視野號的預算中支出，但這錢依舊得出自魏勒自身並不寬裕的預算中，而這節火箭絕對不便宜。艾倫與葛倫粗估這金額得落在三億美金左右，搞不好更多。艾倫回憶說：

第三個理由是這突然讓噴射推進實驗室搶回了駕駛座。之前每一個胎死腹中的冥王星計畫，操盤者都是噴射推進實驗室。他們這次在比稿中敗下陣來，顯然心有不甘，於是動輒就想要置我們於死地。我們合理懷疑：「他們的心態是他們得不到的東西，別人也休想得到。」而如今噴射推進實驗室很顯然又找到見縫插針的機會。要是這節火箭太貴，或是太重，或是無法及時研發到位，無法配合整體任務在木星彈射窗口前通過載具發射許可——反正隨便製造一點差錯——我們的任務就無法成行了。

這個多一節的火箭，對新視野號而言就是個棘手的麻煩事兒，所以艾倫想出了他能想到的唯一一個辦法，避免被這個要命的插曲拖垮。艾倫說：

我在電話上跟魏勒說：「你的意思我明白了，艾德。我們很高興能被『十年調查』列為第一優先，而關於如何照您所說的加上電離子推進器，我們也會著手進行研究。」然後我掛上電話，開始擬定了計畫，但這計畫當然不是要配合魏勒的提議，而是要拖時間，藉此徹底繞開電離子推進火箭這顆絆腳石。艾倫知道只要使出拖字訣，航太總署最終只能放棄這個太陽能電離子火箭的構想，畢竟在「十年計畫」裡排第一的冥王星任務，可只有一次的發射窗口。

艾倫召集了團隊，然後數日後，他打了通電話給航太總署總部。他說新視野號想要進行新的太陽能電力研究，然後列了張長到不像話的資料需求單給航太總署，最後更表示說這些東西不準備好，他們就沒辦法啟動研究。艾倫回憶說：

我們等於是給航太總署創造了一個燙手山芋，一個可能要幾個月才能完成的離譜家庭作業，但我們給他們的完成期限卻只有短短一個月。一個月後他們一如預期，交不出東西來時，我們就可以用資料不全為理由，追加更多的要求：請進一步定義這裡，請仔細說明那裡等有的沒有……我們基本上，就是要讓他們永遠沒辦法準備好資料，就是要讓這節我們根本不需要的火箭，永遠沒辦法完成設計。我們知道時間站在我們這一邊，因為任務確認審查就在來年春天，而現在我們有了十年計畫的結果撐腰，因此航太總署也不可能為了這個莫須有的推進火箭，冒耽誤任務進度的大不韙。

而事情證明艾倫料對了這一點。二〇〇三年的春天，新視野號進行了任務確認審查。這兩年，新視野號團隊已經成功通過了前置的每一次技術審查，而且不論是在外部成本審查、初步設計審查與系統要求審查上，都一概拿到了「A」的高分。但任務確認審查的性質是一翻兩瞪眼、一試定終身的概念，每項任務都得通過這個窄門，才能開始打造最關鍵的飛行器。

新視野號的任務確認審查於二〇〇三年三月在華府的航太總署總部舉行，而最終新視野號順利過關：電離子火箭果然沒有就算了。

在一九八九年的開端算起，十四年過去了。歷經漫長的十四年，冥王星任務終於獲准開始組建飛行器，錢的事情也終於不用再擔心。做不完的研究、打不完的資金戰爭、應付不完的政治與爾虞我詐，終於統統被他們拋於腦後。至於他們眼前的，則是有待完成的太空飛行計畫——也就是把新視野號做出來、發射出去然後看著它飛去冥王星與古柏帶這個太陽系的最終邊境。

阿拉巴馬

在「十年調查」之戰打了勝仗，又破除魏勒想找碴的礙事手段之後，新視野號看似終於可以走出無止盡的勾心鬥角了，但其實還有最後一點變數：如今新視野號已經通過任務進度審查，上頭開綠燈可以打造飛行器了，噴射推進實驗室又去跟航太總署咬耳朵，提出了另外一個問題。他們問的是航太總署旗下哪一個「發展中心」應負責管理新視野號計畫。話說當時航太總署的每一個行星任務，都是由噴射推進實驗室管理，所以這次噴射推進實驗室也自告奮勇要經手新視野號計畫的管理。

湯姆·克瑞米吉斯與艾倫一掌握到這則情資，就立刻看穿噴射推進實驗室的意圖，根本就是要挾航太總署的權威，讓自己從新視野號計畫的手下敗將變身成其頂頭上司。除了顯而易見的利益衝突外，艾倫與湯姆猜想在噴射推進實驗室高層的眼中，應用物理實驗室已經多少威脅到噴射推進實驗室長年的壟斷。一九九〇年代，噴射推進實驗室曾經把代號近地小行星探訪的任務輸給應用物理實驗室，當時對噴射推進實驗室就是一大打擊。但近地小行星探訪畢竟是性質較為單純、距離地球也較近的輕型行星任務。在那之後，噴射推進實驗室便開始學著在近地行星任務這個「小聯盟」裡「包容」其他人的競爭。但遠距的外太陽系行星任務可是「大聯盟」等級，要是在這個層級輸給應用物理實驗室，坐冷板凳、眼睜睜看著應用物理實驗室一手打造出軟硬體，又領著航太總署挺進太陽系邊際的話，等於是把自己的至尊地位拱手讓人。日後不論是什麼等級的任務，恐怕噴射推進實驗室都不會再有特殊待遇，變成只能真刀真槍與人競爭的小咖。

艾倫與湯姆嘗試與航太總署總部溝通，他們希望總部別讓宿敵主掌計畫辦公室的荒唐事發生。他們向總部解釋了這當中的利益衝突，但總部沒有接受他們的看法。於是他們只好再一次去找米庫爾斯基參議員搬救兵。在參議員強力的介入下，航太總署總部將新視野號計畫辦公室設在阿拉巴馬州亨茨維爾（Huntsville），隸屬於航太總署的馬歇爾太空飛行中心（Marshall Space Flight Center），因為這裡算是一個中立地帶。又一次，米庫爾斯基參議員完成了日行一善的任務。艾倫回憶起這段經歷說：

有朝一日，冥王星或凱倫星上真的應該要有一個米庫爾斯基隕石坑或米庫爾斯基山脈。這樣的榮銜她實至名歸。

第六章

打造太空鐵鳥

冥王星探索兵團

包含設計、建造與飛行任務在內的全體新視野號計畫，其參與的男女成員人數超過兩千五百人。艾倫習慣叫他們「冥王星探索兵團」（Corps of Exploration）——他在向兩世紀前的「陸軍發現兵團」（Corps of Discovery）[15]致敬，這支由路易斯上尉與克拉克少尉帶領的大無畏團隊，由美國陸軍組成，是美國史上第一支完成北美洲西岸探索的隊伍。

新視野號計畫有大約有半數同仁負責發射載具：兩節式的擎天神五號火箭外加特製的第三節。另有三分之一的同仁從事飛行器與科學儀器的設計與建造，或者是任務運作的規畫與執

15 譯註：這支隊伍進行的探索之行，就是美國歷史上知名的「路易斯與克拉克遠征」（Lewis and Clark expedition，1804~1806），這是美國國史上內首次橫越北美、從東至西抵達太平洋沿岸的往返考察活動，領隊為美國陸軍的梅里韋瑟．路易斯上尉（Meriwether Lewis）與威廉．克拉克少尉（William Clark），發起人則是列名開美利堅國先賢的傑佛遜總統。

行。其餘有人負責申請核動力發射許可，有人屬於科學實驗團隊，有人是面對大眾的公關團隊，一時間介紹不完。

這些成員的來源不只是西南研究所與應用物理實驗室，事實上，參與這計畫的企業與大學超過一百家，還沒算進航太總署等政府官署。應用物理實驗室、西南研究所或航太總署底下的外包廠商，這包括製造「瑞夫」光譜成像儀的波爾航太公司（Ball Aerospace）、提供深空網路來維持新視野號跟地球聯繫的噴射推進實驗室、提供擎天神五號火箭的洛克希德馬丁公司、提供第三節外加火箭來加速新視野號與木星會合的波音公司、提供飛行器推進系統與擎天神五號固態火箭推進器的Aerojet公司（現已更名為Aerojet洛克達因公司〔Aerojet Rocketdyne〕），以及生產陀螺儀讓新視野號能在太空中維持方向感的漢威聯合公司（Honeywell）。

以組織結構而言，新視野計畫的領導中樞是艾倫位於波德市、隸屬西南研究所的辦公室，旗下的人手則組織於「計畫主持人辦公室」（Office of the PI）之下。惟日常的工程與任務運作之責，主要落在了應用物理實驗室肩上。應用物理實驗室除了得設計與打造出飛行器，同時還得負責任務控制中心的操作。西南研究所除統領共七種科學儀器的開發，另外任務科學運作中心也是由西南研究所來發展並支援人力。

在提案階段與飛行器設計建造的初期階段，應用物理實驗室這邊的計畫主帥是湯姆·考夫林，但二〇〇三年底考量考夫林的健康狀況，湯姆·克瑞米吉斯請艾倫提供人選來替換湯姆·考夫林。結果艾倫屬意的人是葛倫·方騰。

葛倫是經驗豐富的計畫經理，也是應用物理實驗室的老將。再者就是他與艾倫之間有著緊密的互信關係。如同克萊德・湯博，葛倫也從小生長在堪薩斯州的小農場上，而兩人最後都幹起了探索太陽系最遠方的工作。

在新視野號的提案階段，葛倫帶領的是應用物理實驗室太空部門的工程支部，而他也成功統籌了任務的技術發展工作。「基本上，」葛倫回憶說，「在撰寫提案的期間，艾倫跑來住了三個月，也跟我在走廊兩端當了三個月的鄰居。提案就是這麼寫出來的。」後來在新視野號贏得比稿後，葛倫成了申請「核動力發射許可」的核心人物——他得領著新視野號穿過由法規障礙形成的迷宮，讓飛行器得以用鈽做為升空的燃料。

在西南研究所，比爾・吉布森身兼二職，他既管酬載，也是計畫經理，他必須統籌全數七項科學儀器的設計、開發與測試，還必須掌握日常預算、時程與外包業務。在西南研究所裡，吉布森是經驗值最高的太空飛行器計畫經理，也是個生來懂得與人相處的人才。他一口溫柔的美國南部口音，在最天人交戰的決策會議上，常能讓人得到些許安慰。不論是在西南研究所或應用物理實驗室，新視野號都不難挑人，主要是這畢竟是「太陽系最後行星的最初探索任務」，名號實在太過撩人。所以基本上，新視野號計畫想要什麼人才都可以手到擒來。不論是工程師，還是負責指揮調度的團隊幹部，他們都能召募到技術經驗與工作熱忱樣樣不缺、正處「當打之年」的明星隊陣容，裡頭每一位都才華洋溢，每一位都有著一拚的動力。事實上要不是具備上述（最基本的）過人條件，任誰都不可能受得了每天被設計、研發、測試、發射等工作壓著，而且一壓就是四年。而且這還沒算上辛苦的出差、晚間與周末加班，外加全年無休與不眠不休對完美的追求。他們只能「零容錯」，畢竟計畫裡的每一個環節都沒有時間重作。新視野號要是失敗了，就是完全的、徹底的失敗，飛行器或火箭都不會有第二台。

保持連線

我們之前提過新視野號有一項很嚴峻的挑戰，就是用的錢比前輩航海家號少很多，並要完成冥王星的觀測任務——在考慮通貨膨脹後，新視野號的經費比航海家號少五倍。要當隻沒多少草可吃的千里馬，團隊得深思熟慮地把每分錢花在刀口上，該省的一定要省，但該花的也一定得花。

從無到有、做出一台新的太空飛行器，這會非常燒錢，因為每個零件跟每道程序都必須經過再三測試、確保其能承受獨立長途飛行的嚴峻條件。為了省錢也為了提升硬體的穩定性，從應用物理實驗室之前的行星任務中，新視野號借用了許多電子設計，盡量避免從零開始。比方說應用物理實驗室多少從完成不久的信使號（Messenger）與探測彗核的輪廓號（Contour）上複製了飛行器的控制與資料處理系統，而西南研究所在打造「愛麗絲」（Alice）紫外線光譜儀時，也大致在設計上遵循了羅賽塔號（Rosetta）繞行彗星時的同款紫外線光譜儀。

新視野號有長足突破的一個領域，是電訊系統，話說這可是在地球與飛行器間建立無線電連繫的重要設備，資訊的雙向傳輸就靠這寶貝——地球要發送指令給飛行器，而飛行器得把「遙測」目標所取得的資料與報告傳回地球。如我們先前所述，新視野號團隊決定犧牲飛行器在冥王星附近的電訊能力，主要是天線太重且回傳深空網路的發訊器非常耗電，另外就是降低通訊能力可以省錢來符合預算。惟這也代表在冥王星飛掠結束後，珍貴的資料回傳需耗時一年以上。艾倫對團隊說：「要是不能達成預算的限制，我們就連飛都沒得飛。我知道你們希望位元速率可以快一點，但要是你真的希望新視野號能飛到冥王星，我們就一定要達到航太總署的成本目標區，這就代表我們一定要有所妥協。」

明智的設計哲學，為新視野號創造出了省錢、輕量的電訊系統。從推進到導航到資料儲存到散熱控制，只不過是許多取捨當中的一項決斷而已。這些決策共同的目的，都是要用「破盤價」做出一台可以探索外太陽系行星的飛行器。

火箭的選擇

為了盡快飛抵冥王星，新視野號團隊必須打造一台極輕量的飛行器，同時要選購強力的火箭。只有這樣的組合（再加上木星重力的輔助），才是能最高速穿越太陽系的最佳解。在新視野號計畫啟動的當下，美國並無夠強力的現役火箭可以滿足所需條件，不過倒是有兩枚在研發中。全球最大軍武商洛克希德馬丁公司正在建造一枚巨大的新型發射火箭，代號為「擎天神五號」，而波音公司在建造的火箭則名為「三角洲四號」（Delta IV）。兩款火箭都奇大無比：高度超過兩百英尺（約六十公尺）且發射時足以產生數百萬磅的推力。

狹路相逢的波音與洛克希德馬丁公司是水火不容的死對頭，每一筆太空發射的合約，都是兩家業者的決鬥。從二〇〇二到二〇〇三年，在新視野號的設計階段，航太總署與新視野號團隊對兩款火箭好好品頭論足了一番，這包括他們比較了兩種火箭各需要飛行器如何配合安裝，以及兩者各自有什麼樣的性能規格、各自代表何種加速與震動環境，以及各自的成本。最終經過仔細的審核，擎天神五號擊敗了三角洲四號。至於前者勝出，有個原因是擎天神號可能較早造出來，也因此有時間在二〇〇六年之前測試更多次、證明自己。

在各個版本的擎天神五號之中，最強大的型號是五五一，而五五一型也因此被選為新視野號的御用推手。若觀察其巨大的身軀，五五一型擎天神五號發射火箭的第一節有一百零七英尺（約三十二點六公尺）高，箭體直徑則是十二點五英尺（三點八一公尺），至於其內部的強大俄製引擎則可燃燒液態氧與煤油。連接在第一節火箭上有五個巨型的固態火箭馬達，均可與第一節火箭同步點火。加總起來，第一節火箭可以推動新視野號（與上層的其他節火箭）到時速破一萬英里（超過一萬六千公里）的極音速[16]。第一節的上方還有第二節火箭，單獨稱為半人馬號（Centaur）火箭。第二節火箭高度為四十二英尺（約十二點八公尺），動力來自一顆美製的Aerojet洛克達因引擎，可提供兩萬兩千三百磅的推力。重點是，半人馬號火箭可以多次熄火再重新點火。少了它，新視野號將難以進入前往木星的正確軌道。

將半人馬號火箭——還有它上頭的新視野號——一起包住的，是擎天神五號的整流罩，就是圓錐狀的火箭機鼻，其設計的目的是要保護太空飛行器，不受發射時的強烈氣流傷害。新視野號訂購擎天神五五一型火箭最輕量的機鼻，以便進一步提升火箭在發射時的性能表現。

只不過擎天神五號五五一型火箭已經算是暴力破表，想把新視野號送到冥王星卻還是力有未逮。由第一節火箭帶動升空之後，第二節的半人馬號可以先讓新視野號進入繞地軌道，再將其推送到最遠到可至火星外小行星帶的行進軌道。但若想要將新視野號送到木星、完成朝冥王星進行的彈射，我們還需要特製第三節火箭，裝到擎天神五號身上。為了這個目的，新視野號團隊挑選了一枚極為穩定、且已通過實戰考驗的固態火箭來擔綱第三節，其型號為「星辰四十八」（Star 48）。這第三節火箭僅會短短地點火八十二秒，但其產生的動力卻能加速新視野號到十四G，也就是十四倍的地球重力，使其成為人類發射過最快的飛行器，其速度足以用比阿波羅號任務快十倍的速度到達月球軌道，然後再以同樣的速度航行至少十年，穿越到三十億英里（四十八億公里）外的冥王星。

16 譯註：音速約每小時一千兩百三十六公里，一倍音速為一馬赫。一馬赫以上為超音速，五馬赫以上為極音速。

把鈽帶到冥王星

一台要航行至少十年、目的地遠到陽光強度只剩地球上千分之一的飛行器，需要什麼東西當做動力呢？在那麼遠的地方，太陽能完全不可行，同時也沒有電池強到或輕到可以驅動一項任務達十年之久。但如果是鈽的放射性衰變（鈽是人類發現於一九四〇年的元素，其化學名Plutonium正是源自冥王星的Pluto，主要是之前的鈾〔Uranium〕已經以天王星〔Uranus〕命名，錼〔Neptunium〕則以海王星〔Neptune〕命名），就可以自發性而穩定地生熱——而這股熱能又能轉換成電能。基於這個原因，以鈽為燃料的核動力電池，一向是遙遠行星任務的能源供應首選。只不過攜帶鈽燃料的核能電池，也有它自個兒一套麻煩事兒：這一部分是技術性的東西，但更多的是政治與法規上的問題。

早從一九六〇年代開始，美國的航太總署就曾在能源部與國防部的配合下，改進過、測試過並且升空過不在少數的鈽燃料核能電池，而且就是當做太空任務的電能來源。這些鈽電池被稱為「放射性同位素熱電機」（Radioisotope Thermoelectric Generators）。放射性同位素熱電機的外型為圓柱體，大小約當一個汽油桶。由於鈽會產生大量的熱，因此放射性同位素熱電機必須配備冷卻鰭片。放射性同位素熱電機有兩個主要的任務：其一是驅動太空飛行器，另一則是確保鈽不會在發射出意外時外洩。

用於放射性同位素熱電機當中的鈽元素，先封裝成錠狀的的二氧化鈽顆粒。這些顆粒會再進一步以鈽元素包覆，然後再裝瓶置於放射性同位素熱電機的黑色石墨殼裡。

放射性同位素熱電機是藉由所含鈽元素的放射性衰變來生熱，而熱又會經由簡單而完全自發性的「熱電偶」（thermocouples）裝置來轉為可用的電力。熱電偶有冷熱兩端，熱的一端位於放射性同位素熱電機內部，冷的一端則位於放射性同位素熱電機外部，面對著無垠太空。這兩端之間的溫差，便能產生出電流來驅動飛行器。以新視野號而言，其放射性同位素熱電機的發熱量約為五千瓦，而這五千瓦的熱量可以轉換為大約兩百五十瓦的電能來供發射階段的飛行器使用。

放射性同位素熱電機的性質極度安定，其產生能量的能力會以長期、穩定的斜率緩慢下降，使用期間可長達數十年之久。其產生能量的能力之所以會下降，是肇因於鈽元素的放射性半衰期。以新視野號而言，發射階段的兩百五十瓦電力，在飛行器抵達冥王星時會下降到大約兩百瓦。

二〇〇一年，當航太總署宣布要進行冥王星探索任務比稿時，署內本身擁有兩枚多出來的放射性同位素熱電機，分別是在研發伽利略木星任務與卡西尼土星任務時留下的。航太總署表示誰能贏得冥王星任務的比稿，誰就能從這兩枚放射性同位素熱電機中擇一帶走。

被新視野號二選一挑中的放射性同位素熱電機得先送去拆解，然後徹底檢查過一遍（畢竟有十幾年的時間都在招灰塵），最後再重組起來。洛克希德馬丁公司會先負責將舊放射性同位素熱電機整新，然後再交由美國能源部底下的「洛斯阿拉莫斯國家實驗室」（Los Alamos

National Laboratory）來重灌鈽燃料。

就在硬體整新的這時，還有一項所有放射性同位素熱電機相關任務必經的繁瑣事項同步進行中，那就是評估發射意外的風險。這包括新視野號得製作一本詳實的環境影響評估報告來回應意外風險，並解釋何以這些風險已經被降至可接受的程度。此一非常「硬斗」的審核流程，會一口氣牽涉到四十二個州政府與聯邦政府機構，且最終得向上呈報給國務院，然後由白宮簽署才算數。

這項繁瑣的工作，是由葛倫．方騰一路盯著。葛倫回憶說：

我們一邊趕工，一邊也知道自己沒有正常狀況下的七八年工夫慢慢磨。我們只有四年，而四年要完成這項工作，真的很緊繃。

採用放射性同位素熱電機，此舉滿足了長距離星際任務的電力需求。但這也給新視野號的設計師們創造了工程難題。

比方說，放射性同位素熱電機是個大傢伙，其重量超過一百二十五磅（約五十六點七公斤）。所以在發射階段，將其「綑成一束」的結構必須承受的力量，等於放射性同位素熱電機本身的重量乘上火箭G力——而新視野號的火箭G力可以在加速度的頂點達到十四G，亦即放射性同位素熱電機的結構接點在發射時承受的重力，等於是其在地面重量的十四倍——

一百二十五磅乘以十四。除此之外，放射性同位素熱電機還有熱的問題。放射性同位素熱電機自發的熱度，會弱化結構接點處的金屬強度。因此新視野號的工程師們不只是要設計出夠強的接點，他們是要設計出在高溫下也不減強度的接點。

放射性同位素熱電機對工程師下的第二封挑戰帖，是關於鈽輻射可能對酬載電子器材造成的損壞。考量到這一點，飛行器上所有的酬載設備，都必須透過設計與測試，才有能耐承受輻射，之前所有用上放射性同位素熱電機的太空任務——航海家號、伽利略號、卡西尼號——都沒有例外。對於飛行器的設計而言，這難免會增加工作的複雜性與成本的壓力，但新視野號團隊沒得選擇：畢竟沒有放射性同位素熱電機，就沒有電力，而沒有電力，新視野號就無法在離太陽那麼遠的地方作用。

研究冥王星需要的眼、耳、鼻

身為計畫主持人，艾倫掌理著新視野號計畫的方方面面。每一個小組，不論其成員是科學家、工程師、公關專家與計畫經理，最終都是對艾倫回報並負責。

在這麼多角色當中，有一個需要兼具專業知識與外交手腕的位子，即是計畫科學家。任何一個航太總署的科學任務，都不會少了這個職務。而較具規模的任務，像新視野號，還會增設副計畫科學家來襄助主要的計畫科學家。這些計畫科學家直接對計畫主持人負責，而他們的工作是要代表計畫主持人與廣大科學團隊的不同利益。話說為了統籌繁複的太空任務，每天都有看似開不完的會議，而如何折衝與協調，在這些會議中整合計畫主持人跟科學家的利益，就是計畫科學家的職責所在。

新視野號的計畫科學家一職，是由優秀、好相處而且處事圓融的行星科學家哈爾．威佛（Hal Weaver）擔任。他之所以雀屏中選，是因為他對科學的涉獵極廣，不論面對新視野號牽涉到的任何一個科學分支，他都能用對方熟悉的「黑話」與其侃侃而談——從地質學到表面化學[17]，或從大氣科學到電漿物理學，哈爾都算略通一二。哈爾被挑中的另外一個原因，是他也是名老練的實驗者，因此對於新視野號上各種科學器材的製造與運作，哈爾都不陌生。

若以冥王星地下軍的角度來看，哈爾的「血統」並不純正。他之前的主要背景，是彗星的研究。但哈爾確實一直對古柏帶抱持濃厚興趣，因為古柏帶在太陽系裡正是特定彗星的發祥地。他跟艾倫熟識，交情可以回推到一九八〇年代，期間他們也曾合作研究過。對於在新視野號團隊裡的計畫科學家一職，他的形容是：

（計畫科學家的）角色是貫穿整個計畫，做為計畫主持人的左右手，計畫此刻處於什麼狀態，發生什麼事情、設計或測試或其他方面出現任何問題，都要隨時讓計畫主持人處於狀況內。他還要以代言人之姿為科學家發聲，襄助工程師把問題釐清。話說我的工作，就是要當個也懂工程師在幹嘛的科學家，這樣遇到工程師跟我說：「這真的很難做」

或「裝這個會很花錢」的時候，我才能協助他們設計出科學家受用的設備，而且又統統能符合計畫的重量、電力、成本與時間限制。

送科學探測器去宇宙深處，就等於是送代理人類的眼睛或各種感官過去。這最明顯的例子就是相機，因為相機讓我們能「看到」沒人真正親眼看到的地景。當然其他的儀器也都是同樣的道理，就像我們能「聽見」遙遠磁場的震動，「嗅出」異星大氣的氣體，發現這些地景的成分，知道異星地表下是什麼東西，根據各種隱藏的力量、流動、場域來推測異星世界的歷史與環境，都要靠這些代替我們五官的科學探測器。

新視野號計畫早期一項很關鍵的設計決定，便是飛行器上不會搭載「掃描平台」這種可移動的轉台來協助相機等器材（在飛行器本身不動的狀態下）面對不同方向。平台的存在，雖然可以在飛掠期間增加科學觀測的彈性（比方說讓相機對著欲觀察的行星，但天線依舊反向對著地球），但也會增加飛行器的重量、結構複雜性與成本。高預算的外太陽系行星任務，含航海家號在內，都搭載掃描平台，但以僅航海家號五分之一的預算而言，掃描平台是新視野號負擔不起的奢侈品。少了掃描平台，新視野號上所有的儀器都跟飛行器本體是「連體嬰」，要轉方

17 譯註：探討非均相系統中，異相界面間化學變化現象的一門學科，如大氣與海洋（氣相—液相）、大氣與土壤（氣相—固相）、水體與土壤（液相—固相）界面間的物質變化等，都是表面化學研究的課題。

向就得大家一起轉。

參與新視野號設計的每個人都知道，與飛掠金星、火星、木星不同，冥王星任務是純觀測，不會有後續繞行或登陸的計畫，所以蒐集到的資料，在可預見的未來就是構成人類對冥王星與其衛星的全部所知，這必須得一次到位。

但因為新視野號造於二十一世紀的前十年，科技已經有大幅長進，因此上頭可以搭載許多上世紀水手號與航海家號無緣享有的先進能力，這包括新式感測器有快上許多的資料蒐集能力，還有遠勝以往的觀測敏感度。新視野號上的七款儀器，都比任何一次行星初訪任務的硬體更加先進。下頭我們就一一來介紹新視野號的觀測儀器陣容。

我們就先從「愛麗絲」紫外線光譜儀介紹起吧。人類肉眼可以看到的光，叫做可見光，而不同波長的可見光，會形成一道光譜，上頭有我們熟悉的紅橙黃綠藍紫。但有人就會問了，有沒有哪種光比紫色更紫呢？有，那種光就叫紫外線。由於波長的關係，所以肉眼看不到紫外線，但它卻可以告訴我們行星大氣層的氣體組成。「愛麗絲」的細部結構，說明了從航海家號到新視野號，儀器科技進步了多少。航海家號上也有紫外線光譜儀，且該款光譜儀的像素數目是二（你沒看錯，就是二），可以同步觀察兩道不同的紫外線波長。這麼低的像素數，要是想建構出一張派得上用場的地圖，就會是個緩慢而耗時的過程，因為你得按一道道需要的波長，分別掃入這兩個像素，建立出光譜，接著才能很辛苦地把光譜儀的十字線對準一個地點然後下一個地點。只有不斷重複這個過程，我們才能繪製出飛掠星球圓盤面上的光譜畫面。相較於航海家號這老爺車等級的光譜儀。愛麗絲的像素數高達三點二萬，這相當於她可以同時觀測三十二個相鄰地點的「各」一千零二十四道波長——這比起航海家號在效率上的進步，實在無法以道里計。

與愛麗絲關係有如夫妻般親密的，是之前提過叫做「瑞夫」的儀器。這兩台儀器的取名，是源自美國古早情境喜劇《蜜月夫妻》（*Honeymooners*）裡，對瑞夫與愛麗絲·克倫登（Ralph/Alice Kramden）這組角色開的玩笑。

相對於愛麗絲的主要任務是研究冥王星的大氣，瑞夫的目標是測定並繪製冥王星的表面組成。大小有如帽盒一般的瑞夫內含兩台黑白相機、四台彩色濾光片相機還有一台「紅外線製圖光譜儀」可繪製冥王星的表面組成。因為有紅外線光譜儀，所以瑞夫看得見比人類肉眼所見任何紅色都更紅的光線波長。話說不同的礦物與冰塊，會在紅外線下顯現出獨特的光譜特徵，由此瑞夫視野中任何地點的表面物質為何，都可以判讀出來。瑞夫的光譜儀會將紅外光細分成五百一十二道寬度從一點二五到二點五微米不等的光譜通道。若把這也拿來與航海家飛掠任務比較，差別就一目了然了。航海家號上同樣作用的儀器，稱為「艾芮絲」（IRIS），大小跟瑞夫差不多，但因為艾芮絲用的是七〇年代的技術，所以其紅外線像素數目是可憐的一。相較之下，瑞夫的製圖光譜儀是六點四萬畫素。所以在航海家號上，艾芮絲的望遠鏡必須一次對準一個地方，才能測得那個點上的光譜。艾芮絲得這樣一個點一個點地慢慢爬，才能慢慢連出一份光譜地圖。但瑞夫可以一口氣取得六萬四千處的光譜讀數——等於用一瞬間畫完一整片的目標區地圖——這與航海家號的技術差距，可以說如有光年之遙。

判讀冥王星大氣層的溫度與壓力，是新視野號的另外一項使命。為了測這兩樣東西，新視野號帶上了無線電科學實驗儀。比起在航海家號上的舊款，新視野號的無線電科學實驗儀功能設計可說與「前輩」完全相反。航海家號上的原始無線電科學實驗儀是發射（波長四公分的）X波段無線電來穿透所飛掠的行星大氣，然後該無線電波再從觀測星體的大氣層飛回地球，最後傳回地球上的深空網路，由航太總署的陸基天線接收。在沿航海家號的來時路、返回地球的過程中，無線電波會途經各行星與衛星的大氣，而計算無線電波受到的影響，科學家便能判讀出這些大氣層的溫度與壓力。但由於冥王星的大氣壓力太小，這樣的作法行不通，所以無線電科學實驗儀的操作只能另闢蹊徑，而且還是條走法完全顛倒的路徑：深空網路會從地球上打出比飛行器酬載儀器強非常多的無線電訊號——功率上看數萬瓦——穿過冥王星的大氣，最後再由無線電科學實驗儀接收與記錄。

為了測量大氣溫度與壓力，無線電科學實驗儀會拿某個基準去比較無線電波穿過大氣層時的頻率。頻率的變化，會正比於電波通過該大氣層時所遭到的彎折，而有了電波彎折的讀數，就可以換算出大氣的壓力與溫度。除了判讀大氣壓力與溫度以外，無線電科學實驗儀還可以用來測量觀測目標的表面溫度。

上述都是新視野號上的遙測設備——藉由光學與無線電望遠鏡來觀察冥王星與衛星的感測器，但真正壓軸的，還得算是「蘿莉」，也就是遠距勘測成像儀。蘿莉本質上是枚高倍數望遠鏡，至於抓到的影像則會餵給一架百萬像素等級的相機。不同於瑞夫具有彩色成像與光譜儀的能力，蘿莉只能拍攝黑白影像。但由於其望遠鏡的放大倍數遠高於瑞夫上的那一台，因此蘿莉拍下的照片會在解析度與細節呈現上完勝瑞夫。也因為蘿莉的高解析度，新視野號方得以用更遠的距離來見證冥王星與冥衛的地景，這是憑瑞夫做不到的事情。事實上從真正飛掠的大約十周前，蘿莉觀察冥王星的能力就會超越哈伯太空望遠鏡的極限了。也因著蘿莉的這等能力，新視野號可以繪製冥王星的全覽圖——即便是飛掠當日沒有飛過的地帶，也不會在地圖上缺席。別忘了：冥王星自轉得很慢，冥王星的一天等於地球的六點四天，而這意味著在接近冥王星的過程中，新視野號僅能見到「遠端」——在飛行器最接近冥王星處所看不到的那一端——的時間點，就是正式飛掠的三點二天前。在這個時間點上，新視野號距離冥王星還有數百萬英里之遙，但所幸有蘿莉的望遠鏡，所以新視野號依舊能以良好的成像解析度，拍出冥王星另一邊的地景畫面。

接下來要介紹的兩款酬載，是所謂的電漿儀器。行星科學家提到電漿，指的是帶電粒子。前面提過行星科學裡的電漿領域專家，有法蘭．貝格納與瑞夫．麥可納特，而對於不是專家的人來說，電漿是最難解釋到讓他們懂的東西，因為這脫離他們的日常經驗太多，話說平常誰遇得到電漿？在冥王星上，電漿的產生是由於冥王星大氣層的氣體被陽光電離（離子化）。由此科學家只要研究冥王星的電漿，就有機會判讀出其大氣層流失的速率，以及流失的氣體都有哪些成分。

新視野號上用來研究電漿的兩款儀器，分別是簡稱SWAP的「冥王星周圍太陽風分析儀」與簡稱PEPSSI的「冥王星高能粒子光譜科學調查儀」。冥王星高能粒子光譜科學調查儀測量極高能（百萬伏特）的帶電粒子，因此可以揭露逸離冥王星大氣的物質組成。哪些東西是碳？是氧？是氮，還是別的東西？冥王星周圍太陽風分析儀的工作是測量冥王星大氣的流失速率，而且它用的是一種很有趣的方法。在冥王星大氣流失到太空的過程中，冥王星前面有個地方，會讓流失氣體跟迎面而來的太陽風形成壓力平衡，兩股氣流會彷彿在那兒產生一個對峙的僵局。總之冥王星大氣的流失速度愈快，這個壓力平衡點就會愈深入太空。所以以「千公里」為單位，找到這個平衡點在冥王星外的何處，就能讓科學家判斷出冥王星大氣的流失速度。這就是冥王星周圍太陽風分析儀的任務。

新視野號上的最後一樣酬載設備，是簡稱SDC的「學生塵粒計數器」（Student Dust Counter）。學生塵粒計數器的任務是計算「行星際塵粒」（微型的流星體）打在其偵測器表面的衝擊次數。每一次衝擊，都會讓學生塵粒計數器上的電壓微微跳升，而這便能顯示出塵粒的質量大小。學生塵粒計數器的工作，是要在離太陽前無古人（或者應該說前無其他塵粒計數器）的超遠位置，來測量行星際灰塵的數量。塵粒計數器之前出過離太陽最遠的任務，還在天王星的繞日軌道以內，也就是大約還在冥王星任務的半途。從地球出發到冥王星以外的一路上，學生塵粒計數器都會持續不斷地為太陽系記錄塵埃密度的資料。

學生塵粒計數器的一個特別之處，在於它是第一個參與行星任務的「學生作品」。為學生塵粒計數器爭取到酬載儀器的資格並非易事，但艾倫從計畫的一開始，就強力認為新視野號任務一定要讓學生參與。所以他搬出了培訓的概念，說服了航太總署讓學生塵粒計數器加入。而也感謝有新視野號開了如此有遠見的先河，如今航太總署大部分的行星任務裡，都會加入學生打造的儀器，而這在新一代行星探險家的培訓上，具有很重大的意義。

水中的鱷魚

從二〇〇二到二〇〇三年，新視野號團隊過著與時間賽跑的日子。他們一面衝刺飛行器與酬載儀器的設計、建造與組裝，一面要一而再、再而三地通過航太總署的技術與成本審查。此外他們還得設法申請到核動力發射許可，得設立任務指揮中心，得把一道道工作流程像拼圖一樣完美銜接，才能在二〇〇六年初的木星彈射窗口前，都做好發射的準備。為了組裝飛行器，就不能不先做出夯不啷噹數百枚不同的零件，有這些零件，才有相應的導航系統、通訊系統、推進系統、各種地面系統，共七款酬載儀器等等。飛行器的每個部份，都必須先通過自身的獨立檢測，然後再證明可以與其他部分完美合作。

二〇〇四年初，或許是所有任務都難免會有的撞牆期吧，新視野號也遇到了部份零組件通不過測試、部分零組件進度落後的危機。

對於飛行器的建造而言，零組件出狀況並不是什麼稀罕的事情，問題是新視野號沒有太多調整進度的空間，畢竟二〇〇六年的發射窗口可是一期一會。

大約在同一個時間在阿拉巴馬州的亨茨維爾，航太總署設於馬歇爾太空飛行中心內的新視野號計畫辦公室，將任務的監督權指派給了一名敢衝而優秀的年輕經理，名叫陶德·梅伊（Todd May）。陶德受的是工程師的訓練，而他之前的背景是由人類操控的太空飛行。在由機器控制的太空飛行上，他的經驗值趨近於零。而這也讓艾倫與葛倫懷疑陶德能幫上什麼忙，畢竟機器控制的行星探測牽涉各種專業，但陶德在不少方面都毫無涉獵。

才一上任，陶德就對艾倫表示他想走一趟西南研究所的波德分處、西南研究所的聖安東尼奧分處、馬里蘭州的應用物理實驗室，以及其他屬於新視野號計畫一環的各個研究據點。他希望藉此與所有分支計畫的負責人打個照面，以便對計畫執行現況的方方面面有第一手的掌握。

艾倫回憶說：

> 我記得跟陶德第一次講上話。他用他濃重的阿拉巴馬口音對我說：「我想出去走走，跟你熟悉熟悉，所以我想去一趟波德，那我們來挑日子吧。」當時我根本不知道陶德·梅伊是哪根蔥。我只想著他大概是航太總署「經理海」裡的一個，然後可能平日很愛發論文，寫報告。我心裡的OS是：「我們在這裡焦頭爛額，半打的分支任務都在水深火熱，我哪有那個時間去當這傢伙的保母。只不過他畢竟是航太總署欽定的老闆，而且他已經去過了應用物理實驗室（我在那兒跟他也有過一面之緣），所以我還是得騰出時間在波

德接待他。」陶德來找我的時候，他也順路走了一趟同在波德的波爾航太公司，也就是負責打造「瑞夫」探測器的地方。接著他又像一陣風似的連掃四五個地方，包括應用物理實驗室與其他擔綱任務要角的機構，他藉此徹底浸淫任務氛圍中。而事隔沒多久，大概一個月吧，他就已經意會到我們在各方面的籌備問題，情勢有多麼嚴峻。

換個角度來看，陶德．梅伊也是突然被航太總署交付了這個管理職，從零開始的他對艾倫．史登跟新視野號也同樣一無所知。陶德回憶說：

我對新視野號計畫的巡視之旅，第一站是應用物理實驗室。當時他們正在進行一個月一次的工作檢討，而我也是在那兒第一次跟艾倫與葛倫打了照面。我列席了整場月會，然後艾倫就任務的科學部分進行了簡單整體介紹。他在那場介紹中使出了招牌的PowerPoint：第一張就用了說冥王星「未經探索」的郵票開場。我老實說，我被電到了，我的罩門被打中了。會真正讓我心癢難耐的，就是這種探索任務。這整套想要多知道一點真相、多做出一些發現、多把人類的腳步與境界帶遠一點的想法——正是我之所以是我的很大一塊。你可以說他只用「未經探索」這幾個字，就收服了我。

那一天，我看到了一張由應用物理實驗室同仁繪製成的計畫風險圖表，當中有五六種高度風險，任一種都可以讓新視野號任務一敗塗地。我對團隊說：「你們看起來不太像要準備迎接勝利。」

大約一星期後，我接到一通麥可．葛瑞芬（Mike Griffin）打來的電話，他當時才剛從湯姆．可瑞米吉斯手中接下應用物理實驗室太空部門的主管職。而麥可一劈頭就對我說：「你跟同仁說我們好像沒有走在成功的道路上，存的是什麼心？你是想讓任務被取消嗎？你是想讓我被『辭頭路』嗎？」而我回他說：「並不是，先生，我希望您能成功，但容我告訴你，你們前途看來有不少風險，我很為你們擔心。」

陶德是由衷地擔心，由此他要求進行更深層的檢討——飛行器每個子系統的每一個面向，七款科學儀器的每一款，飛航軟體、地面系統（任務控制中心）、發射載具、做為電能來源的放射性同位素熱電機還有核動力發射許可——全部都在檢討之列。他不想光聽西南研究所跟應用物理實驗室的「一面之詞」，他想要第一手掌握每一個領域各有哪些疑慮。所以他按每個領域各組了一個專家小組，由他們花了絕無灌水的幾百個小時，分別就成本、時程與技術面進行了深入的檢討。經過了被艾倫稱為「直腸肛門檢查」的九十天檢討過程，陶德得出的結論是多數工作算是上軌道，但問題大條的地方也不是沒有。陶德的檢查員發現最大的問題，就在於酬載儀器中掛頭牌的「瑞夫」。比起其他六項科學設備，瑞夫得完成最多的冥王星觀測任務。波爾航太公司在瑞夫的研發上遭遇了重大困難。由此該設備的製作進度落後，預算更是明顯超支。以波爾航太內部來說，與國防有關的機密專案比太空任務這樣的非國防專案優先，而波爾又不斷改組負責開發瑞夫的核心人事，包括不斷把優秀的工程人才調往其他專案。艾倫、葛倫與比爾．吉布森做了各種努力，希望遏止波爾從瑞夫專案中偷走工程師，也希望波爾能在時程與預算的掌握上「浪子回頭」，但這些努力全都鎩羽而歸。比方說隨著支出增加，應用物理實驗室與西南研究所的團隊曾想方設法要簡化瑞夫的設計，但波爾說簡化反而會造成費用飆高，因為簡化又等於各方面的設計與分析又要重跑一遍，所以這麼做反而會花新視野號計畫更多錢。艾倫跟陶德提過這件事：「我覺得我們好像被波爾航太綁架了。我們不能沒有瑞夫，而他們吃定了這一點，他們知道多少錢我們都得付，所以才有恃無恐地往上追加預算。」

陶德下令要做的體檢不只找到這一個問題。核動力發射的許可被好幾個機關卡著。鈽燃料的生產進度因為洛斯阿拉莫斯國家實驗室停工，正處於落後狀態（這點我們下一章再談）。飛行器的推進系統成本持續上揚。擎天神五號專用的第三節火箭開發出現瓶頸。

艾倫記得在陶德的體檢尾聲，有過一場非常痛苦的對話，內容講到對新視野號來講，「水裡有多少鱷魚」要一一對付。艾倫說：

陶德基本上是在對我們說：「我的團隊對計畫進行了深入審視，而我確信你們這樣下去不是辦法。你們凡事都想靠自己解決，只是想把問題壓下去而已。你們真正需要的更多錢，是老大哥航太總署把一些比較『皮』的包商叫過來開導開導，而你們在這兩方面都悶不吭聲。」然後陶德對我說：「我會對總部回報說你們這樣不行。」

任何人只要參與過航太總署的計畫，都知道「水中的鱷魚」指的是肯塔基太空中心（Kennedy Space Center）附近的溝渠、溪流與沼澤裡有很多潛伏的鱷魚，而那裡正是新視野號預定要發射的地點。這些巨大的爬蟲類，在通往航太總署發射台的堤道上，平添了一些危機潛伏的氛圍，惟在此牠們也是一種問題的隱喻。「你知道的，同樣有鱷魚在水裡，如果知道牠的位置，哪你就可以盯著牠，跑得比牠快就行，」陶德解釋說。「但如果你身邊是一群鱷魚，老兄，那想以寡敵眾，可就沒那麼容易了。」艾倫回憶說：

很顯然，陶德分析得沒錯——我們確實有點習慣了這些問題，因為航太總署一向做不到對這計畫「視如己出」。話說到底航太總署並不想研究冥王星，是我們把這計畫硬塞到他們手裡。當時計畫在資金面妾身未明，但航太總署裡的「挽馬」也只是袖手旁觀，我們只能自立自強。甚至即便政治與資金的戰爭都打完了，我們贏了，航太總署也完全沒有要「罩」我們的意思。跟對其他計畫的態度一比，航太總署完全是大小眼。如今不論是對我們，還是後來對航太總署總部，陶德已經把話說得很白了，新視野號計畫就是有五六個嚴重的問題存在。除非航太總署介入，否則隨便一個都能把計畫毀掉。

為此陶德捲起了袖子，開始力挽狂瀾。陶德回憶說：

我們組了一隻小而美的團隊，然後有系統地對問題一個個剖析。針對每個問題，我們都會進行風險的高低排序，然後向航太總署提出詳細的改善計畫。

從他身為新視野號計畫與航太總署高層間橋梁的高度，陶德看穿這計畫所受到最大的威脅，就是航太總署一路以來的置身事外。陶德回憶說：

我們剛開始介入的時候，新視野號並沒有得到航太總署合理的關注。我跟總部反映說：「這些傢伙正處於危機當中。他們拚了命在工作，但真正要做出成果，他們需要更多資源，需要有人好好挺他們一下。這樣下去他們沒有成功的希望。最後要是他們真的垮了，任務無法發射，或是來不及趕在木星重力輔助的窗口前發射，那航太總署的臉可就丟大了。新視野號與冥王星的探索任務，可是在外界能見度很高的計畫。萬一到時候真的開天窗，這敗績可是得算到航太總署的帳上。」

對於陶德竟能一下子就讓航太總署的挽馬統統動起來，並為新視野號效力，艾倫深感不可思議。艾倫回憶說：

陶德真的是我們的救星。他僅憑一己之力，就讓航太總署的態度轉了一百八十度，原本一副事不關己的他們變成與我們同舟共濟。他們開始助我們一臂之力，開始當我們的援軍，開始覺得新視野號的成敗就是他們的成敗。靠著陶德的幫忙，我第一次感覺到航太總署的人跟我們同一陣線。新視野號經歷了讓人鼻青臉腫的資格與預算審查，好不容易才走到今天，因此我之前感覺航太總署的態度比較像是「我們是被強迫中獎的，所以祝各位好運，我們衷心希望你們成功」。簡單講，航太總署是在消極抵抗，又或者是有點在溫和地無視我們。總之無論如何，這讓我們面對許多管理上的難題，但束手無策。陶德最大的貢獻，可以說在於他讓航太總署回心轉意，而這差別真的是大到沒話講：從那之後，我便覺得有人把我們扛在肩頭上，一路要把我們扛到發射台上。

綜合了這樣的助力，加上我們自己一年半的努力，新視野號的本體終於在二〇〇五年的夏天尾聲組裝完畢，而其所有的酬載儀器——包含最難搞的瑞夫——也都有了成品。另外像是發射需要的核燃料，沒有問題。核動力發射需要的官方許可，進度的推進也相當篤定。

對無人太空船探索太陽系來說，算是個門外漢的陶德．梅伊，從他來到現場勘查算起的十八個月艱辛地過去了。但陶德的「人和」特質，蓋過了他的經驗不足。回過頭來看，要是沒有陶德路見不平，拔刀相助，新視野號幾乎沒有生路。

不過分的說，陶德．梅伊就是新視野號的英雄，是他拯救了冥王星任務。

第七章

化零為整

與鈽動力有關的挑戰

如我們在第六章所說，飛行器一旦遠離太陽到一個地步，就無法再如一般的狀況，靠太陽能電池推進。對這些遠行的飛行器而言，唯一可行的替代方案，就是被稱為放射性同位素熱電機的核動力電池，而這些電池「吃」的是鈽燃料。

我們還在第六章提過另外一件事，那就是火箭在能帶著鈽發射升空之前，必須先通過政府一連串嚴格的安全性審查與環境影響評估，而這些流程都相當費時。這一點對於新視野號的挑戰不容小覷，因為回顧以往，多數核動力任務都得花八到十年才能通過公文迷宮、取得發射許可，而冥王星任務只剩四年就要出發。

由於這些審查都不可能「偷吃步」，所以新視野號團隊從一開始就嚴陣以待。他們派出了有經驗的專家來專心處理這件事情，這是他們能趕上二〇〇六年期限的唯一機會。我們在第六章說過，應用物理實驗室早在二〇〇一年開工時，就找來了葛倫．方騰來負責核動力的申請事宜。這比他成為新視野號任務的計畫經理，還要早上三年。

葛倫接下核動力申請工作的第一件事情，就是要造冊，也就是建立起與申請有關的「資料簿」。這本相當有厚度的文件集，匯集了所有關於發射載具與飛行器的資訊，而有了這些資訊，細部的安全性、風險與環境影響評估才能進行。其中描述了在各種地面與發射意外情境下，飛行器會身處的所有環境，乃至於這些情境與環境會如何影響其核動力來源——放射性同位素熱電機——的完整性。簡單來講，這資料簿裡的詳盡問題解答與配套分析，可以供人判讀出放射性物質的外洩機率，以及萬一意外發生時，核燃料外洩的量會是多少、受汙染的範圍會是多大、對人體健康的潛在衝擊會有多強。而如此判讀出的結果，又可供專家細部評估在不同的失事情境下，個體可能因為輻射感染而罹難的概率高低。葛倫的角色——把資料集結成冊，然後就整個發射許可的申請過程進行指揮調度，直到白宮點頭說好為止——說是在整個計畫裡最勞苦功高，也不算是溢美。艾倫回憶道：

葛倫對自身的角色相當低調，但他確確實實是創造了歷史，因為自有太空航行以來，從沒有人能在這麼短的時間內跑完公文迷航。是他的努力，讓我們能趕上二〇〇六年的發射窗口。葛倫創造的絕對是一個傳奇。

除了要在令人頭皮發麻的公文迷宮裡殺出條血路以外，放射性同位素熱電機本身的製備也極盡複雜與費工之能事。而這件事，航太總署得拜託美國能源部代勞。之前包括航海家號、伽利略號與卡西尼號等核動力深空任務，放射性同位素熱電機都是交由能源部負責製造，而這項工作可以細分成好幾個方面。首先是做為能源部的放射性同位素熱電機包商——洛克希德馬丁公司——要先做出放射性同位素熱電機的本體，而同一時間，能源部的洛斯阿拉莫斯國家實驗室要生產出放射性同位素熱電機所需的二氧化鈽燃料，並將其封裝成可以裝填入放射性同位素熱電機的瓷錠。兩邊都準備好之後，放射性同位素熱電機與二氧化鈽就會在能源部的愛達荷國家實驗室（Idaho National Lab）會合進行測試，那是一處守衛森嚴的國防實驗室，坦克、鐵絲網、控制塔、全副武裝且一路尾隨訪客（到廁所）的警衛，應有盡有。放射性同位素熱電機一旦測試通過，事情就會像在拍神鬼認證電影一樣，以最高機密的方式運往佛羅里達。能源部與航太總署會安排外表極盡低調之能事、但實際上火力強大的車隊來護送放射性同位素熱電機穿越大半個美國。事實上，能源部會一次派出若干車隊——其中只有一隊載著真貨——這也是為了杜絕有人心懷不軌想中途攔截。

能源部為放射性同位素熱電機本體暨燃料做的幾乎每一件事情，都在時間的掌握上無懈可擊，只有一個例外，但這個例外，就幾乎要了新視野號計畫的小命。能源部的洛斯阿拉莫斯國家實驗室因為也參與了核武的生產，所以曾因為安全出現漏洞、被迫全面停工。相關調查持續了數月，而期間新視野號只能癡癡地、焦急地等待著任務不可或缺的核燃料——核燃料的足夠與否，將決定任務的有無。好不容易等到安全檢查結束，洛斯阿拉莫斯實驗室重啟運作，時間只剩下剛好多一點而已。但造化弄人，實驗室又隨即因為另外一團風波而再度停工。這次是因為實驗室的其他地方發生意外，造成安全疑慮再起。這意外與疑慮與新視野號並無任何關係，但池魚之殃依舊讓冥王星任務陷入危機，因為到了這個份兒上，新視野號已經擺明了無法帶著滿載燃料的發電機升空。艾倫回憶說：

想由工程團隊重新設計飛行器，使其能以較低的電力運行，時間上已經來不及了——這是一翻兩瞪眼的事情。他們於是開始思考各種減少耗電的方法，這包括承受更大的風險、減少資料的蒐集、或者是不要同時啓動那麼多設備等等。這對我們真的是生死交關：要是想不出如何以較少的電力來操作飛行器，那冥王星的探索就免談了。為此我們真的是都掃過了一遍。

經過一輪檢視，他們發現只要操作得宜，那新視野號就可以在任務不打折扣的前提下，把用電量降到最低一百九十瓦，這比原本的設計低了三十五瓦。這再加上從過往計畫中翻出了些剩餘的鈽燃料，事情總算是勉強過關。事後證明能源部能趕在發射前提供的鈽燃料總量，只能在飛掠冥王星時產生二百零一瓦的電量。在以放射性同位素熱電機做為電能來源的任務歷史上，燃料製備最令人捏把冷汗的一次，就屬這回了。但所幸新視野號還是撐了過來。

測試，測試，更多的測試……

到了二〇〇五年的春天，擎天神火箭已經組裝完成，任務所需的鈽燃料問題也已經解決。在應用物理實驗室這邊，飛行器的各個子系統與七台科學儀器，也統統都安裝完成，與新視野號合體了。在螺絲統統鎖上之後，新視野號便開始通電測試。接著在整台飛行器都組裝完成、功能也確認正常後，就輪到完全體的整組飛航系統在應用物理實驗室歷經一系列的測試——發射振動測試、發射聲學測試，以及由任務控制中心來操縱新視野號的測試。

應用物理實驗室接著帶著形狀大小都大約是一台迷你平台鋼琴的飛行器，南下到航太總署位於馬里蘭州綠帶市（Green Belt）的「戈達太空飛航中心」（Goddard Space Flight Center），在那兒展開測試數月之久。為了進行此一測試，新視野號就放置在可控溫的真空艙中。艙內的空氣會被抽掉、模擬太空中的真空環境，然後空間本身會反覆加熱與冷卻，模擬飛行器在太空中會遭遇的情境。這些作法，一方面是為了確認飛行器的各個系統——包含主系統與備用系統——都可以在飛行中如常運作，一方面也是為了去蕪存菁，淘汰可能在這些環境下失效的弱者。

而這些測試也確實發揮了應有的效果：問題就是要抓出來，才有辦法對症下藥——畢竟東西一旦發射出去，就沒有修補的餘地了。

飛行器上多數的系統都通過了測試，沒有發生問題，惟一台主電腦當機而必須換新。另外有些「慣性測量組」（Inertial Measurement Unit）——也就是陀螺儀與加速計，負責判讀新視野號指向何處的東西——會在真空中出現滲漏。新視野號團隊分秒必爭地進行了三輪的更換，才終於找著不會滲漏的慣性測量組。另外經由測試，團隊微調了對飛行器絕熱表現的期待，由此負責此一功能的「熱毯」（thermal blanket）也必須更換。另外為軟體「除蟲」的工作就不用多說了，程式的缺陷都一一被抓出來消滅。

歷經艱辛的這最後幾個月，當中完成了太空模擬艙的測試、零組件的替換、軟體的修補，新視野號終於漂亮地全數闖關成功，獲得認證，準備要出發到發射地的卡納維爾角（Cape Canaveral）了。

四個恰恰好

二〇〇五年春夏除了有上述的測試，另一件與新視野號有關的事情也在同時發生。但這次終於是好消息，而且是科學發現上的好消息。這個故事，我們得圍繞著主角哈爾·威佛說起。

除了擔任新視野號任務的計畫科學家，本身就非常忙碌的工程與科學雙棲工作以外，哈爾還有另外一個身分。他在新視野號任務的工作之餘，也參與領導了艾倫多年前啟動的一項努力，那就是要找尋冥王星其他的衛星。主要是除了雙天體系統裡的凱倫以外，新視野號團隊中的不少成員都懷疑冥王星系統裡還有其他較小、尚未被察覺的衛星。果真如此，找到它們就對飛掠任務的規畫具有極大的意義，因為萬一真發現了其他衛星，那團隊就得設法調整觀察工作，並納入這些新目標。

想要發現冥王星周邊的其他較小衛星，最大的利器莫過於哈伯太空望遠鏡，但哈伯望遠鏡的檔期極其珍貴，要分到一杯羹談何容易。負責分配哈伯望遠鏡檔期的遴選委員會，平日都會收到比可用時段多出七到十倍的申請數量。在新視野號的研發過程中，哈爾暨科學團隊成員約翰·史賓賽（John Spencer）、艾倫等人都曾兩次提案申請要使用哈伯望遠鏡，搜尋黯淡的冥王星衛星，但兩次都被打了回票。

而不利他們申請的其中一個原因，或許是新視野號團隊已用很不錯的陸基望遠鏡搜尋過許多年，但仍一無所獲。這些負面結果，使得用哈伯望遠鏡去找尋一事，變得更像是一種浪費時間的大海撈針。但艾倫偕其博後哈爾·勒維森（Hal Levison）在一九九〇年代用電腦進行的計算，卻曾得到令人振奮的結果。他們的計算發現冥王星－凱倫系統擁有不少穩定的軌道可供較小的衛星躲藏，且直徑最大可到一百公里。

二〇〇四年，威佛等人第三次提議要用哈伯望遠鏡來搜尋冥衛，但也第三次鎩羽而歸。威佛對此深感意外，他認為他們已經很自我收斂了——他們要的不過是區區三個小時的哈伯望遠鏡——邏輯應該是站在他們這一邊的，他們的提案應該能過才對啊。畢竟要是真的能發現其他冥衛，可是非同小可——不但我們可以增進對冥王星的了解，同時也可精進冥王星飛掠任務的規畫。但可惜啊，可惜，如此卑微的要求也未獲接納。

但隨著二〇〇四年夏天來到尾聲，想不到的事情發生了：哈伯望遠鏡上一個主要的觀測設備出現短路，提前一命嗚呼。這麼一來，既然圍繞著該項設備的觀測統統泡湯，突然有空的哈伯望遠鏡，便開始尋求其他墊檔計畫。哈爾回憶說：「突然間來了通電話，我感覺盛夏突然變成了聖誕節。我們拿到了那三個小時，我們可以用哈伯望遠鏡找冥衛了！」不過我們也沒辦法高興得太早，或許是新視野號的命吧，我們不論想要任何東西，都得等——因為排隊的人很多，所以我們那三個月得等到二〇〇五年的五月才能到手。

在等待的當中，哈爾也沒閒著。他帶著人手，為冥衛的搜尋做好了詳盡的事先準備。於是哈伯望遠鏡的觀測結果一到手，他跟艾倫的一名博後安德魯·史戴佛（Andrew Steffl）就一頭栽入了細部資料分析，他們要看有沒有黯淡的任何東西在繞著冥王星跑。哈爾·威佛是個嗓門不大、做事穩穩當當的人，但連這樣的他，在資料顯示冥王星不是多一顆、而是多兩顆衛星的時候，都興奮到崩潰了。短短幾天內，不知道哈爾那邊狀況的史戴佛，也找到了同樣的兩顆新冥衛。

真的是一箭雙鵰！原來冥王星系統不是雙星，而是四星，由此新視野號能觀測的衛星不止凱倫一顆，而是一共會有三顆。

冥王星周邊有另外兩顆衛星的發現，讓團隊又多了一項命名的工作。行星科學界的命名慣例是由發現者先提議，然後這名字就會非正式地使用到「國際天文聯合會」（International Astronomical Union）核定正式名稱為止。但由於這個核定的流程既長且慢，當中必須歷經繁複的命名提案，所以新視野號團隊就先福至心靈地用上了兩個小名，至於日後要載入科學史冊的正式名稱該如何遴選與提案，他們則打算從長計議。至於暫時頂上的這兩個小名，分別是波德與巴爾的摩這兩個地名，因為幾乎每一位跟發現新冥衛有關的同仁，都是這兩地其中一地的鄉親。

後來團隊有空要認真來命名時，艾倫的想法是這兩個名字要能搭上冥王星名稱中的希臘神話典故，但又要同時能尊重冥王星命名的傳統。猶記得一九三〇年，在替湯博的新行星找名字的過程中，帕西瓦．羅威爾的遺孀希望稱呼這顆星「帕西瓦」或「羅威爾」，以便紀念她先夫啟動相關研究的貢獻。而最終當年僅十一歲的瓦內西亞．柏尼小妹妹提議「冥王星」時，羅威爾天文台的科學家之所以欣然接受，不只是因為認同冥界的神話氛圍，也是因為Pluto的前兩個字母是P跟L，恰恰可以用來向帕西亞．羅威爾先生致敬。

回到新發現的兩顆衛星，艾倫、哈爾與一干有貢獻的成員敲定了冥衛二叫尼克斯（Nix），冥衛三則叫海卓拉（Hydra）。在希臘神話裡，尼克斯是黑暗之神，也是凱倫的母親，至於海卓拉則是冥界的九頭蛇（呼應冥王星是太陽系第九行星）。尼克斯與海卓拉都有正統的古希臘神話背景，同時也跟冥王星跟凱倫的冥界主題系出同門。但它們最終能脫穎而出，還有另外一個原因：就像Pluto的P跟L紀念帕西瓦．羅威爾，尼克斯與海卓拉的N與H也分別是「新」與「地平線」這兩個單字的字首，這恰好說明了它們被人類發現的契機，就是新視野號。

飛往卡納維爾角的紅眼貨機

在戈達太空飛航中心，當飛行器的環境測試大功告成後，下一步就是要將新視野號南送到佛羅里達州，進行發射準備。關於這項工作，新視野號計畫有兩個選項。其一是走空運，也就是勞煩軍用運輸機飛一趟，其二是走陸運，那就要將新視野號置於環境徹底控制的卡車中，與支援的車輛組成車隊，然後浩浩蕩蕩地車行千餘英里。團隊決定空運還是比較保險。所以在九月二十四日的深夜，全球第一架、也是唯一一架身負探索冥王星暨古柏帶重任的飛行器，從華府近郊的安德魯空軍基地（Andrews Air Force Base）空運到了航太總署位於卡納維爾角的甘迺迪太空中心（Kennedy Space Center），也就是將來的發射地。艾倫、葛倫與外加將近二十名飛行器工程師與技師也一同飛了過去，因為接下來的幾個月，他們將在佛羅里達負責讓這隻鐵鳥做好任務準備。艾倫對那一夜飛到佛羅里達有鮮明的記憶：

> 我記得我搭著那架隸屬於美國國民兵的巨大C－17上，沿著美國東岸南下，而我心裡想著：「下一回新視野號達到這個高度，它就要『拖著包裹』，由擎天神火箭推進太空、準備進入軌道了。」
>
> 在機組讓我坐進的C－17駕駛艙中，我記得在全景窗框外看到由城市裡萬家燈火與海

岸線共同勾勒出的整條東岸輪廓，然後佛羅里達終於出現在眼前。隨著我們開始降落的流程，你可以看到火箭的發射設施與航太總署那巨大的載具組裝大樓，另外還有長達三英里（約四點八公里）的太空梭降落跑道，只不過這次要降落在此的不是太空梭，而是我們。

降落之後，貨機滑行到預定地，一干航太總署的接機人員在等著我們。他們已經備好環境控制的貨車，等著要接手新視野號。這輛卡車會載著新視野號到其佛羅里達的無塵室落腳，它將以此為家，開始讓團隊同仁衝刺最後的檢測、充注燃料作業與旋轉平衡等程序。

C－17艙內有空調不在話下，但出了飛機，即便是九月底的凌晨兩點，佛羅里達的空氣依舊既熱且悶。後貨艙門一打開，機內的冷氣與美南濃重暖風一接觸，超不真實的霧氣說起就起，然後從飛機的後方一湧而出。就算是拍電影，也沒人寫得出效果這麼好的劇情。

在飛行器帶出C－17，又移駕到卡車上之後，艾倫回到機上去拿自己的東西，然後才走下了機組用的步梯。此時航太總署的查克．塔特羅（Chuck Tatro），也就是新視野號的發射場經理，已經在梯子底下等待。艾倫腳一踏上柏油地面，查克就伸出手來要與艾倫相握。查克說：

「史登博士，歡迎來到發射場。」這簡簡單單的幾個字，打在艾倫的心上就像一噸磚頭一樣。艾倫說：

經過這麼些年，從一九八九到二〇〇五，我們終於且真正有了一架足以探索冥王星的飛行器，而它現在已到了發射基地。我們真的即將出發，飛越太陽系，一訪人類歷史上從未深入的遙遠世界。升空就在眼前，為期十年的太陽系之行即將啓航的事實，令我悸動不已，因為就連查克都說了一句：「我整條脊椎都在麻！」

第八章

臨行前的祈禱

幸運的十三號

飛行器平安抵達卡納維爾角後，新視野號計畫派到佛羅里達的人員便展開了瘋狂十星期。在這十個星期裡，他們要對飛行器完成最後的測試與發射準備。因為忙到不可能離開，所以艾倫跟葛倫都在卡納維爾角租了公寓暫住，就跟所有應用物理實驗室與西南研究所的同仁一樣。

卡納維爾角此時所有的工作與動靜，都有一個共同的目標，那就是二〇〇六年一月份會來到的末班車——為期三周的發射窗口——屆時地球、木星與冥王星會正好在各自的軌道上來到剛好的位置，由此擎天神將可以把新視野號放到設定航線上，令其高速向冥王星飛去，預計九年半後抵達。要是錯過這二十一天的末班車窗口，他們就只能硬著頭皮等到二〇〇七年再來，到時候不但風險變高、還沒得飛掠木星，因此航程會一口氣拉長到十四年。

到了十二月中，隨著飛行器發射預備的工作慢慢告一段落，開始規畫將新視野號放到擎天神火箭上的事宜，查克．塔特羅找上艾倫，提出了一個要求。「我們的進度足以在窗口的首日發射，」他說，「但我們希望給大家幾天聖誕跟跨年假期，所以我想你應該為此放棄五天的發射窗口。」艾倫清楚趕不上一月發射的風險有多高，也知道放假的決定會有多麼冒險，於是他要求要看擎天神之前的發射數據，也要求知道只剩下十六天的可能窗口之中，擎天神排定了多少次起飛。艾倫猶記得兩人間的對話：

塔特羅看著我的眼睛說：「我知道這決斷不好下，但我們絕對趕得上發射窗口的，史登博士。該做什麼我們都有把握了，損失這五天的風險不高。事實上我覺得不給這五天假，不讓發射組員休息，不讓他們趁佳節跟親朋好友聚聚，恢復一下士氣，那樣的風險反而比較高。」

我知道發射團隊辛苦了，我也知道發射紀錄，它顯示即便加計氣候造成的延誤，擎天神團隊也鮮少花超過一星期的時間，發射準備好上發射台的火箭。所以我才做了這樣的決定，同意給團隊時間去休假。

所以事情就這麼定了。但就在一月一日，團隊成員從假期中歸隊，距離窗口打開只剩下兩個星期，塔特羅又來找艾倫，這次他帶了一張詳盡的行程表，上頭註明了在發射倒數前，還有幾十樣新視野號跟火箭要進行的準備程序。這些程序艾倫都知道，但這次的表上註明了每一項步驟的確切日期。一月前半部基本上塞得滿滿的。

塔特羅對艾倫說：「有件事我們想問問你。你看這張行程表上啊，我們給飛行器注入鈽燃料的那天，也是最終飛航設定時，我們讓飛行器通電的那天，正好是十三號星期五耶。我知道這好像有點迷信，但你會覺得不吉利嗎？」艾倫回憶說：

他們很認真地說：「我們可以晚一天給放射性同位素熱電機添加鈽燃料，就是一月十四日，看你。要付加班費也不成問題。我們只是不希望你們在新視野號發射、或在飛向冥王星的時候，心裡因為它在十三號星期五通電而有個疙瘩。」聽到這些話，我心裡第一個想到的是小時候對於阿波羅十三號的回憶，我想起了當時有些人是如何覺得太空船不該取名叫「十三號」，也不該在十三點十三分發射於休士頓。

但我隨即提醒自己：我是科學家。關於十三號星期五的迷信完全不符理性。所以我決定在（一月）十三日給新視野號注入燃料，免得讓發射窗口又損失寶貴的一天時間。事實上我決定要讓十三號星期五成為新視野號計畫的加油口號。「從今而後，」我告訴自己，「每逢十三號星期五，我們就要慶祝，因為這一天是新視野號的生日，也是理性思維的勝利之日。」我望向查克說：「嗯，管它什麼十三號星期五，把那混帳給我加滿油，然後把你那管擎天神給我點火，我們說飛就是要飛！」

「我生平看過最有種的事情」

航太總署的任何任務，若要走完通往發射台的最後一哩路，都需要一份發射許可文件：「適航證書」（Certificate of Flight Readiness）。適航證書上頭得有航太總署每一位主要利害關係人的簽名，這才能確認太空飛行器、發射載具、任務控制中心、追蹤飛行器的網路──舉凡與任務相關的每一項元素──都已經完成飛航的準備。葛倫會代表應用物理實驗室簽字，而艾倫則會以計畫主持人的身分簽字。其他得簽名的人，還有十二名來自洛克希德、波音、能源部與航太總署各自扮演任務要角的經理。

適航證書的簽署不只是場行禮如儀的典禮，而是發射籌備過程的最後一個步驟，須知航太總署不惜投入時間、精力與技術在發射的籌備過程上，就是要確保計畫中的每一項元素都已經準備就緒。不誇張地說有數千個項目需要打上鉤，代表確認無誤過，那一隻隻手才能得到授權，把名字簽到適航證書上頭。

當新視野號的適航證書授權程序在二〇〇五年夏末啟動的時候，曾經有一個跟發射載具相關的問題探出頭來。而這個問題，得從前一年夏天在擎天神五號火箭工廠發生的事件說起。當時洛克希德馬丁公司在測試的是一個液態氧燃料缸，要確認它在飛行時受得了超越設計極限的壓力。為了這個目的，洛克希德的團隊刻意給缸體過度加壓，看它撐不撐得住。但結果是缸體炸了，而這也啟動了後續的大規模調查，他們想判斷出缸體失效的真正原因。

這一調查，就是幾個月。洛克希德馬丁就缸體的設計、材質、製造履歷與處理程序，統統詳查了一番，稱得上鉅細靡遺。他們不厭其煩地觀察了缸體材質在顯微尺度下的結構，測試了數百個缸身材質的樣本，分析了強度，也找尋意外爆炸的可能弱點所在。

這項調查一直延續到二〇〇五年底。當然，這件事與新視野號要用的擎天神火箭，並未直接相關——以即將與新視野號搭檔的擎天神火箭而言，上頭的液態氧缸通過了所有考驗——但畢竟新視野號上有裝了鈽燃料的放射性同位素熱電機電池，所以火箭上的密封缸體若是稍有閃失，後果都非同小可。所以除非調查結果能證明之前的缸炸與擎天神火箭的材質、零件或組裝過程無關，否則新視野號就只能老實在地球上待著。

在二〇〇六年的第一周，航太總署總部一場舉足輕重的會議上，這個問題浮上了檯面。此時距離發射窗口只剩一周了，而在這場被稱為「計畫管理委員會」（Program Management Council）的場合中，百餘名行政主管、任務經理與技術專家統統到齊，大家準備討論與見證最後的決定。這最後的決定，掌握在一個人的手裡——航太總署署長麥可・葛瑞芬。他是一個聰明睿智，但也是十足菜鳥一個的新任署長，惟決定依舊是他說了算。

葛瑞芬的決定，乘載著許多得失利弊。萬一發射過程出事，那賠上的可不只會是新視野號與冥王星任務再起的可能性，可能連核動力任務都不再放行。換言之新視野號不能出意外，否則外太陽系的行星都將成為人類探索的禁地。

計畫管理委員會的會議，一般而言僅限航太總署的人員參與。但艾倫覺得自己身為任務的計畫主持人，有必要列席現場，聽取討論並表達意見——對每一樣東西到底行還是不行，他必須要表達自己的立場——因此他直接把這樣的想法訴諸葛瑞芬，也得到了與會許可。

在那一天的計畫管理委員會會議上，有人主張新視野號應該如期發射，也有人覺得不妥。技術報告一場接著一場，看法有正有反，會就這樣開了好幾個小時。惟真正關鍵的問題，從航太總署甘迺迪太空中心的總工程師詹姆斯・伍德（James Wood）嘴裡說了出來。伍德是個戴著眼鏡、腳踏實地的火箭專家，以職涯而言，他也是航太總署的中堅分子。他最為人所知的特質，就是他研究事情之扎實與細心（別人檢查一次，他檢查兩次，甚至三次）。伍德在會議上旁徵博引，主張之前的密封缸爆屬於異常，但這與新視野號上的缸體完全無關，因此他投放行一票。署長葛瑞芬率航太總署的大老們，對伍德連番提出了幾十個問題，伍德主張中的每個面向都遭受質疑。等到伍德等一干工程師報告完，葛瑞芬與其幕僚的問題也都問完，艾倫站了起來。聽完全場的他，既是航太工程師出身，也是必須承擔這場會議結果的當事人，而根據伍德的簡報，他得出的結論是，新視野號準時起飛並無實質的風險存在，但要是拖到二〇〇七年再飛，期間會有更多關於缸爆的研究出爐，屆時新視野號就真的前途未卜了。

理清了這樣的邏輯，加上對伍德的研究有信心，艾德對全場發表了意見：

我對全場說：「我只想說，首先，對於不認識我的大家，我必須說明自己曾經參與過將近十二次航太總署的任務發射決策，所以今天不是第一回劉姥姥進大觀園。我還希望大家知道，我們這個月發射還是不發射，背後承載著多麼嚴肅的後果。」接著我解釋，如果錯過一月份的木星重力輔助窗口，十年內都不會再有這麼好的機會，屆時我們唯一的選擇就剩下二〇〇七年的發射，到時候少了木星的幫忙，航程就會延長為十四年。我還點出若是連二〇〇七年都發射不了，那到了二〇〇八、二〇〇九，乃至於一路到二〇一四年前後，我們靠五五一型的擎天神五號，也無法把飛行器送到冥王星。接著我仔細解釋，比起九年的航程，十四年的航程代表風險會升高多少，同時我也點出了發射多拖一年，外加抵達時間，延誤起碼四年，額外花費會有多少。再來我說明，何以我們希望能在冥王星大氣凍結前飛抵冥王星，而這當然就需要任務盡早出發，畢竟我們愈晚到、能在陽光下捕捉與繪製到的冥王星表面積就愈小。最後做結語時，我訴諸感性。我對在場的人說：「我為這個計畫付出了十七年的青春，一切都開始在一九八九年。這件事是署長說了算，但身為計畫負責人，也做為把許多東西賭在這次發射上的個人，我希望大家知道我看著資料告訴我的一切，我對於以現狀發射擎天神火箭心無罣礙。」說完我坐了下來。該說的話我都說了。有人好意揉了揉我的肩膀，但我解讀他們的意思是：「說得很好，但請你要有心理準備，看署長會怎麼說。」

艾倫的發言結束後，葛瑞芬詢問擎天神五號的液態氧缸體問題，探討其是否已經處理到讓新視野號平安發射的程度，向航太總署的所有其他「大頭」們徵詢了正反的投票意見。不少人投了贊成票，但反對票也不是沒有，反對者表示他們並沒有具體的理由去懷疑新視野號要用的擎天神火箭，但他們覺得能不冒險就不該冒險。航太總署裡負責所有發射業務的發射事務處（Launch Services）由經驗豐富的史蒂夫·馮斯瓦（Steve Francois）主掌，他投下了贊成票。航太總署的總工程師雷克斯·葛維登（Rex Geveden）與行星探索部門主管安迪·丹茨勒（Andy Dantzler）也都贊成。但安全與任務確保辦公室（Office of Safety and Mission Assurance）的主管布萊恩·歐康納（Bryan O'Connor）這位前太空梭指揮官則投票反對。

接下來也具有前太空人身分的瑪莉·克里夫（Mary Cleave），也就是此時的航太總署科學任務主事者，也投下了反對票。艾倫說：「我心想：『葛瑞芬有機會不採納這些反對者的意見，但要是真這麼做，他就會留下跟安全部門與科學部門主管唱反調的紀錄。最後萬一發射沒有成功，不論理由為何，他多半都保不住署長的官銜，甚至得賠上仕途。』」

也在會場的哈爾·威佛，記得他當時感覺非常氣餒。哈爾回憶說：「我都快得急性憂鬱症了。誰都料得到安全與任務確保的官員會投反對票，畢竟萬一最後出了包，而他事前竟沒有忠言直諫，他可是要捲鋪蓋走人的。但科學部門的官員反對是哪一招？」

壓軸投票的，是葛瑞芬的心腹，比爾·葛史丹邁爾（Bill Gerstenmaier）。這位統轄航太總署所有發射事宜的比爾·葛史丹邁爾，投下了贊成票，對此他不疾不徐地說明，密封缸體的破裂疑慮經過詳盡的研究與分析，而伍德的簡報已經清楚排除了新視野號發射的風險疑慮。他說贊成發射是理性的選擇。

副手們表達完意見，就輪到署長葛瑞芬拍板了。以航太總署大家長的身分發言，他先是起身講了一大段會議的結語。全場鴉雀無聲。沒有人不知道在其團隊意見分歧的狀況下，最後只能署長說了算。

葛瑞芬重申密封缸的爆裂與新視野號的發射火箭沒有直接關聯，還說擎天神號的飛航安全紀錄非常完美。他誇獎了同仁對於缸爆事件的分析，並提出了他認為液態氧缸何以不會影響新視野號發射器的自身見解：在新視野號所乘的火箭上，缸壓距離有爆裂危險的水準會有一大段安全餘裕。葛瑞芬接著點出了發射失敗的機率平均是百分之二到三，而液態氧缸體爆裂、造成發射失敗，其機率就更遠低於此了。因此液態氧缸體問題的淨效應，在整體風險計算中的權重甚低。然後他提醒了全場人員一件事情：放射性同位素熱電機在打造的時候，其設計都是以能承受最慘烈發射意外的強度為準，並且事實上過去這種慘烈意外也不是沒有發生過，但放射性同位素熱電機確實展現了應有的耐受性。葛瑞芬的邏輯冷靜、理性、依託於數據而無可挑剔。當中不帶有情緒，他只是仔細而徹底地檢視了所有事實，然後做出結論。結論就是密封缸體要造成發射失敗，其風險顯然極低，而繼續等待下去，其對任務造成的威脅顯然較高。會議在葛瑞芬的主導下畫下句點，克里夫與歐康納的意見未獲採納，葛瑞芬以航太總署署長之姿拍板載具安全無虞，可逕行發射。他同時二話不說，當場就在眾目睽睽之下簽署了適航證書，然後帥氣踏出會場。艾倫回憶那一幕說：

我參與航太總署任務二十幾年，從沒看過像那天一樣那麼有種的事情。我真的覺得那跟看電影沒兩樣。航太總署的署長賭上官位，直接推翻了飛航安全與科學任務主管的權威，只為了力保新視野號。哈爾跟我互望了一眼，我們簡直不敢相信，這麼戲劇化的事情會真實上演。那一天，葛瑞芬不僅證明了他是個有肩膀、有衝勁的長官，更一舉加入了新視野號的英雄之列。

海風中的禱告

隨著發射周的逼近，男女老幼開始朝著卡納維爾角匯集。一開始是幾百個人，後來變成幾千個人。除了工程師、任務經理、發射組員、科學家，還有其他與任務直接相關的人員以外，現地還可以看到新聞記者、拍紀錄片的人、在學學子和他們的老師，乃至於數以千計的天文迷與單純好奇心大起的路人。如此集結的一支大軍，都是想親眼目睹這場畫時代的發射。以甘迺迪太空中心為中心，方圓開車一小時內的旅館訂到一間不剩。

在準備好要躬逢其盛的人當中，有不少是冥王星地下軍的原始成員，他們早自一九八九年起，就一直努力爭取冥王星任務。此外來的人，還有行星科學界的其他成員，有來自各個工程團隊的夥伴，有主要承包商的高階幹部，還有麥可．葛瑞芬。這是千載難逢的盛事——對嶄新行星進行的首發探測任務——上一次已經是一九七七年了，那是航海家一號與二號去探訪巨行星的年代。

發射數日前，新視野號的科學團隊成員聚集在一起，開了最後一場全天會議。艾倫在講話時，要大家別忘了這一路走來有多麼漫長，也別忘了在近十七年的無數場戰役後，他們是最後的贏家。如今他們聚集在發射前夕，他們引以為傲的飛行器，已經裝在高聳如摩天大樓的火箭頂端、蓄勢待發將告別地球，而且永不回頭。

他們確實是經過長途跋涉，才來到了這裡，但在講完話之後，艾倫才猛然想到，他們想知道的一切，都還沒有到手，他們所付出的一切，都還沒有回報，一切都還是要看發射成不成功，甚至還要看未來快十年、全長三十億英里的跨太陽系長征成不成功。所以真正說起來，一切都還在未定之天，一切工作都還擺在他們眼前。隔天夜裡，艾倫偕陶德．梅伊與雷克斯．葛維登來到發射台。那兒除了他們，幾乎是空無一人，但新平線號在那兒，在二十二層樓高的龐然大物上，擎天神火箭的箭身之巔。火箭的模樣，燒烙在了艾倫的記憶當中。他知道火箭在這裡的時間不多了，再過幾天，它就要托著新視野號升空了。屆時它將不復存在。所以不論這火箭能不能通過發射的考驗，這都是它與艾倫的最後一面。

海風吹拂著他，他嗅得到卡納維爾角岸邊空氣裡的鹹味。從以往參與過的發射任務中，這鹹味儼然已成他的老友。他抬頭仰望著火箭，小聲地有感而發：「讓我們以你為傲。」說完他便轉身，走回他的車上。

隔天早上，冥王星任務就要展開倒數。

第九章

超音速前進

非常特別的行囊

隨著發射窗口即將打開，卡納維爾角編號四十一號的發射台上，新視野號已經安裝在巨大的擎天神火箭上，火箭本身已經通電、蓄勢待發。火箭工作人員口中的這一「整組」東西，看起來非常壯觀——高度足足超過兩百英尺（約六十一公尺）。在火箭頂端，像個小不點的新視野號連在訂作的星辰四十八型固態燃料火箭上，兩者一起藏在擎天神火箭的巨大鼻頭（整流罩）裡，就像被繭包著一樣。說巨大，因為這整流罩的設計是用來容納學校巴士大小的太空飛行器。

在整組火箭一旁扶持著的，是幾乎跟火箭一般高的發射支架，上頭按發射需求，裝設著各式各樣的管道、纜線與航太術語中叫做「臍帶」的電線與液體輸送管，這都是為了顧及火箭對於電力、燃料、冷卻液與通訊能力的需求，會連接到發射最後一刻為止。發射台本身就在海灘旁邊，幾英里內幾乎沒有任何東西。

甘迺迪太空中心本身就像是個野生動物保護區般的存在。事實上，中心範圍內只有百分之十的開發程度。那兒野味十足的佛羅里達沼澤，是欣賞水鳥的聖地。不論你想看白鷺鷥、魚鷹、老鷹、大隻的鷺，還是著名的短吻鱷，這兒都應有盡有。而在這由沼澤、沙丘、潟湖所構築出的豐富生態系裡，就有航太總署不少代表性設施的藏身處，相信大家都曾在照片或紀錄片裡看過。這包括大到不像話、足足有五百二十五英尺（一百六十公尺）高的載具組裝大樓、一打左右的其他發射台，太空人的生活區，太空梭的降落跑道以及開闊廣袤的遊客園區。

毫無疑問地，對很多人來說，這次發射有著不同於其他任務的吸引力——這是一次畫時代的發射，就彷彿太空探索的火炬，會從航海家號的身上、傳遞到受其啟發的新一代探險者手裡。你感覺得到，空氣中那股世代交接的氣息。前往全新宇宙疆界一探究竟的機會，如今輪到了新一代人來體會。

新視野號打著的口號是「前往最後行星的最初任務」，而從許多方面來看，新視野號確實會在這個太陽系行星探索的開放時代裡，成為「最後一次大型的首發任務」。在此同時，新視野號也昭示了航太總署新一代的行星任務外觀——一系列十億美元等級、開放比稿、科學家掛帥的行星際探索任務，代號「新疆界計畫」（New Frontiers Program）——就由新視野號打響了第一炮。

對於參與這次任務的人而言，他們既深切感受到，未來十年的長途飛行在前方等著，也不可能忘記，過去二十年的奮鬥，才讓他們走到今天。夾在未來的挑戰與過往的心血之間，他們格外能感受到這個充滿歷史感的時刻，但凡在太空探索領域中稍微叫得出名字來的人——從太空人到政治人物到各國行星科學家，另外還有各家太空新聞媒體——都來到了現場。

出於冥冥中一種宇宙力量促成的巧合，新視野號的發射日將與克萊德．湯博的冥誕相差不遠。湯博辭世於一九九七年的一月十七日，而這也讓發射日的場面分外感人。

但說到感人，理由還不只這一個，尤其是對湯博家的成員而言。一般大眾可能並無所悉，但新視野號上搭載了克萊德．湯博先生些許的遺骨。新視野號會這麼做，是源自羅柏．史蒂勒在一九九〇年代的發想，當時噴射推進實驗室還在研究「冥王星快速飛掠」任務的羅柏，向克萊德提了這個想法，而克萊德也欣然接受，畢竟兩人相交為友。於是在二〇〇五年初，就在新視野號的發射愈來愈有譜的時候，艾倫去找克萊德的遺孀派琪（Patsy）與女兒安妮特（Annette）提了這件有點敏感的事情。艾倫問母女倆知不知道克萊德與史蒂勒的約定，還有就是湯博家有沒有依約保留可送上冥王星的骨灰。結果兩個問題，派琪與安妮特都毫不猶豫給了熱切的肯定回覆。從她們口中，艾倫得知克萊德也非常期待如此的安排。於是艾倫把實務面的問題丟給了飛行器的工程師，他想知道若有這麼個小小的「骨灰罈」，他們該如何裝到飛行器這隻鐵鳥上。話說在太空飛航的世界裡，想要浪漫也是要有工程技術打底才做得到。結果工程師為湯博的遺骨設計了一個小型專用容器，準備安裝在原先重量平衡器的位置。

二〇〇五年中的某日，艾倫從克萊德家收到了一小包的骨灰，而他親手放在公事包裡，帶到了應用物理實驗室，再交由工程師放進特製容器裡。該容器外層有一個迷你的名牌，上頭的描述出自艾倫手筆：藏於此處的是美國人克萊德．W．湯博的遺骨，冥王星暨太陽系第三區的發現者。阿黛兒與穆倫的孩子、派翠莎（派琪）的丈夫、安妮特與艾登的父親、天文學者、教師、我們的開心果與好朋友：克萊德．W．湯博（一九〇六—一九九七）。

想想那幅畫面：七十年前，來自太陽的光子與光線從冥王星的表面獲得反射，然後旅行了四個小時，穿越了數十億英里來到地球，射進了亞利桑那弗拉格斯塔夫的望遠鏡裡。這些光子在感光乳化板上留下了一個微不足道的小點，然後相隔數周吸引了年輕湯博的注意，而這一注意，促成他發現遠方一顆嶄新的行星。如今原本屬於湯博的一部分原子，也將隨新視野號踏上太空之旅，前往由他發現的那個遙遠世界，然後再繼續勇往直前，脫離我們的太陽系，直闖星際空間與銀河系深處。不論你對於生、對於死、對於意識、對於命運，抱持什麼樣的看法，湯博這場「太空葬禮」都是歷史上僅見的創舉，你應該也覺得獨一無二而引人遐思。

倒數，共二遍

一如計畫，二〇〇六年的一月十三日星期五，美國能源部為新視野號上的放射性同位素熱電機進行了燃料添加作業。在全副武裝的重兵戒備下，航太總署與能源部送來了核動力燃料。在無塵室裡，飛行器所在的火箭高層，有個不算小而呈方形的艙門，就設在火箭錐狀機頭的一側，大小大約五英尺見方，打開之後便能通往飛行器。為了將高溫發光的放射性燃料送進放射性同位素熱電機，但又不會讓人員受到放射性汙染，可以從六公尺外操作的特殊工具派上了用場。最後就這樣隔著一段距離、相關人員裝回放射性同位素熱電機的蓋子，按發射規格鎖緊了全數螺絲。而放射性同位素熱電機一完成這道程序，核燃料就會開始發電。換句話說從此刻起，新視野號就有了生命，因為它的能源已經不假外求。也從這一刻起，新視野號的各個系統全面啟動，並由馬里蘭州的任務控制中心接手操控，就跟它將來升空後的狀態沒兩樣。不誇張地說，新視野號雖然還在地球上，但冥王星任務已然啟航。

一月十六日星期一的早上，天氣晴朗、涼爽，有陽光。天氣方面唯一讓人擔心的，就是氣象預報說鋒面造成佛羅里達中部上空有高海拔的陣風。艾倫在黎明前幾個小時就起床了，醒來後他回了電郵，照例在有發射的當天去可可亞海灘（Cocoa Beach）的街上跑了一圈，跟老婆卡蘿吻別，然後才出發前往「擎天神太空飛航指揮中心」（Atlas Spaceflight Operations Center）。擎天神太空飛航指揮中心做為一處大型的任務控制設施，其所在地距離發射台僅四點八公里。艾倫與逾百名參與發射作業的人員一樣，都在發射控制台前就定位，拿著咖啡，戴上了通訊用的耳機。在新視野號的一次次發射預演中，這樣的動作已經做過許多回了，但今天是另外一回事，今天的倒數是玩真的，否則擎天神太空飛航指揮中心不會怕人心臟不夠強，還在外頭派了一台台的待命救護車，不會救護車旁又有成群結隊的新聞媒體，也不會驚動航太總署署長麥可·葛瑞芬罕見地親自坐鎮指揮中心。

在此同時，新視野號的團隊成員暨親朋好友、熱中行星探險的天文迷以及一般民眾，都被一車車載到了卡納維爾角各個可見證發射的角落。少數大人物與身分特殊的貴賓被安排到了發射台西方八公里處的阿波羅太空梭載具組裝大樓，那兒除了是知名的景點，也有VIP觀景處。許多科學團隊的成員也號召了親友，一同聚集在發射台南方五英里處的看台處，那兒畫有不同的觀賞區——這兒同時也是任何人可以在光天化日下觀賞火箭升空的最前線。其他數以千計的民眾則只能委屈些，在更遠、地點也沒那麼理想的地方踮起腳尖。

科學團隊成員與他們的家人可以遠遠看到高聳的擎天神火箭，還可以看到火箭周圍四座屬於第四十一號發射台的避雷塔，分別散落在佛羅里達香蕉河（Banana River）的廣闊水域中。用雙筒望遠鏡看去，擎天神火箭就像一個活生生會呼吸的東西，不客氣地噴出液態氧的蒸汽，就等著即將上演的光榮或毀滅。他們眼中擎天神火箭的第一節，已經從正常的金屬顏色轉變為跟錐狀鼻頭相同的亮白色，這也代表火箭已經滿載了低溫液態的氫與氧，是這兩種物質在火箭薄薄的金屬外殼上結成了霜。

在巴士將人紛紛送至觀賞據點之後，不可少的是安全規定的說明。民眾被告知了鄰近一棟建物的位置，那兒是意外發生時的避難處。這樣的警告，沒有澆熄民眾參與的熱情，惟這確實讓所有人意會到這不是在辦家家酒，是真刀真槍的火箭要出發。

水陸交界的濱水區成了三腳架與照相機的擺放熱點，大家紛紛搶著在好的點上插旗，各自用肉眼或鏡頭記錄升空的過程。在水域與看台之間寬闊的草原上，一堆小孩子跑的跑、玩的玩、追逐的追逐、扭打的扭打。航太總署準備了一面巨型數位時鐘來顯示倒數，另外還準備了一組擴音器來廣播任務控制中心的各種宣布。若是沒出什麼意外，那數位鐘將先行倒數到剩下四分鐘，然後會有一段排定好的十分鐘「暫停」，期間所有的火箭與飛行器系統都會進行最後一次檢查。如果檢查的結果都是Go，最後四分鐘的倒數就會重新啟動。

根據有如聖旨一般的天體力學，我們若是想讓新視野號進入前往木星的飛行路線，那發射時間就不可以早於美東時間當日下午一點二十三分。同樣的天體力學也「規定」了發射窗口不超過兩個小時：鐵鳥要是沒在兩小時內升空，整個任務計畫就得改日再議。

發射倒數很正常地進行到下午一點十七分，距離火箭起飛僅剩六分鐘，惟後來一片閥門的啟閉好像有些異常，加上低海拔稍為起風，因此發射時間延後到一點四十五。到了一點四十分，發射時間再度延後到兩點十分。閥門問題終於排除，但風的問題仍令人擔心。然後到了兩點十分，航太總署又宣布深空網路的天線基地台出了狀況，可能會影響到地球與新視野號在飛航中的通訊。所以說火箭要能獲准升空有多困難，有多少細節得在多少地方全部同時完美到位，由此可見一斑。飛行器與火箭要一切就緒不在話下，就連地面系統都得完美就定位在佛羅里達。此外還有應用物理實驗室在馬里蘭州的任務控制中心，有在佛州的發射安全設備，有位於世界各隅的深空網路天線，這一切的一切都不能有一點脫線。

在此同時，風再次於水面颳起，發射只能一延再延，眼看著當天的發射窗口就要來到終點。情況愈來愈讓人捏把冷汗，群眾對這天能不能看到發射，也愈來愈沒把握。終於發射延到下午兩點五十分之後，航太總署宣布：「所有發射所需都回報了，可以支援當日發射。」然後又是一陣風來，又是一次延誤，時間終於來到了當日發射窗口的最後防線。此時發射任務已經是退無可退，再有任何一點差錯就會「抹消」發射任務。

最後，倒數的時鐘終於降至了四分鐘倒數前的十分鐘暫停時間。進入暫停時間，發射主任便開始一個個唱名，確認負責主要系統的單位都已經完成準備，被點到名的飛行器、火箭與地面系統得回答：Go或是No Go——行，還是不行。公務頻道上的每雙耳朵，都聽到了一聲聲代表「沒問題」的Go從各單位迅速傳來。

擎天神？Go。新視野號？Go。應用物理實驗室任務控制中心？Go。就這樣中間又經過了十來聲Go，唱名來到了最後的壓軸。計畫主持人？被點到名的艾倫回報：Go。

每一聲Go，都伴隨著各觀景處一陣陣小小的歡呼。但到了二點五十九分，天氣因素又跑來攪局。擴音器這次宣布的內容是：「因為風力觀測結果超標，因此任務判定為『No Go』。」這段話的意思是表面風速在發射台處已達三十三節（時速約六十一公里）以上，已經超過龐然大物擎天神可以加以修正、進而向上衝出發射塔的極限。而他們已經沒有時間再延，所以新視野號這天就不飛了，這也代表冥王星的探險要晚一點出發了。

隔天一月十七日早上，這天正好是克萊德．湯博逝世的九周年，氣象預報說雷雨機率是百分之四十，但發射準備依舊持續進行，所以甘迺迪太空中心還看得到群眾開車回來、準備好要搭接駁巴士去昨天的觀景處就位。但他們一無所悉，在擎天神太空飛航指揮中心，一段緊張的「劇場」已經上演了好幾個小時。

跟前一日一樣完成了各種「個人儀式」，也跑過步之後，艾倫於清晨五點來到擎天神太空飛航指揮中心。稍早在跑步的時候，艾倫滿腦子想的是兩件事情，一件是湯博九年前的辭世，一件則是要鐵鳥起飛前的一大張檢查項目。

五點進辦公室，對午後要進行的發射而言，看似時間很充裕，但發射準備是一道漫長而耗時的程序。艾倫一抵達，就被告知馬里蘭的應用物理實驗室停電。原來昨天掃過佛羅里達、造成火箭無法起飛的鋒面，今天又更強了，而且前一晚還跑到了馬里蘭州肆虐。就這樣一夜的風強雨驟，造成了馬里蘭州部分地區無法供電，由此新視野號任務控制中心只能暫時依靠備用的發電機來維持運作。艾倫回憶說：

當時我心想：「我敢一邊讓任務控制中心靠備用發電機運作，一邊進行發射任務嗎？萬一新視野號發射出去後有什麼異狀，在太空中需要任務控制中心的幫忙呢？這節骨眼要是任務控制中心沒電了可怎麼好？到時候不論是在太空的新視野號還是在地球上的我們，面對問題都將束手無策。我們辛苦了那麼久，可不是為了到最後才在發射階段冒這種不必要的風險。要是可以發射的天數無多，我也只能賭一把。但是我們明明還有兩個星期的發射窗口可以運用。」

鏡頭拉到馬里蘭州應用物理實驗室的任務指揮中心，艾莉絲·波曼人正在任務控制中心。

身為一位超能幹、不怕煩、頭腦又冷靜的工程師，艾莉絲當時（就跟現在一樣）是新視野號任務指揮經理，而擔任任務指揮經理的意思，就是操作飛行器的整個團隊都歸她管。艾莉絲加入新視野號計畫的時間，可以回溯到二〇〇一年，也就是提案的階段。艾莉絲覺得她跟她的團隊受的訓練與準備，足以應付任何飛行器丟過來的疑難雜症。但這一次呢？艾莉絲回憶說：

我進到應用物理實驗室是早上五點半，當時應用物理實驗室因為停電的關係，所以基本關閉，僅有核心人員留守。當然在發射日這一天，我的團隊自然全部屬於核心人員。我抵達任務控制中心時，那兒大致上都是暗的。我們有電工人員卯起來把備用發電機連上電子面板，同時地板上到處都是延長線，因為我們想要把不同子系統的人員都集中在一台機器周圍。那天下午直到發射窗口開起的前十分鐘左右，我們才把所有線路重新接好。

不論在應用物理實驗室或卡納維爾角，發射經理們都相信備用電力可以表現得堅若磐石，守護發射任務完成絕對沒問題。新視野號的總工程師克里斯．赫斯曼認為情況要真的糜爛到難以收拾，至少得發生兩次獨立的意外——他指的是飛行器要出問題，然後在應用物理實驗室的備用發電機也要同時出問題。整體而言，其餘的團隊都已經準備好了，要與靠備用發電機運行的應用物理實驗室並肩作戰，一起發射升空新視野號。但艾倫還是堅持不妥。

就在馬里蘭州的電力公司很努力為應用物理實驗室修復主電源的同時，倒數也在持續進行中。擎天神號完成了燃料輸送，而且在厚重的佛羅里達空氣中，火箭外殼又再一次因為水汽凍結、呈現出那賞心悅目的白色。此時飛行器與訂製的第三節火箭已做好發射準備。世界不同角落的深空網路天線站也都回報沒問題。發射倒數愈來愈接近歸零，但到了擎天神太空飛航指揮中心要最後一次確認各單位Go或No Go的時候，應用物理實驗室卻依舊沒有從備用電力切回主電源。

「發射主任？」「Go。」「新視野號計畫經理？」「Go。」「應用物理實驗室主任？」「Go。」艾倫回憶說：

隨著發射主任從他本人開始一個個問過去，逾二十名任務經理都給出了「Go」的正面回應。但我內心深處就是壓抑不住那個「萬一」的想法。萬一我們硬著頭皮發射了，然後新視野號在天上出了問題，而任務中心又在此時跳電，無法伸出援手，那我一輩子都不會原諒自己。「這，」我在想，「正是我身為任務計畫主持人的意義所在。關鍵時刻的困難抉擇，就應該由我來做。」

透過耳機，我聽到了發射主任問我Go還是No Go。「計畫主持人？」大家紛紛轉頭看向我，因為大家都知道，我一上午都主張應該暫停作業。如今發射與否的決定，落在了我的手裡。而我說的是：「控制中心沒有兩組電源同時上線前，我覺得發射的決定還是不妥。計畫主持人這邊意見是No Go。」

簡簡單單的一句話——「計畫主持人這邊意見是No Go」——發射任務就又中止。成千的訪客與數百位發射工作人員，又重新回到等待模式，就像冥王星任務也必須繼續好事多磨一樣。又一次，火箭的低溫液態推進劑被抽了回來，原本打算一睹火箭丰采的人也只能做鳥獸散，要嘛回下榻處睡覺，要嘛在附近的海灘、自然保育區、餐廳、酒吧轉轉。

在此同時，發射團隊並沒有閒著，他們仍繼續盯著未來幾日的氣象預報。艾倫請應用物理實驗室準備第二台發電機，做為備用電源的備用電源，以避免任務中心只有一組電源在運作的窘況再度發生。應用物理實驗室同意了這個要求，並回報可以在晚間完成準備。

所有這些一波三折，創造出了一種有趣的動態。發射當日要把行程走到最後關頭，其間的準備工夫何其多。而每一回延後，所有的步驟就得重新來過。發射團隊得不斷地把燃料注入、抽回、注入、再抽回，大量的機械與人員也得反覆動員、待命、動員、再於美國各地乃至於世界各隅待命——他們永遠得為了下一次的發射，嘗試振作起來。

對於那些沒有直接參與到發射任務的人而言——旁觀者、新聞媒體、跟家人一起來送「寶貝」出發的其他團隊成員——這些一再反覆的過程，有種像電影《今天暫停停止》裡過「土撥鼠日」（Groundhog Day）[18]的感覺。不同家任務包商，會在每個無功而返的發射日晚間開起飯店派對，而且每天端出來的都是一模一樣的菜色與飲品。雖然發射與任務團隊都還在努力不懈，但對所有來看（熱鬧）的人而言，外頭可是個多采多姿的花花世界。這樣的落差再加上發射前必然的焦慮與輕微的睡眠不足，整個不斷重複的過程，顯得不太真實。

科幻小說真實上演

在十八號放了發射組員一天假去休息休息之後，十九號星期四是重整旗鼓的日子。那天早上春寒料峭，但又陽光普照，風可以說幾乎沒有，雲層只在低空零星地結成一片。群眾之間的氣氛是審慎樂觀。而在擎天神太空飛航指揮中心裡面對這第三次的倒數與發射嘗試，同仁們的心情顯得戰戰兢兢。

這一回，「劇場」的主角是雲朵。它們能不能及時散開、好騰出空間讓火箭升空，便成了任務成行與否的決定性因素。因此再一次，最關鍵的「Go／No Go」二擇一將落在發射天候專員的頭上。考量到地球與木星在各自軌道上的相對位置變動，每天的發射窗口都會比前一天早

18 譯註：土撥鼠日為源自賓州荷蘭裔迷信的美加習俗，傳說每年在二月二日這天，土撥鼠會從地洞中冒出頭來，此時若牠能看到自己的影子，代表氣候晴朗，那土撥鼠就會縮回巢穴中，冬天就會再延續六周以上。但若是牠因為烏雲蔽日而看不到自己的影子，那就代表春天將近。一九九三年的電影《今天暫停停止》（*Groundhog Day*）是土撥鼠日獲得普遍認同的一大原因，而其內容演的就是主角不斷重複二月二日這天的過程。

一點開啟。所以在一月十九號這天，第一次嘗試的時點是設定在美東時間下午一點零八分。天上的浮雲來來去去，結果導致了連續幾次短暫的延誤，主要是擎天神團隊在設法找出一段足以避開雲層的時間。最終，新的T－0（發射時間）訂在了下午兩點整。數位鐘開始一路向下倒數到T－4（發射前四分鐘），然後照例進入了強制十分鐘暫停，所有的工程師與發射專員開始利用此時進行最後檢查與確認，為最後衝刺做好準備。

一群來自新視野號科學團隊的老朋友，聚集在了某處觀賞區，急切地等著他們的寶貝，在歷經多年的辛苦提案、造船與航線規畫之後，它能在今日起飛，前往冥王星與古柏帶。科學團隊中的地質學與地球物理學組長傑夫．摩爾（Jeff Moore）帶著女兒跟母親一同前來。地質學者保羅．汕克（Paul Schenk）跟他老公大衛一起。萊絲莉．楊恩有她先生保羅陪伴。比爾．麥肯南有小孩跟著。卡特．艾瑪特（Carter Emmart）與大衛．葛林史彭都曾深入參與公關宣傳團隊，今天也聯袂前來共享這份緊張與興奮。行星天文學者亨利．斯魯普（Henry Throop）帶著笑容與相機四處穿梭，用影像記錄著所有的人事物，誰知道呢，說不準他拍下的某個瞬間，就會因為今天火箭順利發射、成為他們這一生中重要的轉捩點。他們全都已經望穿秋水了好幾天，天天都期盼著看到起飛的擎天神火箭，只不過事與願違，他們迄今只看到擎天神坐在那兒像尊佛似的，動也不動，只會在陽光下噴一噴液態氧的煙塵。即便在數英里外，擎天神火箭看來依舊氣勢磅礡，就像蓋在海邊的一棟摩天大樓。你會有一種它是個固定地標的錯覺，你根本很難想像這麼大的東西，會在稍後的轟然巨響中起飛離地。

緊張兮兮的沉寂，降臨在了觀賞區，原來是數位鐘從原本的T－4又動了起來，這是新視野號第一次與真正的發射如此接近。

此時在擎天神太空飛航指揮中心，艾倫人在他的控制台前。一切看來都進行得如此順利，唯一能雞蛋裡挑骨頭的，只有一個算是迷信的小毛病。艾倫手拿著他專門用來記錄每一次倒數演習與模擬的原子筆，仔細寫著一些筆記，但寫著寫著，就在正式發射的幾分鐘前，這枝筆竟然沒水了。「什麼？等等，這個節骨眼給我沒水？」他心想。但這個想法只是一瞬間，他馬上就甩開了這個看似不吉利的徵兆。

時間從剩下四分鐘倒數到剩下三分鐘，然後兩分鐘，一分鐘。到了臨發射的最後確認，艾倫與每一位發射經理都給出了肯定的Go，然後隨著他的職責已盡，倒數時間僅剩三十秒的時候，艾倫站了起來，脫掉了耳機，全力衝刺到一處他稍早發現的暗門，那是全擎天神太空飛航指揮中心僅有通往外界、沒有上鎖的門徑。

門外的觀賞區，所有人屏息以待，眼看著倒數進入以秒為單位的最後階段。發射團隊的評論從擴音器裡傳出：

「第三節回報Go。」

「收到。」

「倒數二十五秒。」

「狀況檢查。」

「擎天神Go。」

「半人馬Go。」

「新視野號Go。」

「發射倒數十八秒……」

「……十五秒……」

「……十一秒……」

進入到T－10秒的階段，群眾情不自禁地加入了司儀，大家一同放聲吶喊：「四……三……二……一！……」倒數的秒數正式歸零，巨浪一般的煙霧與蒸氣從火箭的基座射出，擎天神底部冒出閃瞎人的光點，然後只見火箭位置開始移動，亮光處從點擴大，變成由白熾構成的圓錐。短短不到兩秒，加速的火箭就正式脫離高聳的發射塔。新視野號正式升空！

發射的司儀強調了這個瞬間說：「航太總署的新視野號太空飛行器起飛，並以十年的時間航行到冥王星暨其以外的地帶！」

在司儀的介紹聲中，巨大的擎天神火箭開始瘋狂向上加速。其底部的火焰拉長到箭身約兩倍的長度，但更令人感到不可思議的，是火焰的亮度：即便相隔數英里，肉眼直視還是會痛。但你就是會不忍心移開視線：那一幕真的太懾人心魄了。火箭升空的目的，是為了讓飛行器踏上人類有史以來最遠的一趟探索之旅。這明明就是科幻小說的情節，但又真真切切地在你面前上演！

對於在場的每個人而言，發射的頭幾秒是全視覺的體驗，因為數英里外的現場聲音，一下子還傳不到我們身邊。但給音速一點時間，擎天神發出的轟隆巨響就排山倒海地席捲了各個觀望處。你若是去聽過真的很吵的搖滾樂團演唱會，而且還砸錢買到了搖滾區的票，或是你去參加過有高性能戰機的軍事航空展，聽過推進器的「打雷聲」，那你就會比較能想像當時的聲浪是如何用強烈、低頻與細碎的抖動在搖晃著人的身體。一時間所有的頻率都震盪了起來，你身體的每個細胞都產生了律動，然後只見擎天神火箭扛著珍貴的新視野號，抵著連聖母峰都難望其項背的煙柱愈飛愈高，接著拉出一道超音速的弧線，讓大西洋上空成為探險的起點。

此時在擎天神太空飛航指揮中心，陽台外頭站著艾倫的身影。他一個人一雙眼，看著自己的心血結晶被點亮了生命，然後像一把利刃一樣畫破天際，直插入蔚藍的無垠。他知道在這麼近的距離下跑到室外，違反了一堆規定。但整整十七年的嘔心瀝血，你讓他如何甘心在螢幕上看著夢想起飛。沒有人，比他在更近的地方看著新視野號升空。伴隨音波席捲他的肉身，迫力一秒比一秒更強，他不斷對自己重複著同一句話：「飛吧，寶貝，飛吧——為我們爭口氣！」接著擎天神便消失在雲層之後，展開了向東而行的「重力轉向」（gravity turn）[19]。艾倫衝回室內，加入控制中心的發射團隊。他戴上了耳機，重新進入了工作模式。

19 譯註：在大氣中飛行的火箭利用地球重力使速度方向慢慢改變的做法，稱為「重力轉向」。

發射團隊小心翼翼地監控著火箭的各個系統與飛行路徑，並持續比對測量到的數據與擬定的計畫，每逢一個小小的里程碑，便低調地勾一下。就這樣一步一步，發射的過程持續朝太空的方向累積里程。

發射完經過一百零五秒，擎天神第一節上五枚巨大的固態燃料推進器在當完挑東西的苦力之後，正式與箭體脫離。透過雙筒望遠鏡，你可以看到五枚小小的白針在空中翻滾，然後墜落，至於拋下它們的擎天神仍持續爬升，其穩定的光輝最後慢慢消失在某片高空的雲層裡面。那是人類能看到新視野號的最後一眼——永遠的，最後一眼。

三分鐘後，火箭所在處的高度已不存在空氣阻力，所以用來擾流的鼻錐已經脫離，獨留新視野號在擎天神巨大的箭身尖端，赤裸裸地呈現在外。換句話說，新視野號終於進入了太空——這個它所有設計的預設環境。

在四分半後，擎天神火箭第一節的燃料耗盡，隨即脫離。而擎天神火箭代號半人馬的第二節已經接棒點火，然後燃燒了將近五分鐘，提供加速度給自己、第三節火箭、新視野號，以便這三者能以一萬八千英里（約兩萬九千公里）的時速進入繞地軌道——此時距離在發射台起飛，才比八分鐘多一些而已。

在擎天神太空飛航指揮中心，一台台顯示器上的數據，顯示擎天神已經確認進入軌道。而看著看著，艾倫突然感覺一隻手拍在他的背上，然後是航太總署發射主任歐瑪．拜耶茲（Omar Baez）那友善的嗓音：「歡迎來到太空，史登博士。」

這時的新視野號，正在超過一百六十公里的高空繞著地球跑，先飛越了大西洋，然後是北美洲。其永恆的太空之旅，現在才是第一個小時而已。

跑著跑著來到半個地球以外，中東的上空，半人馬火箭與新視野號來到了數學計算引擎必須重新點火的地點。半人馬火箭第二次點火，是為了將飛行器推送到朝木星行進的路徑上。此時在擎天神太空飛航指揮中心的遙測，顯示半人馬二度點燃成功，時間也完全符合進度。十分鐘後，完成任務的半人馬火箭從第三節火箭脫離了。而剩下的第三節火箭與新視野號飛行器，如今已具備脫離地球引力的逃逸速度，但這樣的速度還不足以飛抵木星，乃至於冥王星。惟在半人馬火箭脫離的三十四秒後，波音製作的第三節星辰四十八型火箭準時爆發。雖然僅短短燃燒了八十四秒，但其完美的表現已足以讓新視野號加速到十四倍的重力與設計好的終速——這終速比所有人類發射過的飛行器都快。

在擎天神、半人馬與星辰四十八型這三節火箭的鞠躬盡瘁下，新視野號終於開始無聲地呼嘯而去，遠離地球，奔向木星。

對在馬里蘭州任務指揮中心的艾莉絲·波曼來說，勝負的關鍵發生在幾秒鐘之後。她等待的是新視野號開啟無線電發射器，然後應用物理實驗室接收到來自飛行器的遙測數據。艾莉絲回憶說：「發射成功雖然也讓我們歡呼，但接收到遙測數據後，才讓我們真正拉開嗓門狂叫，因為我們這才確認飛行器撐過發射的過程，如今一切安好。飛行器沒事，代表我們的任務正式成立，我們這才噴起香檳！」

接下來短短幾分鐘內，追蹤數據顯示剛剛的發射「正中紅心」，目標的鎖定甚至比發射前的預測更優秀。新視野號不僅運作毫無瑕疵，而且飛行的方向還完全在規畫的路線上。

艾倫一在通訊迴路上聽到報告，就把剛剛沒水、讓他擔心的筆給扔到了垃圾桶裡。擎天神太空飛航指揮中心爆出真正的歡呼、擁抱，一間間控制室裡握手的握手、擊掌的擊掌。

他們辦到了！克服了一切的困頓、掙扎、懷疑、唱衰，十七年份的種種挑戰，他們辦到了。他們讓一艘無人太空船飛離了地球，前往冥王星系統進行窺探。這艘太空船所乘載著的，不僅是各種設備與儀器，也是新視野號團隊與廣大科學社群對能在那兒做出發現的希望。眾人的希望是在十年之後，在四十八億公里外，寒冷的外太陽系彼端，人類能得到夢寐以求的新知。同時漂浮於無聲無重太空中的新視野號上，還有些許克萊德・湯博先生的骨灰，就好似他也搭乘著新視野號，朝著他多年前發現的那顆行星疾馳而去。

海灘上的營火

那一夜，感覺整個佛羅里達太空海岸（Florida Space Coast）都成了一場獻給新視野號的狂歡派對。街上的車子喇叭大作。陌生的人與人在路上相擁，慶祝的場面隨時隨處上演。

不過說到真正最大的慶祝派對，地點得拉到可可亞沙灘南邊的大西洋岸邊，那有一棟摩天樓飯店。因為在控制中心被記者的問題拖了點時間，所以當艾倫到場時，派對已經堂堂地展開了，包括酒吧也已經開店，做了好一會兒生意。現場氣氛好到不行。

那天晚上除了歡天喜地，還是更多的歡天喜地。最後大家實在嗨到不行，一群人聚到了營火的火光與煙霧四周，那是在飯店後面的海灘上，在酒桶形狀的大垃圾桶裡，有人點起了營火。營火周圍的人都沒有空手，他們有人抓著啤酒，有人點了馬丁尼，有人鍾情邁泰（雞尾酒），而其中也包含一群有餘興活動要進行的天文宅宅。艾倫回憶說：

有人把我帶到營火邊，向我「簡報」了是怎麼回事。原來擎天神火箭的團隊有個傳統，那就是任務成功結束後，剩下那些沒用的緊急應變程序手冊，就會被他們一把火燒掉。把最後一本丟進火裡的榮幸，他們留給了我，而我也義不容辭地照做了——超爽的！我必須說，擎天神團隊把廢棄手冊拿來燒，是好長一段時間都沒見過的超酷慶祝法。

在營火火焰在沙灘上跳躍，火光映在佛羅里達夜空的同時，新視野號正以三萬六千英里（約五萬八千公里）的時速遠離地球，速度快到它抵達月球的時間，比阿波羅任務當年快上十倍——從發射算起只花了九小時。而飛過月球，也代表新視野號進入了行星際的空間，這是它新的歸宿。

第十章

木星，與木星背後的整片星海

學飛

在發射完的興奮之後，群眾散去得很快。而一連串花絮般的公眾曝光，包括新視野號成為報紙頭版、電視新聞與雜誌封面的風潮過去之後，媒體散去得更快。但對新視野號計畫為數不多的的工程師、科學家與飛航控制員而言，真正的工作才正要開始，畢竟怎麼帶新視野號飛到冥王星，這就要靠他們了。

新視野號，曾經只是一個發想，後來變成看衰的提案，再來變成被取消的任務，又變成一場為期四年的瘋狂衝刺，如今終於修成正果，成為一次扎扎實實的太空飛行任務。

艾莉絲·波曼與團隊沒有稍事休息，而是埋頭徹底檢查飛行器，然後令其在太空中開始運作。首先他們得讓飛行器「停止旋轉」。回到一月十九日，從第三節的星辰四十八型火箭脫離的瞬間，新視野號曾經像伊斯蘭教的苦行僧在跳知名的旋轉舞一樣，不斷地旋轉。自旋是故意的，因為固態火箭燃燒時自旋，可以創造出陀螺般的穩定性。發射完後，艾倫在佛羅里達多留了一天，人在飛機上，就無法得知寶貝是否已經通過「停止旋轉」這個重要關卡。在確定寶貝過關之後，他搭機沿東岸北上到應用物理實驗室，在那兒跟控制中心的團隊共度了三周，也等於是跟飛行器「同居」了三周，完成了飛行器的初期檢查與第一次的航道修正，主要是微調其抵達木星的路徑。理論上來講，艾倫這時已經可以回家休息，反正每天都有電話會議，可以把日常的運行問個一清二楚，但他想要親身待在應用物理實驗室，以便保持「高頻寬」溝通，掌握每天說不準會發生的複雜問題。如此有個萬一，他便能在現場集思廣益。

在太空飛行的初始幾周裡，新視野號上的每個系統——通訊、導航、熱控、推進等一干設備——都經過了詳盡的測試，包括他們的備用系統也沒放過。這是很辛苦的過程，當中牽涉到數十道測試的程序，而且每一道都得用無線電傳送給飛行器。每道測試之後，都伴隨著測試數據的傳輸（太空飛行器術語叫做「下行傳輸」或「向地傳輸」）。拿到測試資料之後，應用物理實驗室的工程團隊就仔細檢查有無一丁點的問題或異狀。

在這些檢查進行的同時，新視野號已經距離地球數百萬英里，而艾莉絲與她的操作團隊正學著如何在太空中「駕駛」新視野號。當然，他們在發射之前，都再三演練過各種狀況，但如今才是真刀真槍上場。所以在飛航開始的前幾周裡，不論下令飛行器執行任何新的動作——啟動某個系統、啟動備援系統、以不同的方式作動——操作團隊都感覺像在玩火。

他們最擔心的事情，可以想像，就是新視野號會無法指向地球，或不知怎地失去與地球聯繫的能力。到了那一步，他們等於徹底失去了這台飛行器。像這類的慘劇，寫滿了太空飛行的史頁。航太總署的維京一號太空船（Viking 1）——人類第一個成功登陸火星的著陸器——就在成功落腳火星的六年後失聯。當時有一道軟體更新指令，用意是要修正充電錯誤，但更新內容卻意外夾雜了調整通訊天線指向的命令。失控的指令讓維京一號的碟形天線指向火星地面，導致其再也無法與地球通訊。就這一點失誤，維京一號的任務就夭折了。另外像在一九八六年，俄羅斯的火星探測器弗伯斯一號（Phobos 1）也因為上載的軟體中少了一個字符，整台探測器就脫離掌控，主要是這點看似微不足道的錯誤，造成飛行器關閉了其高度控制推進器，進而使得其太陽能板不再有辦法追蹤太陽。而沒辦法追蹤太陽，弗伯斯一號的電池電力就只能慢慢耗盡。最後俄羅斯也沒能把弗伯斯一號給救回來。不過要說到在太空飛行史上令人痛徹心扉、難堪至極的失敗案例，還是得提一下航太總署的火星氣象衛星，在一九九九年接近火星時下降高度過低，結果直接燒毀在火星大氣。問題後來追出來，有兩組工程師用了不同的單位來計算進入火星軌道的動作：一組工程師用了英制（英尺與磅），另外一組則用了公制（公尺與牛頓）。

你能想像一下提了案子、造出飛行器，然後任務成功地飛到另外一顆行星，結果所有努力卻在最後關頭毀於一旦嗎？午夜夢迴，能讓飛行器操作員嚇醒在一身冷汗裡的，就是這樣的噩夢，所以他們會像有強迫症似地一而再、再而三地檢查每項操作計畫的每個面向。很嚇人但也很真切的現實便是如此，就算你有一群非常聰明、非常投入的人才在做這件事，事情有時候就是會出大包。很幸運的是，對新視野號而言，對隨著新視野號愛上冥王星的二〇一五年人類而言，艾莉絲·波曼的團隊在檢查過程中的操作無懈可擊。

剛開始在發射完的階段，時間會感覺過得很慢，因為飛行團隊得試著慢慢習慣隔空擔任飛行器的駕駛。但隨著慢慢累積信心，隨著系統一樣樣檢查完、沒有異狀，新視野號持續表現正常，時間的流逝又會重新加速起來。

但並不是每件事情都順順利利。僅僅離開地球幾個星期，飛行器的導航系統工程師蓋伯·羅傑斯（Gabe Rogers）就注意到，一對推進器的點火頻率比正常高出許多，後來查出問題是某張試算表上多年前的設計錯誤，而因為這個錯誤，他們採購到了規格錯誤的推進器。在那張試算表上，某位工程師算錯了飛行器的質量與平衡性，而不同於數以千計的其他筆計算，這一筆的錯誤也不知道什麼原因，沒有在一次次獨立的工程審查中被挑出來。所以如今上了太空，推進器只得加班工作，彌補性能上的不足，這就是推進器點火次數變多的真相。推進器原本的設計，是要能點火至少五十萬次才失效，而根據電腦模型計算，在探索完冥王星之後，這樣的次數至少還能剩下一半。但如今因為過於頻繁的點火，在飛掠冥王星前，這些推進器將點火超過一百萬次。喔喔。

為了亡羊補牢，團隊加入了新的控制方式，嚴密控管飛行器日後轉動的次數，藉此預留這對推進器的轉動次數，同時也加入備用的推進器，一起分攤工作量。雖然備用推進器也一樣規格不符，但因為輪番上陣，加上所進行的作動獲得嚴控，所以飛到冥王星之前，操作團隊將主副各一組推進器的點火次數，控制在五十萬次的「保固」以內。咻，這回算是逃過一劫，經驗值入袋。但這也意味著從現在開始到任務的終曲，飛行團隊都有這個小疙瘩得忍耐。

起飛後前幾個星期，另外一項重要任務，是最佳化前往木星重力彈射的路徑，也就是要把飛行方向瞄得更準一點。在為期兩周內，團隊對新視野號進行了仔細的無線電追蹤，再配合對軌道的計算後，他們得出了結論，擎天神號很顯然將新視野號放到幾近完美的路徑上，這代表飛行器的引擎只需要稍微點燃、修正極小幅度，任務的指向性就臻於完美，由此調整軌道所須耗用的燃料，將遠低於推進系統在設計時的配置。這些省下來的燃料，讓團隊都給收到口袋裡了，這要嘛可以供他們在六月份飛掠小行星，要嘛冥王星號在過了冥王星後，還能在古柏帶中走遠一點。

在這二者的選擇中，艾倫發揮了遠見——他選擇將省下的燃料留給古柏帶，因為古柏帶也是任務的目標之一——小行星的飛掠聽來唾手可得、十分誘人，但那並不是任務的初衷。

為了微調飛往木星的路徑，導航團隊估計，需要靠引擎調整飛行速度，僅僅每秒十八公尺，換算成時速就是大約四十英里。這真是不錯的成績，畢竟新視野號平日的速度可是每小時四萬英里！這調整幅度小歸小，但要是放著不處理，區區每小時四十英里的差異，從現在開始會一直累積到抵達木星——從此刻到二〇〇七年三月一日為止的每個小時——積少成多變成四十萬英里的誤差，這最終又會讓新視野號偏離冥王星數百萬英里！

為了讓任務的第一次路徑修正不出亂子，團隊將調整過程區分成兩個階段，首先他們讓飛行器引擎輕輕地點燃一下，讓秒速修正五公尺。這算是牛刀小試，主要是測試一下引擎的狀況，看看是不是一切正常。一但遙測回傳的數據顯示沒有異狀，工程師們就會在數日後的第二階段接續未完的調整，讓新視野號完美地符合從木星轉向冥王星的軌道。

飛行器既已「體檢」完畢，藉引擎作動來調校飛行路徑的工作也大功告成，那就代表新視野號團隊可以騰出手來，好好檢測那七種擔任人類耳目與靈鼻的科學儀器了。每一種儀器相應的科學團隊，都遵循了一系列嚴謹的步驟來開啟感測器，確認電腦運作正常、工作溫度正常，另外也測試了儀器電力供應無虞、且能與飛行器的主副系統溝通順暢。再來在三具望遠設備——愛麗絲、瑞夫、蘿莉——前方保護門都於此時開啟。每項儀器都經過測試，判定其運作與在地球上無異，包括試著將它們指向用以校準的目標，像是天上亮度已知的特定行星。

在為期數周的跨度中，全數七種科學儀器都順利通過了測試，只不過蘿莉在測試時曾經虛驚一場。我們知道蘿莉是種非常強大的望遠相機，問題是在某次測試時，蘿莉不小心直接指向了太陽數秒。就像人透過望遠鏡直視太陽，眼睛有可能瞎掉一樣，蘿莉裡的相機也可能「失明」。當然，新視野號上有飛行軟體，會避免這種情況發生，但這軟體也同樣在設計時出了點小差錯。若把這款防呆軟體的操作邏輯翻譯成白話，那就是：「任何時候瞄準目標，都要至少與太陽保持二十度的角度差距，否則就放棄瞄準這個目標。」但在蘿莉作動去瞄準目標時，這軟體並不會去確認其過程中會不會掃到太陽。而就那麼不巧，在團隊測試蘿莉的表現時，飛行器的方位掃到了太陽，蘿莉因此在轉彎時，短暫地直視了太陽。感覺到太陽的強光，蘿莉於是自動關機來保護自己，但陽光仍已趁隙灌進蘿莉的望遠鏡筒裡。

最後蘿莉並沒有受傷，但不變的事實是，軟體沒有盡到「看門狗」的職責，鏡頭直接掃過陽光來向的事件不該發生，但還是發生了。這讓大家嚇出了一身冷汗。為此飛航控制團隊重寫了新的保護軟體給蘿莉與其他儀器，就是不想再讓任何一款機器陷入相同的險境。

在事後的檢討大會上，新視野號的冥王星飛掠任務經理，馬克・賀德里基（Mark Holdridge）對艾倫說：「嗯，我們真的是逃過一劫。我真的覺得還好我們發現了這個問題。然後**敲敲木頭**[20]，老天保佑我們不要再遇到這樣的事情。」一邊聽馬克這麼說，艾倫邊看著任務控制中心四周，然後他突然意會到，那兒的每樣東西都是人造的。那兒根本沒有木頭可以敲！所以他後來把廚房的木頭砧板給帶了來，並鋸成了三英寸見方的木塊。他在每一塊木頭上都貼上了新視野號任務的貼紙，然後底下安了一個小小的名牌上印著：需要為新視野號敲敲木頭嗎？這兒有喔，二〇一五年之前不准丟掉！艾倫共帶了十二塊這樣的小木板，四處送到新視野號的控制中心。整趟冥王星之行期間，這些小木板都以中心的控制台與辦公桌為家。

如今冥王星之旅已經進行了幾個月，事情看起來相當順利。但是人生就是會有這個但是，話說有件怪事，此時正在歐洲蠢蠢欲動。

20 譯註：英語俗諺有云 Knock on wood，即西方人習於敲敲木頭來祈求好運。

冥王星被逐出家門——二〇〇六年

二〇〇六年的八月，新視野號發射才短短七個月，國際天文聯合會就在捷克的布拉格召開了一場會議。這場會議之所以值得一提，是因為「行星」一詞的定義，在此歷經了一系列的投票表決。

慢慢揭開古柏帶的神祕面紗，人類發現那兒充斥著許多結冰的小體積行星，與冥王星神似的這些小個子行星，既非如木星是氣態的巨行星，或如海王星是冰巨星，也不像金星、地球與火星一般，是以岩石為主的類地行星。弄了半天，冥王星在其所在之處，並非一支獨秀地是個老大哥，它只不過是最早被發現、在亮度上略勝一籌罷了（亮，所以好發現），但它其實只是一群新世界裡的其中一名成員而已。在此同時，於遙遠的恆星周邊，還有許多其他不同類型的新形態行星也不斷為人類所發現——有些跟木星一樣大，甚至於比木星更大。要在其他恆星周圍發現小一點的行星，受制於現在的科技，還有些困難，但一路以來（到現在），人類都普遍預期可以在遙遠的恆星周圍發現小個子的行星，這只是時間的問題。

在古柏帶「豐收」的新小型行星，長時間都被不少行星科學家稱為「矮行星」（dwarf planet）。這個詞，是一九九一年艾倫在一篇研究報告中發明的，當時他以數學計算出太陽系可能內含多達一千顆這樣的星體。他之所以選擇「矮行星」一詞，是因為想對應恆星界已廣為人接受的矮恆星（dwarf star）。事實上我們的太陽就是一顆矮恆星（黃矮星），而矮恆星也是宇宙中最常見的一種恆星。

然後在二〇〇五年，發現了古柏帶一顆後來被命名為鬩神星（Eris）的矮行星。發現它的加州理工科學家麥可．布朗（Mike Brown）認為鬩神星比冥王星還稍大一些（這點後來證明有誤）。鬩神星發現一事的化學反應，使國際天文聯合會任命了一個行星定義委員會，成員包括曾獲獎項肯定的科學作家達瓦．索柏（Dava Sobel），另外再加上六名資歷顯赫的天文學家。在經過長時間的諮議與辯論後，此一權威的委員會提出了一個直截了當的行星定義：「行星乃是依照軌道繞行任一恆星的物體，且其體積或質量需大到足以用重力讓自身接近圓形，但又不能大到啟動核融合而晉身為恆星。按照這則定義，再配合上眾多行星科學家的想法，古柏帶的矮行星被承認為一種新的小型行星分類。

但接下來發生的事情，就不只是有點怪而已了。早在一九八〇年，眾所周知英國天文學家布萊恩．馬斯登（Brian Marsden）就曾告訴克萊德．湯博，說在他看來冥王星算不得行星。馬斯登還說他的志向，就是要讓冥王星被「正名」為小行星，藉此，抹消湯博的歷史貢獻。我們問了一些人，但沒人記得馬斯登為什麼充滿敵意，但大家確實表示，出於某種原因，馬斯登看湯博不順眼就是了。於是就在二〇〇六年，國際天文聯合會的大會上，以馬斯登為首的一群天文學者先以程序問題做為手段，反對國際天文聯合會委員會所提的行星定義。再來他們丟出了一系列急就章拼湊出來、粗製濫造的修正案與新定義，結果全數遭到投票否定。但這群人仍不死心。到了為期一周會議的最後一天，多數與會者都已經提前離開（國際天文聯合會的成員僅剩百分之四），少數帶著倦容留下來的會員將投票表決，是否要用新的定義取代其內部委員會精心擬好的行星定義。

很不幸的是，這個將交付表決的新定義，既不嚴謹、也不合理、更談不上優雅。而這定義一經通過，後果便是冥王星等矮行星、外加繞行其他恆星的所有行星，統統被逐出了行星的大家庭。那一日在國際天文聯合會上，草率的投票過程在國際上惡評如潮，程序上的缺陷幾乎是所有人的共識。這個蒙混過關的定義，既未能得到為數眾多的天文學者認同，更令一群特定的行星專家——也就是行星科學家——一整個義憤填膺。

認真說，這個新的定義漏洞百出。比方說它有一條規定是行星必須繞行我們的太陽。這簡直犯蠢，因為這等於徹底昧於宇宙充滿（太陽）系外行星這一令人振奮的發現。事實是，幾乎每顆恆星都有行星繞行。要是按照這個定義，那行星就等於成了太陽系的專利，亦即出了太陽系，宇宙間再無行星。這個定義的另外一個問題，是有人為操控行星數目之嫌。他們刻意將行星的數目壓低，理由是讓小學生記憶的負擔減輕（沒錯，這麼好笑的理由，他們提出的時候可是煞有介事，表情一本正經）。而正為了減少「冗員」，他們規定行星必須將所處的地區「掃蕩乾淨」。這種思維本身就很妙。因為我們要決定一個物體是不是行星，難道不應該專注在這物體本身的特性上嗎？為什麼我們要去管它附近有或沒有什麼東西呢？但國際天文聯合會的定義才不管這個物體長得什麼模樣、也不在乎它有什麼樣的性質：比方說它有沒有大氣層？有沒有衛星？有沒有山川與海洋？他們的定義所在意的是：這物體位在什麼地方？它繞行運轉的是什麼對象？它軌道附近有或沒有什麼東西？按照這種定義，地球要是外頭圍繞著一團碎片（事實上地球出現的前五億年確實如此，甚至今天你也可以說地球外頭繞著各種殘骸），那就連我們自己的家，都不能算得上是行星了。這組定義原本已經夠爛，雪上加霜的是馬斯登還額外補上一刀。在決議文的尾聲，馬斯登這夥人額外加了一條純粹是洩恨用的廢話：「矮行星不是行星。」靠著這句廢話，馬斯登完成了他長久以來的夙願：冥王星在天文學者的眼裡，或是在天文學的文本裡，都不再是顆行星了，而克萊德．湯博的歷史定位，也就此抹消。

國際天文聯合會的荒謬表決，引起媒體間一片譁然，而其報導的重點放在冥王星的「降級」。降級在此並不是個中性的字眼，降級意味著地位遭貶，意味著重要性大不如前。

惟真相很快地就浮出水面，外界開始意會，有心人想把新的矮行星分類逐出行星之列，冥王星與其同類便會從太陽系的重要星體之列除名。

天文學者在布拉格投票投成這樣，消息傳到了新視野號團隊這裡，各種反應都有。有人覺得無所謂（誰在乎天文學家怎麼想？他們又不是行星專家），有人覺得莞爾、有人覺得煩躁、有人真心覺得火大。法蘭．貝格納說得一針見血：「矮人也是人，矮行星也是行星。以上。」

許多行星科學家很不能接受的一點，是主流媒體的報導方式。不少新聞機構把這次問題百出的分類當成既成事實報導，未經查證就全盤接受國際天文聯合會的權威。話說國際天文聯合會是以天文學者為核心的組織，行星科學家並非其主力，他們不見得有權威可以定義像「行星」這麼個常用的單字。

投票完的兩周後，數百名行星科學家——人數超過在布拉格投票的天文學家總數——簽署了請願書。他們的訴求的是國際天文聯合會的定義瑕疵太多，所以拒絕使用。媒體大多對這次請願視而不見，原因我們並不理解。總之因為這次莫名其妙的投票，冥王星在不少民眾的想像中成了顆小行星，但冥王星真的是一顆貨真價實、「小型」的行星。

長路迢迢

天文學家的蠢事暫且按下不表，新視野號團隊還是得迎接非常忙碌的二〇〇六年。總的而言，將近十年的冥王星航程可區分為兩階段，且各自有不同的特色、工作內容以及節奏。用來衝刺到木星的十三個月中排滿了飛行器的調度、初始路徑修正、觀測儀器的部署與校準，還有一票關乎如何飛掠木星的規畫活動。在通過木星之後，新視野號將以八年的時間航向冥王星，期間飛行器多以冬眠度過每一年，而在地球上的任務團隊，將利用此時規畫冥王星的飛掠事宜。多年前當湯姆·考夫林在新視野號計畫經理的職位上退休，由葛倫·方騰接手之際，艾倫曾分別為兩階段航程命名，藉此褒揚這前後任的兩位計畫經理：飛到木星這一段，被稱為「湯姆的巡弋」（Tom's Cruise），而從木星到冥王星這段，則被稱為「葛倫的滑翔」（Glen's Glide）。

隨著新視野號展開漫長的太空之旅，計畫團隊也順勢大幅縮編。從發射回推的四年是一段

「建軍」的過程，期間超過兩千五百名專才參與了飛行器的打造、測試與發射，另外還有地面系統、放射性同位素熱電機與火箭部分的團隊同仁。但發射之後僅短短一個月內，大部分的計畫成員就都失去了功能性與必要性。由是他們紛紛轉往其他計畫效力。如果原本的新視野號計畫是一座大城，現在的新視野號計畫就是一座小鎮。

在航向冥王星的長路迢迢中，稱得上必要的只有骨幹的飛航控制與規畫人員、一小批工程背景的「系統擔當」、兩打的科學團隊成員，與科學團隊合作的器材工程組員，還有為數不多的管理層。艾倫回憶說：「發射之後短短幾周，大家幾乎都各奔西東。計畫規模一下子縮水成剩下五十顆按鈕搞定。一夕之間舉目四望，我赫然發現：怎麼只剩我們幾個小貓兩三隻——一個頗為袖珍的團隊——十年內要讓這架東西飛完三十億英里，最後還要飛掠一顆素昧平生的新行星，就全看我們的了。」

你可能會以為地球到冥王星這麼遠、飛行的時間又長達十年，團隊成員應該會無聊到死、每天上班不知道要幹什麼好吧。但實際上隨著各種程序的日益自動化，加上原本的計畫就是讓飛行器冬眠度過大部分的時間，所以新視野號任務的團隊規模僅是航海家任務的十分之一。航海家計畫動用了多達四百五十人的大陣仗，我們才幾十個人要搞定一切。而正因為人力如此精簡，對新視野號團隊而言，這仍舊是極為充實而忙碌的十年。

要說忙，航程的第一段算是忙中之忙。十三個月內要趕到木星，時間不是普通的趕，而要做完的事情之多，可謂「國事如麻」。哈爾．威佛回憶說：

聖經上那些疲累的人來到這裡，肯定沒得安息還不得安寧。在我們檢查完飛行器、問題排除完、第一段航道修正完、儀器酬載也確認完畢之後，接下來的行程依舊多如牛毛，主要是我們得立馬開始規畫並執行複雜的木星飛掠。我們得在木星附近把飛行器導引到太空中一個正確的「鑰匙孔」中，這才能讓新視野號從那兒第二次出發、朝冥王星飛去。另外我們還打算在飛過木星時，把規畫中冥王星飛掠的所有步驟與流程都演練一遍。還有就是我們希望木星的飛掠，可以在科學研究上取得重大成功。這一切的一切從籌備、測試與執行，都得在短短十三個月全部完成。

另外一個比較中長期的任務，是要在這十年間維繫住團隊記憶——這包括飛行器與科學儀器在建造與操作時的種種細節，都要加以保存。這件工作之所以重要，是因為新視野號任務九成以上的原始班底，都在發射成功後改投其他計畫。十年一晃就過去了，萬一到時候飛掠任務進入緊鑼密鼓的階段，計畫又需要人手了，但招兵買馬來的卻是一群從未參與過飛行器設計與製造的菜鳥，新視野號團隊該如何是好？為了未雨綢繆，以最保守的態度，為前方的漫漫長路做好最壞的打算，新視野號團隊行事很認真，飛行器與任務控制的每個環節，都先鉅細靡遺地做成了紀錄。再者，他們提前為八、九年後要招募的新血，規畫好了教育訓練。三來，他們替任務控制與新視野號模擬器製作了庫存備用的零件。最後，他們甚至還拍攝了（課堂授課風格的）影片，來描述飛行器與任務控制的所有工作細節。

這些打鐵趁熱的紀錄工作。為任務寫日記、以便為遠方二〇一五年做好準備，都只是額外的工作，他們包括學習駕駛新視野號、完成飛行器與科學儀器檢查確認，以及規畫與木星會合的事宜在內的種種本業，每一樣都還是要扎實做好的。哈爾·威佛是對的：至少整個二〇〇六年與大半的二〇〇七年，疲憊的人將無法安歇。

來到木星身邊

對於科學與任務指揮團隊而言，二〇〇六年底最重點的工作，就是要為二〇〇七年的木星飛掠擬定計畫。飛掠木星之所以關鍵，有三點原因。首先也最重要的一點，在於他們必須在剛好的時間、來到剛好的木星瞄準點，然後穿過太空中一個微小的空間窗口。唯有如此，朝著冥王星而去的重力輔助才能順利到手。要是這個嘗試失敗了，那新視野號就會飛到別的地方去，冥王星任務也就宣告壽終正寢。第二，木星是冥王星之前唯一的中繼點，所以想讓新視野號練習與行星交會，也只有這次機會，包括實際來測試各個系統的運作，也讓所有的科學儀器嘗試觀測木星與木衛。在眾多測試之中，有一樣測試目標是新視野號到了冥王星時，它會需要的光學導航能力。木星飛掠是難得的機會，在連續影像中，以遠方的星體做為標竿，可以比較木星位置的變化，操作團隊便能在精確範圍與瞄準點偏移的判讀上有所精進。

艾倫就練習操作飛行器一事，向團隊說明了他對於木星飛掠的期待：「我們這次的目標是讓飛行器進行各種嘗試，藉此來增進我們對於飛行器的認識。等將來到了冥王星，我們的目標就是使盡渾身解數來了解冥王星，到時候我對飛行器會絲毫不感興趣——我們對飛行器需要了解的東西，必須全部在木星這裡解決。唯有如此，我們才能在冥王星飛掠時，表現得完美無瑕。」木星飛掠的第三項，也是最後一項，就是要盡可能利用這次機會來了解木星系統——自二〇〇〇年，卡西尼號在前往土星途中經過木星後，這是航太總署再一次有飛行器通過木星——人類可以對於木星、幾顆大型木衛，還有對木星那由帶電輻射所構成的巨大磁層繭，都可以透過這次飛掠，得到進一步詳解。

在很多方面而言，新視野號性能都遠勝之前來過木星的飛行器，而新視野號團隊也很期待，能利用這七款尖端科技，看怎麼精進人類對木星的認識。人類之前不是沒有近距離觀察過木星，甚至我們也長期監測過木星系統。但木星系統是個極其複雜、且不斷在改變的地方，所以若能在二〇〇七年再一次探測，對人類來說極具價值，尤其這次有強大的新儀器派上用場。

行星地質學者傑夫．摩爾做為新視野號地質與行星物理學團隊的組長，當仁不讓地號令起了簡稱ＪＥＳＴ的「新視野號木星遭遇科學團隊」（New Horizons Jupiter Encounter Science Team）。傑夫是木星探測的老鳥了，他曾以研究生的身分參與過航海家號任務，也曾在一九九〇年代效力航太總署的伽利略號木星軌道衛星計畫。

新視野號的「木星遭遇」任務規畫，在儀器檢測與校準剛完成的二〇〇六年秋天，進入了高速衝刺階段。因為對新視野號而言，其從木星望向冥王星的瞄準點，距離木星本身非常遙遠——足足有四百萬英里遠（約六百四十萬公里）——所以新視野號將難以掠近任何一顆木衛，每顆木衛都靠木星距離很近。所幸靠著新視野號上的望遠設備，人類還是可以對各顆木衛進行重要的觀測與發現。

在這當中有一項目標很值得一提，就是要對大小與冥王星相當的木衛一埃歐進行為期數周的火山運動觀測、並做成紀錄，因為木衛一擁有傲視全太陽系的火山運動強度（地球跟它都沒得比）。另外一項工作則是要對木星上一個個激烈的暴風系統，進行類似性質的多周觀測紀錄。伽利略任務之所以留下這兩個任務未竟，是因為其天線掛了，所以資料回傳遇到很大的狀況。

除了望遠設備的實力之外，運氣也站在新視野號這一邊，因為它在飛越木星之後的航程，扎扎實實有一億英里（約一億六千萬公里）都飛在木星那激動的磁層尾巴之中。這為冥王星周圍太陽風分析儀與冥王星高能粒子光譜科學調查儀創造了條件，供它們對這顆巨行星的磁層進行前所未見、完全不同等級的觀察。之前沒有過這樣的觀察，是因為從未有飛行器能如此深入巨行星的磁層當中。全部加起來，新視野號針對木星規畫了將近七百筆觀察，七種酬載儀器都有得忙。

在飛掠之前、之際與之後，對木星進行觀察的飛掠任務，會從二〇〇七年的一月進行到六月，而最後結果極其成功。導航團隊精準地讓新視野號飛越了瞄準點，同時所有交由飛行器與科學儀器進行的許多測試，其收穫也都非常令人滿意。新視野號得以蒐集到各式各樣的科學觀測紀錄，而這也讓新視野號登上了聲譽卓著的《科學》雜誌封面。

或許，在木星飛掠時，新視野號所達成最令人目眩神迷的成就，純粹應該歸功於單純而無腦的幸運。在就飛掠過程進行規畫時，團隊意會到他們可以針對細瘦、由塵埃構成的木星環進行若干關鍵的嶄新研究。問題是，新視野號團隊裡並沒有人是這個領域的專家。於是團隊延聘了行星環專家馬克．修瓦特（Mark Showalter）來助他們一臂之力。修瓦特的規畫是讓蘿莉的相機趁木衛一埃歐穿越主環喬維安環（Jovian Ring）的前方時，拍攝共五格的影片。他的想法是埃歐以木星環為背景、發生掩星現象時，趁機製作出高解析度的木星環系統地圖。但等這些影像回傳到地球上時，團隊成員很驚訝地發現，原本目標達成以外，這一系列影像還誤打誤撞地捕捉到了埃歐上特瓦史塔火山（Tvashtar）的爆發過程，埃歐的北極噴出了壯觀的羽狀岩流。之前已多次拍攝過木衛埃歐的火山，包括航海家號與伽利略號都捕捉到過岩漿像羽毛一樣射進太空！但在新視野號之前，對地球以外的火山噴發，人類從未拍攝到縮時影片過。那效果好得出奇——璀璨炫目的岩漿噴泉由埃歐高拋至太空中，然後再以飛彈彈道一般的曲線墜落回埃歐表面。此一紀實在科學上值得用心窺探，在視覺上令人無比讚嘆。

會扎人的木星

我們之前提到過，輻射會損害飛行器上的電子設備，而就在與木星達到最短接近距離的幾天之後，我們既沒想到、也不想看到的事情發生了。新視野號遇上了所謂的「安全模式事件」（safing event），亦即飛行器有某個環節出了差錯，進而觸發了某硬體進入安全模式——進入此模式，出亂子的系統就會關閉，對應的備援系統就會啟動上線，然後飛行器就會以無線電回報地球、等候指示。安全模式對不少飛行器來說，都算得上是常見的事情，其設計就是要避免飛行器做出問題或傷害進一步擴大的行為，並給地球上的人類一個了解問題、解決問題的空間。

艾莉絲・波曼的任務指揮團隊在收到新視野號回傳的遙測結果後，開始了解狀況，而他們發現問題出在業已重開機的主飛航電腦上。非常類似的情形，也曾經發生在新視野號開始接近木星之際。短短三個月內連續兩次類似的情形，很難不令人擔心。然後事隔幾個月，同樣的狀況第三度上演——這次又是沒來由地主電腦重開機，也又進入了安全模式。一開始在團隊裡，有些成員擔心主電腦正在慢慢失靈，搞不好撐不到冥王星。但隨著任務繼續推演，這樣的事件繼續發生，團隊成員們發現每兩次事件間的間隔愈拉愈開。工程團隊於是發展出了一個理論，主電腦並沒有失靈，而是木星強大磁層裡的帶電粒子在導致重開機。他們的假設是假以時日，造成重開機的電子迴路，會從輻射造成的傷害中復原。果然等到新視野號飛抵冥王星時，主電腦已經保持數年未再重開了：原本扎人的木星，慢慢不刺了。

開始冬眠

假設你在二〇〇六年一月份購入一台電視機，然後你希望它撐到二〇一五年中還能看，那你覺得下面哪一種作法比較理性？一個是整整九年半都讓它開著，另一個則是除了偶爾打開確認沒壞以外，基本上一路到二〇一五年都讓它關著？從工程師的角度去看，成功機率較大的顯然是後者，而這也就是飛行器冬眠的概念。別看不起冬眠，這可是自木星彈射以來、新視野號團隊又一項重大任務。事實上冬眠的能力，算得上是新視野號走在科技尖端的創意設計，在一年中的多數時候，關掉飛行器上多數系統，藉此將抵達冥王星前的各種磨耗壓到最低。藉由冬眠的「凍齡」效果，新視野號到達冥王星時的實際年齡或許是九歲半，但以其累計的開機時間來算，多數重要系統的「身體年齡」會只有三歲半。這等於它們年輕了六歲，也代表它們比較強壯，在飛掠冥王星時比較能有巔峰的表現。

設計用來讓新視野號冬眠的軟體，是寫於發射前，但在戈達飛航中心的期間，這軟體只接受了幾天的測試。因為飛行器的冬眠期間一般得長達數月，所以團隊的打算是讓新視野號由短而長、慢慢適應冬眠，以便團隊分階段確認飛行器不會在冬眠期間出現狀況。

二〇〇七年夏天的第一次測試僅為期一周。脫離冬眠狀態後，新視野號便將所有儲存下來的遙測情蒐回傳地球，由工程師來評估冬眠的過程是否順利。而最後工程師的判斷是沒有問題，於是乎飛行器得到了一個將冬眠延長至數周的指令。數周冬眠後回傳的資訊，也經工程師確認可行之後，地面團隊便嘗試讓新視野號的冬眠延長到十周，十周再變成四個月。隨著信心不斷增強，團隊也慢慢將單次冬眠的長度再抽長到七個月。

從二〇〇七到二〇一四年，凡遇新視野號冬眠，任務團隊就可以暫時卸下飛行器的褓姆工作，專注於冥王星飛掠任務的繁複規畫上，而那也正是我們下一章的內容。在冬眠與冬眠之間，飛行器會被喚醒、進行詳實的檢查與儀器的校準，乃至於執行飛行沿途的科學觀測。另外時不時，新視野號也會於此時軟體更新、為程式除錯或為儀器添加新功能。像是一次關鍵的升級，就讓學生塵粒計數器、冥王星周圍太陽風分析儀與冥王星高能粒子光譜科學調查儀等儀器得以保持開機狀態，它們便能在冬眠期間，繼續追蹤太陽系的塵埃與帶電粒子環境，一路追蹤到古柏帶。這算得上科學界在前往冥王星路上的一項驚喜收穫。

第十一章

冥王星飛掠作戰

搶灘冥王星

二〇〇八年初，計畫經理葛倫．方騰擘畫了一個冥王星的飛掠方略，其開展的時間跨度為六年，期間需要新視野號團隊可說每一個人的參與。飛掠任務的規畫工作，大多都排定在飛行器冬眠的空檔，所以不太需要照看。

對於小編制的新視野號團隊而言，飛掠的規畫工作是一項浩大的工程。首先關乎飛掠過程的細部數據，必須完成一系列的技術性研究，如此科學團隊與任務指揮團隊才能規畫飛掠任務的大小目標。話說除非先搞定上述的準備，否則新視野號上的七種科學儀器就將英雄無用武之地，因為新視野號的目標，是要在飛掠時對冥王星與各冥衛進行數百種觀測任務，這全都需要科學與任務指揮團隊做好完整的規畫與準備。等到準備工作完成了，下一步就是要不厭其煩地測試，所有飛掠的程序都得一樣樣測試。再來就是團隊得投注大量的心血在未雨綢繆上，主要是飛行器與地面團隊得為數百種可能出的差錯想好因應對策。未雨綢繆完了，還有一次次的飛掠模擬，還有磨煞人的專案工作，還有航太總署的技術審查會不斷履勘糾正，以便飛掠計畫的每個環節都能好、還要更好。

二十一世紀凡事都「泡」在電腦裡的高科技飛掠規畫，比方說新視野號計畫，要是拿去跟七、八〇年代那彷彿摩登原始人似的電腦主機時代相比較，比方說航海家計畫，這會產生一種令人莞爾的反差萌。航海家號團隊只有數年的時間，可以規畫每一次的巨行星飛掠，但他們的優勢是「人多勢眾」。每一回航海家號要飛掠巨行星，都是將近五百人、為期近三年的計畫。新視野號規畫冥王星的飛掠，需要耗時六年，但別忘了他們僅僅是個五十人的團隊——人手僅僅是航海家號的十分之一。

冥王星飛掠計畫的頭頭是萊絲莉．楊恩。在二〇〇一年，新視野號提案給航太總署的時候，萊絲莉就在其中負責冥王星飛掠規畫的骨幹。因為親眼見識過她在事前規畫飛掠事宜時的能力、動力與對細節的專注力，因此來到二〇〇八年，一切要正式來了的時候，艾倫便開口要她來挑大梁。

當年新視野號的提案階段，科學團隊的編制刻意走專業領域相互交織的「主題式」風格，艾倫讓不同團隊負責冥王星與冥衛科學的不同面向。團隊分工的方式，是以科學主題取代專業領域，可避免儀器團隊常見的「巴爾幹化」。認真說，畢竟不少行星任務都曾苦於不同儀器團隊的各立山頭與水火不容。在這樣的理念之下，新視野號有四大主題團隊。首先第一支是地質與地球物理團隊（運用地球與其他行星的地質學見解，來理解冥王星與冥衛的表裡結構與運動），組長由航太總署艾姆斯研究中心的傑夫．摩爾擔任；第二支是冥王星與冥衛成分團隊（任務是判定冥王星與冥衛的組成成分），組長是羅威爾天文台的威爾．葛朗迪（Will Grundy）；第三支是大氣團隊（工作重點是針對冥王星的大氣進行科學量測），組長是西南研究所的藍迪．葛萊史東（Randy Gladstone）；第四支團隊則是電漿與粒子團隊（負責釐清冥王星、冥衛與太陽風的互動，以及從冥王星大氣流失的離子化氣體都含有些什麼東西），組長是科羅拉多大學的法蘭．貝格納。四組團隊都歸萊絲莉統籌飛掠任務規畫，合稱「冥王星遭遇計畫團隊」（Pluto Encounter Planning，簡稱PEP團隊）。Pep Squad在英文裡是「啦啦隊」的意思，而這也就成了他們的暱稱。

飛掠任務的規畫不是只靠這四支團隊，另外幾個團隊也非常關鍵：任務指揮規畫由艾莉絲．波曼率領；任務設計與導航團隊由馬克．賀德里基帶頭；飛行器工程團隊由克里斯．赫斯曼擔任組長。其中飛行器工程團隊的主要工作，便是要確定新視野號上的燃料、電力與資料儲存等資源不要超過安全極限。身為計畫經理，葛倫．方騰努力把上述一隻隻好動的「貓咪」都兜攏在時限與預算的範圍內。艾倫在「冥王星遭遇計畫」上，還身兼數種不同的角色。他帶領愛麗絲與瑞夫儀器團隊，擔任兩團隊的計畫主持人，此外他也（與凱西．奧爾金〔Kathy Olkin〕跟約翰．史賓賽一同）加入了萊絲莉的冥王星遭遇計畫團隊之執行委員會，還有身為整個任務的計畫主持人，義不容辭地得是飛掠計畫、備案與團隊訓練的最終審查與核准者。

為飛掠找出最好的距離與時機

在新視野號團隊能夠做成任何詳細的飛掠計畫之前，他們要下兩個重大的決定：究竟新視野號該於何時穿越冥王星系統、還是要以何種距離為之？所以從二〇〇八年的年初開始，萊絲莉義無反顧地主導相關研究，她精挑細選飛越冥王星的日期，還有最恰當的直線距離。

以二〇一五年七月中的表定日期為準，新視野號上的燃料存量，足以讓飛掠時間多出數周的彈性調整空間，而艾倫希望找出最理想日期，最大化飛掠任務的效益。於是萊絲莉與冥王星遭遇計畫團隊評估了每一項可能的因素，從每一天飛行器會飛越冥王星的哪些部分（冥王星每六點四天自轉一周），到每一顆冥衛每一天距離新視野號的不同距離，甚至地球上哪一個無線電追蹤站可以在哪天就定位、進行無線電科學實驗，進而測量冥王星的大氣壓力與雷達的反射率。整體而言，萊絲莉的飛掠日研究，考量共計十二項以上的因素，至於飛掠日的候選人則包括六月底到七月的每一天。沒有哪一天是完美的，所以日期的敲定，只能是一系列複雜的取捨。到了最後，萊絲莉團隊推薦、後來也獲艾倫認可的日子是七月十四日，部分原因是那一天飛行器得以飛掠冥王星最明亮（同時也被認定成分最不尋常）的地貌區域。另外就是七月十四日也提供了最理想冥衛觀測組合，而且耗用燃料最少——因為早在飛掠木星進行彈射的時候，團隊鎖定的冥王星飛掠日就是這天。能省下燃料是好消息，畢竟在冥王星之後，艾倫還希望新視野號能在古柏帶內飛掠更多的星體。

在敲定了七月十四日為新視野號與冥王星的遭遇日後，萊絲莉的團隊便開始研究，看飛掠應採取什麼樣的最近距離。冥王星仍是科學觀測的重心，因此與其的最近距離是一項很關鍵的數據，但與各顆冥衛的距離也不能都不考慮。就這樣，四組科學主題團隊開始以各自想進行的冥王星科學觀測為基準，衡量不同距離下能完成任務的程度。他們考量的距離範圍從最近的三千公里起跳，最遠可以到達兩萬公里，而這對應的冥衛距離則從兩萬八千公里到將近八萬公里不等。距離愈近，電漿儀器能偵測到的電漿量就愈大，但相機器材就會遇到比較多的麻煩（你可能以為相機器材也會希望距離盡量拉近，但大家要知道，在時速三萬英里〔四萬八千公里〕的高速下飛掠冥王星表面，距離過近會讓影像糊成一團）。數十項因素都納進了考量。最終，團隊把飛掠冥王星的距離訂在七千八百英里（約一萬二千五百五十三公里），也就是在所有冥衛的軌道以內。這距離被認為是最理想的折衷，足以滿足四組科學團隊之間的欲望競逐。

根據計算，七千八百英里遠的飛掠距離要能發揮效果——亦即所有的鏡頭都能正確對準目標——飛行器的到達時間只容許至多九分鐘的誤差。拿這九分鐘的容錯空間，要去跟九年半的航程比，就像從美國西岸的洛杉磯飛到東岸的紐約，然後只讓人誤點至多四毫秒（千分之四秒）！同時在飛了三十億英里（四十八億公里）、好不容易從地球抵達冥王星之後，新視野號還必須於最近飛掠處抵達冥王星的瞄準點，而且偏離軌道只有六十英里（約九十七公里）的容錯空間。六十英里是什麼概念呢？六十英里大約是華府都會區兩端的距離。用地球與冥王星之間的距離去跟這六十英里比，就像要人站在洛杉磯，然後朝著紐約果嶺上一個只有高湯罐頭大小的球洞揮桿，而且要一桿進洞！這不叫整人，什麼才叫整人。

啟動飛掠計畫

為了方便籌畫前後數月的飛掠過程，飛行器與冥王星的遭遇，先區分成數個階段。第一階段設定在二〇一五年的一月份，這時飛行器距離冥王星還有六個月航程與將近兩億英里遠。而這，也就是被簡稱為AP1的「第一期接近」（Approach Phase I）。第一期接近的任務主要是蒐集影像資料，以便之後能鎖定冥王星的方向，但這階段還有別的事情，就是運用冥王星周圍太陽風分析儀與冥王星高能粒子光譜科學調查儀，這兩項電漿設備和學生塵粒計數器，要一起測量冥王星在軌道上運轉時的環境。因為還在兩億英里開外，所以冥王星此時看來只是一個小點而已。隨著AP2，也就是「第二期接近」自二〇一五年四月份啟動，新視野號與冥王星的距離會直接砍半。除了延續與第一期接近相同的活動以外，飛行器看到的冥王星將開始變得與（地球軌道上的）哈伯望遠鏡鏡頭一樣清晰。以此為分水嶺，冥王星的身影將一星期比一星期更加對比明顯——所以第一批具備科學意義的冥王星觀測，就規畫在第二期接近。第三期接近的開始——排定在六月中旬——代表飛行器已經距離冥王星相當近。第三期接近為期僅短短的三個星期，但卻會緊鑼密鼓地進行密集的影像擷取活動。包括冥王星本身，還有在其周遭進行公轉的一顆顆衛星，都會是飛行器鏡頭在第三期接近期間的捕捉對象。第三期接近還有其他重頭戲，包括新視野號第一次對冥王星跟凱倫進行成分觀測，以及確認冥王星是否有尚未發現的衛星（或甚至環）。在第三期接近之後，新視野號與冥王星遭遇事件的所謂「核心」，便會正式揭開序幕，而此時距離新視野號抵達最接近冥王星的飛掠位置（近冥點），只有七天的時間了。遭遇的「核心」階段將持續到近冥點的後兩天。近冥點的飛掠與核心階段都結束後，再來就是跟接近期一樣分成三階段的DP三部曲。這三期DP，也就是「脫離期」（departure phase），會一路延續到二〇一五年的十月份。走在前面的一到三期「接近」，夾在中間的「核心」，以及殿後的一到三期「脫離」，團隊都會各自獨立規畫，辛苦的程度也有高有低。時間上愈是接近近冥點與核心的階段，團隊就會愈發提前規畫，這是為了預留高階測試的時間，畢竟這些階段的表現，正是科學觀測能不能滿載而歸的關鍵。

這七個主要的飛掠階段，會更進一步細分為一到數個不等、且具有一定長度的「命令序列」，每個序列都內建有數以千計的電腦指令可控制飛行器、將飛行器指向冥王星系統裡不同的目標、操作科學儀器以及儲存每一筆資料組。但在寫出命令序列之前，萊絲莉的冥王星遭遇計畫團隊設計了超過一百種「測量技」（measurement technique）來涵蓋飛掠任務中全數的科學研究目標。每個測量技都會闡明鏡頭該指向哪個方向，讓哪種儀器上場，上場時的操作模式選哪一項，與目標之間的距離應該是多長，得到的結果又應該存在哪個資料紀錄器之上等。同時每個測量技都會被指派一名「當家」，人選就是從負責設計測量技的科學團隊中選出某位專家。艾倫對此有個堅持，每位當家設計出測量技之後，這些測量技都必須交由冥王星遭遇計畫團隊，進行一次徹底檢討，有缺陷改，沒缺陷就看能不能精益求精，正所謂有病治病，無病強身。

與冥王星進行遭遇的核心階段，也就是真正與冥王星跟冥衛一到五擦肩而過的階段。在繁忙的各種活動把飛行器弄得嗡嗡嗡、簡直就像個太空蜂窩的九天當中，新視野號會處於「遭遇模式」（Encounter Mode）這種特殊的軟體模式中。一旦進入這種模式，遭遇任務的優先順序就會排到第一，飛行器將不會為了機上任何問題中止活動、呼叫地球。工程師們要是能拿出點幽默感，說不定就會把「遭遇模式」取個渾名叫做「少煩我」、「我在忙，敢碰我你試試看！」模式。

照講在日常的巡航當中，凡飛行器偵測到機上出現問題，比方說像第十章出現過的電腦重開機，飛行器上的自動控制軟體就會按設計啟動「檢傷」與急救流程，包括排除立即性的危險（如關閉閥門來遏止偵測到的燃料外洩），將問題知會地球方面，然後進入安全模式，在新視野號任務指揮中心有新指示來到之前，先停止所有機上活動。這種反應的設計，其用意是避免飛行器陷入更大的危險，好讓地球上的工程師有時間分析問題，然後做出治標又治本的回應。但是在至為接近冥王星的日子裡，這樣的標準作業程序會非常沒有建設性，理由是飛行器若動輒全面罷工來等待遠方的救援——至少得半天，地球發出的無線電才能到達——一大票一期一會的科學觀測機會，就會一去不回。相較之下「遭遇模式」的設計，就是要以顧全大局的方式來處理問題——畢竟眼下已來到了冥王星。在「遭遇模式」下，飛行器依舊會執行緊急程序，但在程序完之後它不會待機，而會朝下一個排程前進，也就是繼續原本的觀測任務。遭遇模式的邏輯是「既來之，則安之」，既然冥王星已在眼前，那就是盡其所能地擷取資料，沒道理因為有問題、就束手等待地球的指示。「遭遇模式」是提案階段就存在的概念，但從來沒有落實過。如今隨著飛掠計畫啟動，克里斯・赫斯曼與其飛行器團隊也該動起來，做出「遭遇模式」的程式。

大約在同一個時點，飛掠期間的科學序列也啟動了細部規畫工作。飛掠期間將近五百筆科學觀測，會由七款儀器共同分擔，對應由新視野號團隊與太空總署精挑細選、將近二十項最高層級的獨立科研目標，包括測繪冥王星的地圖、取得全數已知冥衛的影像、測定冥王星的大氣性質、搜尋冥王星潛在的其他衛星與環、測得冥王星與冥衛的溫度等等。這近五百項觀測一一經設計後，得寫成由軟體指令組成的序列（儀器開啟、模式選定、方向瞄準、資料儲存等），而且每項觀測都還必須拿到新視野號任務模擬器（New Horizons Operations Simulator）上測試。新視野號任務模擬器設置於應用物理實驗室，可高度還原飛行器與酬載科學儀器的操作現場。

用謹慎到不能再謹慎的態度，萊絲莉與其冥王星遭遇計畫團隊，逐一設計了計畫中的觀測任務，而他們用的是飛掠任務規畫的專屬工具——各種套裝軟體。這些軟體的組建與存在，是為了讓使用者能進行各式各樣的檢查，這包括解析度與訊號是否符合預期、包括特定觀測中有多少雜訊、包括儀器指向是否正確、包括在飛行器稍微偏離路徑或冥王星（與冥衛）位置，及與數學計算結果有些出入時，特定的觀測存在多大的容錯空間。

在工作的過程中，冥王星遭遇計畫團隊有兩支合作緊密的友軍，他們分別是負責撰寫七款儀器所需全數指令序列的科學作業團隊（science operations），以及從通訊到資料儲存、機內溫控以至於藉引擎點火來修正航道等飛行器全數活動，統統歸其負責的任務作業團隊（mission operations）。這三劍客——冥王星遭遇計畫團隊、科學作業團隊與任務作業團隊——會聯手完成飛掠任務的統籌調度。

有人可能會不經大腦地想說，這還不簡單，就把所有要做的觀測蒐集起來，然後按時間線一個個往下排就是了，但其實規畫工作遠非一般人所想得那麼直白。事實上，冥王星遭遇計畫團隊、科學作業團隊與任務作業團隊等三支團隊所共同面對的任務，就像是要下立體西洋棋那樣難度極高，而且其燒腦的程度還不是常見的三維西洋棋，而是彷彿二十幾維那般誇張的級數。針對每一個觀測，三個團隊的人員都必須一一確認各項細節，這包括飛行器的電力負荷不能超載，飛行器的不同指向必須排好各自不會衝突的時段，還有機上的資料紀錄器必須永遠有足夠的儲存空間。不誇張地說，每一筆觀測都必須歷經數十種不同因素的考量。再者，這三支團隊必須在繁雜的任務流程中穿針引線，為重要性等級最高的科學觀測排入備位的時段，如此一來，萬一飛行器或某儀器在關鍵時刻臨時當機，他們還會有第二次的機會。

說到設備，各團隊還預留了硬體失效的迴旋空間。比方說針對特定觀測任務，他們會讓「瑞夫」製圖光譜儀跟「蘿莉」成像儀互為搭擋，我不行你罩我，你不行我罩你。他們會讓每件設備像實習生一樣，在各個觀測任務中巡迴，而且是搭檔裡的正副設備都得輪著上。甚至於他們會在時間線中，用亂槍打鳥的方式讓設備重開機，以盡量減少某個設備因當機而誤事的機率。這以上各種錦囊妙計，都必須像寫逐字稿似地、寫得細到不能再細，而且得提前個幾年就先寫好，因為等到飛掠前的一兩年，到時候的精簡人力將沒有時間做出這些東西。對新視野號團隊而言，腦力激盪、計畫、檢討、測試幾乎占滿了他們二〇〇九到二〇一二這幾年生活的全部，而這麼拚命，都是為了前後共六個月的飛掠過程能夠順利。

類似的科研調查，現場要是設在地球，那這樣雞蛋裡挑骨頭就會看來有點緊張過度。但因為現場是在冥王星，所以任何的設計失當或思慮不周，都會造成無法挽回的遺憾。所以所有如強迫症似的詳細規畫、所有不厭其煩的檢查再檢查，都有其意義，都是要確保人類對冥王星系統的探索成績，能夠令人滿意。

除錯打蟲

做為任務的領導者，艾倫自認有責任尋找飛掠計畫中的缺陷，有責任對團隊丟出不同的問題，細究同仁們提出的假設，並要求同仁們做出變革、強化飛掠計畫的體質。而在他所挑出的許多毛病與要求的改變當中，有一項與新視野號任務模擬器牽扯上了關係。

約在與飛掠七階段在擘畫與組建的同一個時間點，艾倫開始擔心起了新視野號飛行模擬器的問題。他擔心用來測試與抓錯所有飛行器指令序列的模擬器，會在二〇一五年「突槌」，進而把整個計畫都拖下水。他怎麼樣就是說服不了自己安心，他怕模擬器果真在二〇一五年有個萬一，想修復幾乎確定來不及，到時候新視野號團隊想徹底測試飛掠指令序列，這盤算就會面臨重大危機。新視野號任務模擬器二號機（NHOP-2）做為「代打」已在一旁待命，惟這台「細漢的」是東拆西卸後的版本，很多一號機有的模擬能力都付之闕如，傳真度（fidelity）也輸一號機。所以在艾倫的指示下，葛倫弄出了方案與預算，「半套」的二號機要升級為「全套」的一號機替身。脫胎換骨後的二號機會歷經如「天堂路」的測試，真刀真槍上場時才能不負眾望。但當時艾倫的想法只是未雨綢繆，他壓根沒想到，在接近冥王星的最後階段，這決定會發生關鍵性的作用。

整個飛掠任務由數十個命令序列構成，每一個設計完成並通過同儕審查之後，任務作業團隊就會拿去模擬器上跑過，觀察其運作是否一如預期。通常的狀況會是有錯誤被揪出來、改正，然後新的測試會再列入排程。任務作業團隊會一而再、再而三地重複這樣的過程，直到每個序列都徹底除錯。以核心階段需要上傳的指令而言——關乎飛行器在靠近飛掠冥王星期間的一舉一動，整整九天份的關鍵序列——最後來來回回測試了八遍，每一遍都歷經足足九天。其中第一個版本稱為V-1、第二個版本稱為V-2，以此類推。每次團隊發現指令中的瑕疵，他們就會重新寫過，然後再重跑一遍，而且是徹底從頭開始。等核心序列來到V-8，也就是每遍都為期九天的測試跑到第八遍時而終於成功時，艾倫懷抱慶祝的心情，買了兩箱品名正好也叫V8的小罐果汁，分送給每位團隊同仁，算是紀念他們在長期抗戰後催生出沒有瑕疵、可以上傳供核心飛掠時使用的命令序列。

確定沒有瑕疵之後，核心階段的序列便被一簡稱CM的「組態管理」（configuration management）程序「鎖住」，說白了就是「非經嚴格檢討與審核通過，就不得再行更動」。組態管理的意義，在於確認進一步的調整不論再怎麼輕微、再怎麼不起眼，都必須經過更高一層檢視與測試的把關。一個名為「遭遇改變控制委員會」（Encounter Change Control Board）的團體會每周開會、討論核心飛掠序列暨在二〇一五年五到七月間的其他六筆序列，就收到的序列改變申請，逐個進行評估。遭遇改變控制委員會主席由艾倫出任，成員則包括總工程師克里斯・赫斯曼、計畫經理葛倫・方騰、率領任務作業團隊的艾莉絲・波曼、資深計畫科學家哈爾・威佛、領導冥王星遭遇計畫團隊的萊絲莉・楊恩，以及遭遇經理馬克・賀德里基。

做好會出問題的準備

就在冥王星飛掠指令序列如火如荼地進行開發時，計畫經理也瞄了眼飛行器與冥王星遭遇時可能出錯的各個地方，乃至於一旦出錯，團隊或飛行器必須要做出什麼樣的反應，才能化險為夷。這類「故障排除程序」的開發，對太空任務而言是家常便飯，尤其對像飛掠冥王星這樣只有一次機會的事情，「做好最壞打算」這點更是關鍵到不行。

說到為可能的意外做好準備，挑大梁的自然是飛行器總工程師克里斯．赫斯曼。除了思維很銳利，對小地方極為細心以外，赫斯曼也極熟稔飛行器這隻鐵鳥的每個環節，由此他大大小小設想了兩百六十四個因應之道來對應飛行器、地面系統與其他可能問題。這次守備範圍超大，他花了三年的時間才準備就緒，並且讓備案就定位。其實赫斯曼所做的，遠不只是飛行器哪裡可能出錯而已，他還把團隊成員與任務控制中心的罩門都考慮了進去。所以說他計畫性地培訓每個關鍵角色的代打人員，如此萬一飛掠期間有人不克值勤，原因包括生病、車禍、家裡有急事，團隊都不會有開天窗的疑慮。克里斯還準備了詳細檢查表（由同儕檢視過），然後交由飛航控制員反覆練習，如此萬一數十種複雜程度超乎機上自動駕駛系統處理能力的問題，有任何一種發生在飛行器或科學儀器之上，人類便能介入、排除問題。克里斯甚至設想，任務指揮中心可能遭遇火災或恐攻（畢竟到了二〇一五年，新視野號將會成為非常顯眼的攻擊目標），因此在應用物理實驗室的校園另一頭，新視野號計畫另外安排了一個功能完備、徹底檢查過的備用任務指揮中心。從二〇一一到二〇一四年，出自赫斯曼手筆的共計兩百六十四個備案，統統經過計畫中其他工程師的檢視與批評，然後再由葛倫與艾倫過目，為此他們開過一系列共計二十四場、耗時數小時的煎熬會議。

地面作戰的規畫

飛掠任務中另外一個層面的準備工夫，是要進行「地面作戰」的計畫與籌備。這方面的工作，最終會需要大約兩百人齊心協力數月之久才能完成。馬克・賀德里基、馬克的副手安迪・卡洛威（Andy Calloway）、葛倫・方騰、葛倫的副手彼得・貝迪尼（Peter Bedini），還有艾倫的助理辛蒂・康拉德（Cindy Conrad）扛下了這項重責大任。而他們做的第一件事，就是列出二〇一五年一月到七月之間的每一天，這近兩百人必須在美國的哪一個地方出現、又必須要參與那些會議，一切統統列成表。

這包括弄清楚每個與飛掠任務有關、但又不住在馬里蘭州的人，每一回要於何時來到應用物理實驗室報到，然後就是要檢查班表，以便確認是否有人沒得到足夠的睡眠——主要是飛行器活動老發生在地球上的三更半夜。

這也包括調查應用物理實驗室的辦公室與會議室需求，然後一百三十名左右、會來應用物理實驗室出差的同仁，也要預留會面與開會空間。

辛蒂・康拉德與她的助理雷娜・泰德佛（Rayna Tedford）規畫誰需要什麼樣的應用物理實驗室通行證，還有哪些辦公室文具會是出差者需要的。她們倆甚至安排了跑腿領餐的人，總有同仁不方便離開應用物理實驗室的時候。針對家住太遠、但近冥點前後數周又得隨時待命的同仁，她們也找好了附近的飯店。

練習，還是練習

隨著飛行器愈來愈接近冥王星，新視野號計畫在有限時間、金錢與個別行程的許可下，盡可能包山包海的飛掠預演與排練。

在練習活動中，重頭戲是進行飛航中的預演，也就是已經上傳正式飛掠指令序列的新視野號，在地球方面的一聲令下，將執行全套任務。飛掠的預演，就發生在星際間的無垠太虛之中，並且步調各式各樣，以便確認在任務模擬器上能確實生效的各種程序，在飛掠時也能順利地進行。

飛掠任務的第一次實機預演，舉行在二〇一二年七月，其形式是為期兩天的「壓力測試」，至於演練的內容，則是近冥點當下最為密集的相關作業。第二次預演，則舉辦在二〇一三年七月，這次則是完整、全面又共計九天的核心飛掠序列測試。但這排練不僅是鐵鳥在太空中忙碌，而是連全體新視野號的地面控制、科學與工程團隊都加入了演出，這包括每個班表、每項操作、每場現況與決策會議，乃至於向航太總署進行的所有進度回報，統統真刀真槍地按照二〇一五年、也就是兩年後預定的規格來進行。甚至於飛掠團隊中所有遙控的元素，像是深空網路的追蹤站，都納入了預演的陣容。每次預演後，新視野號後團隊都會進行地毯式檢討，要挑出細微的失誤或差錯，並進行相應的修正與調整——不論是太空中的鐵鳥還是地球上的同仁，團隊都追求精益求精。

此外還有另外一層的飛掠練習，採取了地面模擬的形式，並被稱為「戰備測驗」（Operational Readiness Tests）。戰備測驗是要反覆訓練、熟稔新視野號計畫中的不同部分，每次長度以數小時到數天不等，模擬計畫中或與故障相關的飛掠活動。光是導航團隊，就在馬克·賀德里基的率領下跑了將近十二次、每次為期數天的演練，每次都設定了特定目標，連同團隊成員、操作流程與軟體工具的表現，都是打分數的對象。每次的「導航戰備測驗」（Nav ORT）都會產生一張正式的行動清單，詳列流程上、團隊上與軟體表現上需要改進的地方，而這些改進，也就是下次戰備測驗之前必須完成的工作。其他方面的飛掠戰備測驗還包括任務操作測驗，以及設備團隊相關的故障情境測驗，也稱為「綠卡測驗」（green card exercises），這包括由深空網路操演在飛掠期間的關鍵操作，也包括科學團隊透過模擬影像演練，要在接近冥王星的過程中發覺冥衛與冥王星外環的微弱光芒。整體而言，從二〇一二到二〇一四年間，共舉行超過四十回計畫戰備測驗，歷經了設計、執行以及事後的詳細檢討，以便找出操作中的錯誤、流程中待精進之處，以及訓練課程中需要補強的環節。

戰備測驗階段的高潮，落在二〇一四與二〇一五年，由三支科學團隊挑大梁主演的「遭遇正式綵排」（Encounter dress rehearsal），參與其中的包括全數科學團隊、應用物理實驗室、西南研究所與航太總署的媒體團隊，外加艾倫親手挑選的一組專業科學溝通專家（非正式職稱為媒體專員）共六名，要將科學發現製作成及時新聞稿、帶字幕的影像，以及名為〈一分鐘看冥王星〉（Pluto in a Minute）的超潮影片。在這些產出中，科學團隊都會用上由約翰·史賓賽暨一小群隊員七手八腳（以卡西尼號拍下的結冰衛星畫面當替身）做出的冥王星模擬影像與光譜，而當中的內容會滿滿的都是潛在科學發現（譬如說新衛星，或是謎樣的冥王星表面），以便練習與媒體溝通。這是之前任何行星任務都沒有做過的事情。

做到這種程度，有必要嗎？艾倫覺得，個別成員在其他團隊或其他任務裡，都累積了相當的經驗，但他們依舊該以新視野號團隊的身分進行演練，而不應該等新視野號接近冥王星時再隨機應變。他知道，在二〇一五年的夏天，當新視野號把冥王星與冥衛星呈現在世人面前時，任何的錯誤或延誤都不會有理由可找。

科學團隊中的許多人，都同時忙於其他太空任務，而大家基本上都同意艾倫對演練的堅持。只不過到了最後幾次超大型的科學戰備測驗排定之際，時間上已經來到二〇一五年的四月份，飛行器已經開始朝冥王星進行衝刺。此時部分科學團隊成員還是翻起了白眼，他們覺得艾倫也太拚了吧。頭兩回的科學團隊戰備測驗都有不錯的成效，收穫都不少——預期的效果算是有達到。既然如此，大費周章地從頭再來過一次，真的有必要嗎？艾倫是不是走火入魔，成了太空時代的亞哈船長[21]？否則他為什麼要這麼執著，像是有強迫症似地、找尋可能讓努力功虧一簣的潛藏錯誤，就像亞哈放棄一切也要找到大白鯨一樣？又或者他只是個大無畏的領導者，在推著團隊向前、再向前，以便能跨越遼闊的星海，抵達最終的勝利？對部分團隊成員來講，這兩者實在太難分辨了。但有一件事情是可以確定的：新視野號團隊在「主秀」的準備上是多麼用心，絕對無庸置疑。

與世界共享

飛掠的規畫，不僅限於任務中的科學與工程環節，還有最後一片拼圖。即要設法最大化飛掠過程的公眾曝光度。這算航太總署經驗頗豐的區塊，所以新視野號無須從頭來過，但艾倫想要「把事情鬧大」，他想讓公眾都參與，並讓這波聲浪達到阿波羅號才有的熱度，畢竟只有那樣的熱度才匹配呀，自一九八九年航海家號飛抵海王星之後，這是再一次有新行星與人類初次見面。

相對於這樣的雄心，實務上正式的第一步是「航太總署溝通計畫」（NASA Communications Plan），這是個由新視野號計畫、設計並寫成在二〇一二與二〇一三年間的方案。做為補強，由作家、教育工作者、社群媒體專家、製片與科普推廣者參與的工作坊中，他們會探討哪些主題可用來強化民眾的參與感，哪些族群應該鎖定做為目標受眾，然後再根據討論的結果，規畫出各式各樣共兩百餘筆具體的作法。就這樣，新視野號計畫開始產出影片、新聞稿、印刷品，甚至是名為「冥王星歡樂派對」（Plutopalooza），即供學校跟天文社團活動用的派對用品組。接著艾倫開始馬不停蹄地招兵買馬。著眼名人的影響力，他召募了公共電視台科教節目

21 譯註：小說《白鯨記》裡的主角。

主持人「科學人」（The Science Guy）比爾・奈（Bill Nye）、以近身幻術闖出名號的魔術師大衛・布萊恩（David Blaine）、（貨真價實是天文物理學博士的）皇后合唱團吉他手布萊恩・梅（Brian May）等一干真正關心新視野號，也有心擔任科學與民眾間橋梁的名人。與冥王星的遭遇，可預期到若干難得一見、令人熱血沸騰的瞬間，而這些教育工作者、科學家、名人與推廣者之所以願意力挺飛掠任務，就是希望飛掠任務可以徹底發揮其潛力，跟眾人共享其帶來的興奮與成果，任何人只要感興趣，都能搭上這一輩子只有一班的科學便車。

第十二章

未知的險境

一大五小

就在遭遇規畫處於現在進行式的同時，冥王星系統本身也顯露出比人類所知更複雜、更擁擠的全貌。在二〇〇五年，人類發現冥王星的兩個小型衛星尼克斯與海卓拉後，新視野號便成功要求到更多的哈伯望遠鏡時段，得以詳細搜查冥王星的潛藏衛星。如果冥王星系統裡有其他可研究的物體，盡早發現就變得非常重要，因為觀察任務也要排入遭遇的指令序列中，這都需要時間。另外，新視野團隊臆測，冥王星可能有環的存在，而這一點也同樣有盡早得知的必要，這一方面是為了能規畫飛掠任務，一方面是為了避免一頭撞上。

而經過許多年的無功而返，好消息終於在二〇一一年六月傳來。過程雖然辛苦，但專門把衛星／環當成獵物的行星天文學者馬克·修瓦特使用哈伯望遠鏡，就冥王星周圍的空間進行了空前深入的長時間曝光。修瓦特想找的是亮度微弱的環，但一次深度極深的曝光中，他發現的不是環，而是一顆亮度極微弱的衛星，它夾在尼克斯與海卓拉之間運行，每三十二天繞行冥王星一圈。原本一家四口的冥王星系統，就這樣成了五口之家。然後幾乎剛好一年之後，在哈伯望遠鏡一次對微弱星環更敏銳的搜尋中，修瓦特又找到了一顆小冥衛，運行在凱倫與尼克斯之間。這下子五口之家又升級為六口之家了！修瓦特發現的兩顆冥衛，遠比尼克斯或海卓拉來得星光黯淡，因此合理推測其體積遜色不少。對於科學團隊的許多成員來講，等新視野號接近冥王星時，搞不好還可以期待發現更小的衛星。

對修瓦特而言，兩顆新冥衛的發現絕對令人驚艷，但這也意味著，他想找的環，其存在可能性提高了。從跟巨型星交手的經驗中，我們已知小型衛星遭到撞擊、拋撒出殘骸，進而會創造出行星環。由於小型衛星的引力也很小，所以撞擊殘骸基本上都會逃到衛星的軌道上，然後被拖成一圈環。

做為冥衛四與冥衛五，這兩位新朋友一開始被稱為P4與P5，但隨著時間過去，修瓦特偕新視野號團隊的艾倫等人，再加上航太總署，一起在網路上策畫了一場命名活動。於是在大家齊心協力的提案與投票過程後，冥衛五正式被命名為史蒂克斯（Styx，掌管冥王周圍五條冥河之一史蒂克斯的神祇）、冥衛四則被命名為柯貝羅斯（Kerberos，看守冥王疆域的三頭犬）。

小如蜘蛛，也能咬死人

伴隨修瓦特在二〇一一年與二〇一二年的發現，人類益發確認了一點，那就是冥王星擁有一個多采多姿的衛星系統，且彼此的軌道間存在著許多互動。這幅慢慢浮現出的光景裡，有豐富的小衛星，甚至可能有環的存在，這在科學上固然令人垂涎，卻也是飛行器團隊的夢魘，因為團隊所選擇的飛行路徑，可能正好行經存有撞擊殘骸的空間。以新視野號將飛越冥王星的秒速近十英里（時速將近五萬八千公里）而言，即便是與比米粒還小的物體碰撞，其後果都令人不堪設想。因為那代表飛行器會遭到有如大口徑砲火的轟炸，任務也就瞬間瓦解——珍貴的冥王星數據根本不會有機會傳回。

艾倫信手拈來，做了一些「信封背面」等級的初步計算，主要是看沒被發現的衛星若突然冒出來，則冥王星環的密度會落在什麼水準。如果他的簡略計算無誤，則冥王星周圍對新視野號而言真的是千驚萬險。艾倫把計算結果拿給科學團隊看，果然引起了團隊的注意，而危機感讓科學團隊用上更縝密的電腦模型，檢視這個可能的處境。事實擺在眼前，新視野號正朝著未知飛去，萬一能順利取得科學發現，人類自可因此振奮，惟胸懷這股興奮與期待的同時，我們也不能片刻稍忘，新視野號也許正朝著未知的威脅疾馳。

協力的科學家亨利．斯魯普創造出了另外一個電腦模型，而他跑出來的結果與艾倫的看法一致。葛倫．方騰猶記得大家的反應：「大家都驚呆了。話說到底，新視野號最多會在冥王星系統內被重創三十回。」

有沒有可能，我們著迷、為其付出多年的冥王星，其實是等著吞噬新視野號的死亡陷阱？一如艾倫對團隊成員所說：「會不會我們愛上的，是個黑寡婦？」

冥王星系統究竟會不會危害到新視野號，一項專門研究為此動了起來，而研究的第一要務，要用上精細許多的電腦模型，模擬冥王星系統內可能的風險，之後則進一步升級，要對冥王星環、潛在冥衛乃至於對其他繞冥王星公轉的殘骸，進行長期地毯式搜尋。

科學團隊成員約翰·史賓賽被指派去領導這支「風險管控小組」，而他可以說將之「視若己出」，全心全意地投入工作。約翰會得到這份工作，有一部份原因是他在望遠觀測與飛行器成像技術上具備高度的專業。

約翰與艾倫規畫了多階段的評測並降低風險。其中第一步就是小心翼翼分析了現有的資料，以便掌握可能的風險。艾倫回憶道：

首先我們需要盡可能蒐集其他方面的資訊，然後風險控管。這意味著我們得更仔細地去檢視哈伯望遠鏡的影像，判斷冥王星周圍的衛星軌道一帶，有沒有直接證據指向撞擊殘骸的存在。若是沒有，那我們可以把安全界限畫在哪裡。然後我們會去看掩星的資料。冥王星社群已經觀察過不少星體從冥王星的後頭經過，藉此來研究冥王星的大氣層。這些星體也會繞過任何可能存在的冥王星環。果真如此，那星體的亮度，也應該會因為被環遮住而下降。就這樣我們重新檢視過了上述的資料組，只為尋找任何黯淡冥王星環存在的證據。

大約在同一個時間，艾倫給了飛行器團隊一個任務。要去分析新視野號面對殘骸粒子的撞擊之下，又受到什麼樣程度的保護。新視野號並非完全不設防：其機體覆蓋著一層保護用的鋁質面板。更重要的是，這層鋁質面板上有一層隔熱毯，內有多層克維拉纖維構成的護盾——這跟防彈背心是同一種材質。這層設計的用意是要保護新視野號、不受太陽系間的隕石衝擊。

這些設計可以保護新視野號到什麼程度，飛行器團隊在二〇一二與二〇一三年使用特殊的高速槍來射擊各種粒子到同型面板與隔熱毯上。結果傳回來的是好消息——事實上，在抵擋外物衝擊時，克維拉盾的表現，比設計分析所顯示的還要好。根據這些發現，應用物理實驗室的機械工程師建立了模型，評估大到足以穿透克維拉與鋁質外層的顆粒撞擊，若損及飛行器中各個零組件、各台科學儀器、各條燃料管線、各綑電線集束與各箱電子元件的機率。根據這個模型，工程師又進一步導出了更精細的損害與破壞機率，並表現為衝擊大小與速度的函數。而最終判讀的結果是：致命性打擊的疑慮並非空穴來風。

失效安全

由於在冥王星附近遭受致命打擊的推測，已經成為確切風險，因此萬一飛行器真的在能完成飛掠任務前報銷，而且也還沒來得及發出近距離接觸的資料回地球的話，艾倫還是希望團隊的辛勤付出不至於完全無法回收。

而要做到這一點，解決之道就是所謂的「失效安全」（fail-safe）資料傳輸。發想出這種辦法後，艾倫將之比喻成太空人尼爾．阿姆斯壯（Neil Armstrong）對「備案樣本」（contingency sample）的蒐集，在他一九六九年踏上月球後，這是立刻進行的第一件事情。當時他的邏輯是「先搶先贏」，這樣即便阿波羅十一號任務隨即出了什麼意外，他跟巴茲．艾德林（Buzz Aldrin）突然得放棄月球漫步、沒機會更仔細蒐集月球樣本的話，至少還有「備案樣本」可以充數，科學研究也不至於完全落空。

循著相同的邏輯，艾倫請萊絲莉的冥王星遭遇計畫團隊，請他們擬出能塞進失效安全資料傳輸包內的成像儀、光譜儀與其他資料組的清單。這個傳輸包會在近冥點之前的幾個小時，也就是飛行器還沒有遭受顯著威脅的時候發出。失效安全的封包資料難以取代正式資料，在飛行器遭受致命殘骸打擊時，也無法避免任務目標一敗塗地。但它可以讓地球上的團隊稍微一窺在近冥點前資料的輪廓，算是個安慰獎。如此即便飛行器隔沒多久就粉身碎骨，地球人還是能對冥王星與冥衛的了解有一點點進步。

但天下沒有白吃的午餐。想增添失效安全的傳輸功能，這是要付出代價的。將天線指向地球、發送失效安全的資料回家，意味著時間明明已經來到極其關鍵的飛掠前一天尾聲，飛行器卻還得從寶貴的接近觀測中抽出四個小時。抱怨的聲音傳了出來，但艾倫身為任務的計畫主持人，自然有不一樣的盤算。

要是損失了新視野號，拿不出一點點像樣的東西來發表，我在航太總署與媒體面前真的會無顏見江東父老。要是我們最不樂見的情況真的發生了，我肯定不願意讓團隊同仁處於一種兩手空空的狀態，面對外界只能說我們忘了做最壞的打算，所以也沒有想到要先蒐集一點我們的「備案樣本」。

於是乎，失效安全的資料傳輸成為了計畫的一部分，而事實證明失效安全階段所擷取的畫面，有些的品質甚至好到可以成為飛掠隔天的報紙與網路新聞頭條。

「替代性計畫」對上「黑色安息日」（Black Sabbath）[22]

風控工作的第二部分，主要是飛行器上的蘿瑞望遠成像儀，它會在新視野號接近冥王星

22 譯註：猶太人的安息日彌撒曾於歷史上由星期五晚上改到星期六晚上，繼續在星期五晚上望彌撒者被視為異端，這樣的安息日也被稱為黑色安息日，意思是惡魔所為的安息日。此處是比喻飛行器在某條飛掠路徑上發生毀滅性的撞擊意外。

時，又要尋找環或衛星。約翰・史賓賽說：

按照計畫，此一成像工作會開始於距冥王星六十天，而這時用蘿瑞尋找衛星或環，效果會優於哈伯望遠鏡。從此時開始的七個星期當中，我們規畫了一系列風險搜尋的拍攝工作。每一回的拍攝工作都會收穫數百幀影像，而這些影像會傳回地球，再進行堆疊——在電腦上組合個別畫面，以便對衛星與環進行至為敏銳的影像搜尋。

隨著風險搜尋的畫面回傳到地球表面，我們計畫使用自建的軟體程式碼，尋找衛星與環的蛛絲馬跡。我們還計畫要建立電腦模型，判定碰撞殘骸會占據何處的軌道，而這些殘骸又會對飛行器構成何種程度的威脅。根據這些資料，我們便能決斷，哪些風險尚能接受，哪些風險無法接受。

那萬一接近時有令人無法接受的特定風險，又當如何？我們有另外的辦法可以硬衝嗎？否則前前後後拚了二十六年，我們只回傳失效安全的那一點點冥王星系統資料，大家吞得下去嗎？

想硬衝，辦法是有的。由艾倫起始的整個接近任務，已經確認替代性路徑，飛行器可以穿越冥王星系統，而替代道路都可以避開各式各樣的風險地帶。問題是，這也意味著團隊得同時規畫好幾筆穿越冥王星系統的飛掠方案——每一筆都走不同的路徑，每條路都有不同的科學觀測時機。

還記得前一章裡描述過，那些堆積如山的工作量嗎？還記得要規畫一條飛掠路徑，這工作何等血汗嗎？這下子團隊每多增加一條繞道的選項，前一章的工作就得統統重來一遍。這對新視野號計畫而言，不論在同仁的工作量上，還是在成本的支出上，都是非常大的負擔，但在時速三萬五千英里（約五萬六千公里）之下，撞擊衛星殘片的致命性實在太高，加上任務只有一好球就會被三振的現實擺在眼前，團隊除了辛苦一點之外，也沒有別的辦法了。

每一條備用的飛掠路徑，都有為期九天的核心遭遇程序，而核心程序裡都有數以千計給飛行器或科學儀器用的命令，都用在最緊要關頭的飛掠階段，這會告訴鐵鳥如何完成使命，現在它們全部都得重新設計、重新撰寫，再重新測試。

艾倫將替代性路徑計畫稱為SHBOT，意思是「避風港脫困路徑」（Safe Haven Bail-Out Trajectory）。話說SHBOT這個縮寫音同Shabbat，也就是希伯來文裡的「安息日」——每星期休息的那天。艾倫並沒有特別強烈的宗教信仰，但他樂於對團隊中許多猶太裔同仁的傳統抱持一份尊重，這包括他自己，包括萊絲莉、凱西與哈爾，而當面對著未知與危險時，他也很開心這個縮寫能為他們注入一點祈禱與希望。之後為了回應一名記者疑神疑鬼的批評，說航太總署正祕密在為飛掠任務規畫「逃生之路」，航太總署的行星科學部門主管吉姆．葛林開口，要將其全名改為不那麼聳動的「避風港改道路徑」（Safe Haven by Other Trajectory），而這確實也只是個改道的規畫而已。

ＳＨＢＯＴ另一個能保護新視野號的點，是在備用飛掠路徑中改變整個飛行器的指向。伽利略與卡西尼號任務都用過一種名為「天線轉盾牌」（antenna-to-ram）的技巧來保護飛行器，也就是將巨大的碟型天線轉到前方來當成盾牌使用，以求順利通過木星環與土星環所在的危險地帶。以這種姿態飛行，多數行星環殘片的打擊都必須先闖過碟型天線這關，才可能抵達克維拉與飛行器的機身，而這提供了多一層的保護。在高速殘骸槍的測試中，射擊結果顯示，新視野號上的碟形天線可以承受不少行星環顆粒的衝擊，但不損及自身功能，所以這看來是個很好的辦法，飛行器必須穿過潛在的殘骸層時，可以為此買一層保險。工程團隊表示，「天線轉盾牌」在遭到致命殘骸打擊時，風險可降低百分之三百。

但「天線轉盾牌」也不是沒有自己的問題，而且還是很大的問題。如果新視野號必須將天線指向前方，那飛行器對不同方向「拍照」、觀測冥王星與冥衛的能力就會犧牲掉。所以天線站到第一線去保護飛行器，固然可避免毀滅性的衝擊，但這也會嚴重削弱太空任務達成科學目標的能力。於是萊絲莉．楊恩與她的冥王星遭遇計畫團隊被指派了一個任務，評估這影響飛掠任務做為科學任務的本質到什麼程度——萊絲莉得率隊評估各條「避風港脫困路徑」路徑導致觀測損失的輕重程度，並與團隊的首選飛掠方案相互對照。

「避風港脫困路徑」做為一種取捨，是痛苦的抉擇，而相關的討論也時不時有人會慷慨陳詞。約翰．史賓賽猶記得，當時一些同仁在據理力爭的過程：「許多——或許是大多數——

重要的科學觀測，都會因為我們選擇了以天線為盾的『避風港脫困路徑』，遭打折扣或徹底歸零。很顯然有人看不下去，所以『避風港脫困路徑』真的可行與否，才引發許多熱烈的內部論戰。」

但艾倫還是很堅持：

> 我冷冷地看著這一切。我們從一九八九年以來，為探索冥王星所做的一切努力，最後的成敗就取決於飛掠的成敗。若飛行器在近冥王星處遭到摧毀，我們損失的不僅是那之後所有的觀測機會，我們還會連之前儲存下來的觀測資料都一併失去。要是在飛掠階段失去我們的寶貝，已儲存的資料將幾乎無一倖免，我們就只剩下失效安全的封包，那對我來說就幾乎是零分的意思——我們對冥王星與其衛星的認識，會幾乎原地踏步。若是我們真的面對潛在的災難性風險，那我會非常樂於用第一志願的高分去交換「避風港脫困路徑」那低一點的分數，因為低分絕對還是完勝零分。這不是我希望看到的結局，但若沒得選擇，那這決定我也會眼睛眨都不眨一下就做下去。

第十三章

下一站，冥王星

放眼更遠的目的地

隨著冥王星飛掠的時間愈來愈接近，新視野號團隊開始加緊搜尋，這工作他們從二〇一一年就開始進行了。他們要找的，是某個飛行器可以攔截、然後飛掠冥王星後能研究的古柏帶天體。能研究古老天體的機會——特別是構成冥王星等較小行星的小體積天體——正是「十年計畫」在二〇〇三年時願意為冥王星古柏帶任務背書的一大動機。

到了二〇一三年，在約翰．史賓賽與馬克．布伊率隊之下，他們用全球各大望遠鏡搜尋此飛掠研究的標的，而他們發現的許多古柏帶天體當中，在新視野號燃料耗盡之前都鎖定不到。隨著二〇一五年的冥王星飛掠愈來愈近，可以運用的時間愈來愈少，地球上對古柏帶天體目標的搜尋卻始終一無所獲。於是艾倫決定改弦易轍。在這之前，搜尋古柏帶天體所遇到的主要困難，在於地球大氣層的亂流模糊了搜尋畫面中的無數星體，以至於可能是目標古柏帶天體的那些針尖大昏暗光點，就跟星星的光線混成一堆。要想突破這個關卡，就得用上哈伯太空望遠鏡。因為運行在地球的大氣層以外，所以哈伯望遠鏡可以提供更清晰的照片，區隔背景的密集星光與微弱的古柏帶天體光芒。

約翰與馬克，加上與這兩人聯手的哈爾．威佛，若想大幅提高搜尋的勝率，他們算出這需要哈伯繞地球將近兩百圈的觀測量，換算成時間大概是連續兩個星期——這是正常申請哈伯望遠鏡時段的十倍以上。這麼大的提案，想通過可以說是難上加難。

而且雪上加霜的是，新視野號即將在二〇一五年飛掠冥王星，期限迫在眉睫，因此在二〇一四年的春天，團隊已經沒有餘裕了，不可能用正常流程申請到哈伯望遠鏡的時段，因為這時申請下來，最快也要二〇一四年的夏天才能輪到。考量到太陽與古柏帶天體搜尋視野的相對位置，時間上如何都不可能趕上冥王星飛掠。

哈伯計畫內部也有反對的聲音，認為不該讓這麼大型的搜索插隊，即便如此，新視野號團隊仍由約翰帶隊申請時段。但他們萬萬沒想到，這項申請被打了回票，再怎麼說，要研究古柏帶天體。也是「十年計畫」要新視野號做的事情啊。

新視野號任務想要進行古柏帶天體的研究，就必然需要哈伯望遠鏡的幫助。難道航太總署打算眼看著新視野號在飛掠冥王星後，就此不去進行古柏帶的任務，只因為計較這兩星期的哈伯望遠鏡嗎？那也不過是二〇一四一整年，哈伯時段的百分之二而已。要知道放掉新視野號，人類幾十年內都不會再有機會一窺古柏帶天體的面貌——而要是新視野號拿不到哈伯望遠鏡的時段，飛行器進入古柏帶後，就不會有可鎖定的目標。

艾倫向航太總署總部提出了再議。而在二〇一四年春天，約翰．史賓賽第二次提出哈伯望遠鏡的使用申請，還有門後頭高來高去的沙盤推演之後，哈伯望遠鏡計畫的單位終於宣布，他們准許了新視野號開口要的古柏帶天體觀測時間。

觀測工作始於核准的同一周，主要是時間緊迫，因為等到秋天，太陽就會接近新視野號需要搜尋的星域，屆時這片星空就將脫離可觀測的位置點。隨著哈伯望遠鏡的觀測資料如暴雨一般降下，二十四小時不中斷的處理工作也隨之展開。新視野號團隊開始夜以繼日地分析影像、偵測可能的候選人，並且排定後續的確認觀測。約翰、馬克率一群博後與專家，協力在幾個禮拜內完成好幾個月的研究工作，因為他們知道冥王星的飛掠已經迫在眉睫，他們很快就沒辦法抽時間做了，所以每一分鐘都很寶貴。有天下午，馬克──身為資料分析工作的主帥──對艾倫與約翰說：「你們最好下來到我的辦公室，我有東西讓你們看。」有顆古柏帶天體新視野號也到得了！

隔沒多久，馬克與團隊就又在哈伯的資料裡，找到了第二顆飛行器可及範圍內的古柏帶天體，然後又是可能的第三顆，外加好幾個算是在附近、但飛行器燃料應該力有未逮的標的。後繼觀測證實，在較有機會的三顆古柏帶天體裡，有兩顆確實是能到達得了的。

哈伯望遠鏡算是不負眾望，因此新視野號現在有了二選一的機會。在過了冥王星之後，飛行器可以擇一飛掠！這兩顆古柏帶天體剛好是行星構成單位，恰好是他們想要的，而且都能在二〇一九年初飛抵，大約是新視野號揮別冥王星的三年半後。

進入冥王星的領域

在新視野號飛越太陽系的途中，艾倫時不時會刻意安排活動，或對外宣布事情，以便激發公眾的參與感，他不希望大家忘了太空中正有一艘飛行器，設法超越已探索過的行星，朝著未知的世界疾馳而去。

類似的活動，有一場辦在二〇〇八年，當時新視野號離開木星不久，剛要穿越太陽系、前往冥王星。那年十月，實際尺寸大小的新視野號複製品被「供奉」進了華府近郊，即鄰近維吉尼亞州杜勒斯（Dulles）的美國國家航空與太空博物館（National Air and Space Museum）。這稱得上殊榮——因為在來來去去、林林總總那麼多飛行器裡，獲得這種待遇的不到百分之一。在公開致詞裡，艾倫宣布新視野號攜帶了九款紀念物，正朝冥王星與無垠的太空飛去，且每一項都極具意義：

1. 一盒容器，裡頭裝著冥王星發現者湯博先生的一部分骨灰，上頭還有出自艾倫手筆的銘文，介紹湯博其人。
2. 第一張光碟，裡頭承載著超過四十三萬四千個名字，他們都參與由行星協會與航太總署主辦的「送姓名到冥王星」的活動。
3. 第二張光碟，裡頭是新視野號從設計、打造到發射期間，各個團隊所有成員的照片與留言。

4. 新視野號的發射地，佛羅里達州的二十五分美元紀念幣。

5. 新視野號的打造地點，馬里蘭州的二十五分美元紀念幣。

6. 「太空船一號」（SpaceShipOne）上的一小片碳纖維。二〇〇四年，「太空船一號」成為了史上第一艘由民間打造、能抵達太空的載人太空船。

7. 第一面美國小國旗置於新視野號的左舷。

8. 第二面美國小國旗置於新視野號的右舷。

9. 一九九一年發行的美國郵票，就是上頭印著「冥王星，未經探索」的那張。讓這句話不再符合實情，也是新視野號希望在二〇一五年一舉達成的壯舉。

艾倫在致詞最後提到，能有這九樣紀念物的陪伴同行，新視野號團隊感到十分榮幸，而他立誓只要冥王星的偵測任務正式成立，新視野號團隊就會立刻訴請美國郵政總局，請求發行新郵來紀念冥王星獲得人類探索。

在後續年復一年的飛行過程中，與外界交流的機會仍接續不斷地冒出頭來。再加上有人氣的撰文、部落格、社群媒體與公開演說的推波助瀾，在敲開冥王星大門之前的許多年月中，新視野號方得以繼續在公眾的目光中屹立不搖。

然後到了二〇一四年的夏日尾聲，一個別出生面的場合，提醒了普羅大眾一件事情，那就是漫長的冥王星之行終於來到了最後關頭，新行星的探索已近在不到一年之後。新視野號正穿越過海王星的軌道。這是個極具象徵意義的時刻，這傳遞著一則充滿力道的訊息——下一站，冥王星！

穿越海王星軌道的情緒張力，因著一項日期上的巧合，又向上跳了一級。回到一九八九年的夏天，航海家二號正在探索海王星，一小群冥王星粉剛開始為了探索冥王星的可能性，因而心癢難耐、躍躍欲試，根本不會有人想像得到當時這樣的日期巧合：新視野號在二〇一四年八月二十五日跨過海王星的繞日軌道，而這天正好是航海家二號以最近距離飛掠海王星的二十五周年！

對艾倫而言，這個周年的象徵意義大到令人無法視而不見。在與航太總署的合作下，新視野號團隊辦公開活動來紀念航海家二號，同時也為了十個月多一點後的冥王星飛掠來暖場。做為活動的一環，航太總署在華府的總部辦了場座談會，在NASA TV上對全球的太空粉絲串流直播。由本書共同作者，即本身從學生時代與博後時期就是航海家號老將的大衛．葛林史彭主持，這場座談會的亮點包括新視野號團隊的科學家法蘭．貝格納、約翰．史賓賽、傑夫．摩爾與邦妮．布拉提（Bonnie Burratti），四位也都曾在航海家號與海王星的遭遇中效力。來賓們一一追憶起當年航海家號飛抵海王星時，內心的悸動與啟迪，也回想起職涯早期的探險，是如何激勵了他們。如今年屆中年的他們，又再一次以團隊的身分，又一次準備探索全新的行星，而且是比前一顆更遙遠的行星[23]。這場座談會的話題，最終來到了生涯發展與世代傳承之上。來賓們聊到一九八〇年代，他們的「師傅」是如何拉拔他們成熟，而他們現在又是如何變成別人的「師傅」，看顧著新一代的年輕科學家在新視野號任務中學習成長。來賓們的盼望是有朝一日，這些年輕人都能獨當一面，在二〇三〇與二〇四〇年代帶領屬於他們的嶄新任務。

這過場再完美不過了。艾倫叫了新視野號計畫裡一批年輕世代的科學家出場，當中許多人就出生在航海家號的盛年。而就跟許多廣大的民眾一樣，他們從未親眼見識過初次行星探索的熱血與喜悅，所幸他們很快就會對此有第一手的體驗。

再接下來登場的是加州理工學院的知名學者，也就是從航海家號發射後、一路領導其科學團隊的艾德·史東（Ed Stone）。史東博士一出場，就獻上一幅曾懸掛在航海家任務控制中心裡的美國國旗給艾倫，希望艾倫能掛在新視野號的任務控制中心裡。這一幕看在新視野號團隊的眼裡，內心除了激動還是激動，因為新視野號的初代計畫經理湯姆·考夫林，才剛於兩周前撒手人寰。

那一天伴隨著新視野號跨過海王星的軌道邊界，象徵性的交棒也隨之完成：探索太陽系的大纛從航海家號移交到了新視野號手中，也從一個世代傳承給了另外一個世代。過了海王星軌道，新視野號就算是進入了「冥王星的領域」，因為這裡已經是太陽系的第三區，而新視野號

23　作者註：座談會影片網址 https://www.youtube.com/watch? v=DaUhaVUN3Yc。

也準備好即將來臨的探測。

新視野號要發光發熱的瞬間，已然到來。

喚醒鐵鳥

飛行器跨越海王星的軌道，在地球上是里程碑等級的大事件，但新視野號本身卻從頭睡到尾，在難以理解的高速下無聲無息的冬眠。事實上從那時一直到二〇一四年的最後，新視野號都會繼續在深度睡眠中度過，當十二月來臨時，它已越過海王星軌道一億多英里。

但鏡頭拉回地球，新視野號團隊一個睡覺的都沒有。事實上，那幾個月對他們來講，每天就是像跑馬燈似一閃而過。他們有人在進行最終的飛掠模擬，有人在規畫面對媒體與公眾關注，有的人製作數十種分析冥王星系統資訊的軟體工具，也有人針對飛掠接近時要用的指令序列，進行程式碼的撰寫與測試，而且一進入二〇一五年這指令序列就得派上用場。

二〇一四年的十二月六日，新視野號準時按進度叫醒了冬眠中的自己，在漫長的冥王星之行中，這是它最後一次這麼叫醒自己。再過短短六個月，這架飛行器就將飛掠冥王星。艾倫回憶起這一段說：

> 最後一回脫離冬眠，意味著冥王星的好戲即將開演。二〇〇七年，我們第一次讓通

過木星之後的新視野號進入冬眠。一開始我們很不習慣，因為從發射以來的十八個月，我們天天都很用力地操作飛行器。我們花了將近一年的時間才慢慢習慣，新視野號的冬眠成了一種常態。就這樣時光荏苒到了二〇一四年，我們又變得太過習慣冬眠的存在。飛行器的冬眠成了一條溫暖的毛毯，這時我們又反過來不習慣飛行器不冬眠的日子了。

畢竟從二〇〇七年以來，我們就沒有哪一年會連續兩個月以上、天天操作飛行器。所以一想到要重新面對二〇一五與二〇一六年滿滿的飛掠活動與下載不完的觀測資料，頭就有點痛了起來。

但除了這些以外，飛行器於二〇一四年最後一次脫離冬眠，還有一項更重大的意義，橫在我們眼前的，就只剩下飛掠任務本身了。將來不再有長年的旅程要走。這是嶄新的一頁：我們穿越了整個太陽系，真正來到了冥王星的門口。二〇一四年即將告一段落，原本看似超不真實的二〇一五年，那個總是在未來等著我們的二〇一五年，如今已然在不遠處招手。

位於應用物理實驗室的任務指揮中心裡聚集了一群人，準備要接收來自新視野號的訊號，再讓任務控制中心知道，鐵鳥為了飛掠任務、已經甦醒過來。這群人裡有航太總署的官員，同時還有一堆記者跟攝影師。預期時間一到，訊號到達了地球——從三十億英里外的冥王星出發，光速走了四小時的訊號——艾莉絲．波曼露出了笑容，豎起了大拇指表示「讚」。新視野號完成報到，準備執行冥王星任務！全場爆出了歡呼聲，緊接著就是香檳、蛋糕與音樂上場。

太空任務界有一項源遠流長的傳統，每回達到里程碑，大家在場合中就要合唱一首「甦醒歌」（wake-up song）。這個傳統可以一路回溯至一九六五年，當時是兩名太空人在雙子星六號（Gemini 6）的航行中被百老匯音樂劇〈哈囉，多莉〉（Hello, Dolly! Hello, Dolly!）的歌聲喚醒。從此以後，所有的載人太空任務都沿襲傳統。到了一九九〇年代的某個點上，由機器人擔綱的太空任務也開始使用音樂慶祝。而針對新視野號從最後一次冬眠中醒來，艾倫從電視影集《星艦迷航記：企業號》（*Star Trek: Enterprise*）裡挑中了〈心中的信念〉（Faith of the Heart）這首充滿渲染力的主題曲，主要是它的歌詞呼應了新視野號的冥王星之行。事實上艾倫一聽到這首歌，就覺得它完整訴說了新視野號任務的故事[24]。

這首歌起頭唱的是：「經過這趟漫長的旅程，我從彼端來到此處。」扣人心弦的歌詞由此開始，講述了一個長途跋涉、克服萬難，不畏敵人攔阻而取勝的故事，能得到這場勝利，靠得是經年累月的毅力，與對夢想的堅持。只不過這首歌到底呼應新地平號任務到什麼程度，團隊的成員要到隔年夏天才會有更深一層的體悟，因為到時候他們才會看到占據冥王星表面大部分的心型區域，而想起這首歌的最後唱道：「沒有我到不了的星星，我有信心，來自一顆心的信心。」

站在冥王星的門口

飛行器冬眠結束剛滿周月，冥王星的飛掠任務於二〇一五年一月十五日正式展開，飛行器開始執行共約十二次上載指令裡的第一個封包，預計全數執行一直到四月初。從遠方看去——大約距離一億五千英里（約二億四千公里）——冥王星依舊只是個點而已，新視野號上的多數科學儀器，根本什麼都還測不到。但其實科學團隊已開始用機上的冥王星周圍太陽風分析儀、冥王星高能粒子光譜科學調查儀、學生塵粒計數器等電漿與塵粒儀器來測量冥王星軌道附近的環境，而且幾乎二十四小時不間斷。

透過蘿莉遠距成像儀，新視野號已經可以開始解析冥王星與凱倫的影像。一周份量的蘿莉影像，可以捕捉到這兩顆天體相互繞行的一次周期再多一點，而這些影像可以接在一起變成小電影。

在小電影當中，冥王星並不會定在畫面的正中央，只由凱倫繞著自己運行。事實上，冥王星與凱倫會同時繞著兩者之間一個看不見、稍微比較靠近冥王星這邊的平衡點在繞圈，雙方就像溜溜球一樣、不停地一進一退。一般衛星則繞著木星或土星這樣的巨行星運動，兩者間可以

24 作者註：歌詞內容不難在網路上尋見，讀過一遍你就會心有戚戚焉。

說存在著天差地別。一般的行星在衛星的簇擁下，會堅如磐石地穩居系統的中心——萬風吹不動。

看著冥王星與凱倫在相互的重力作用下，像溜溜球一般來回，莫名給人一種賞心悅目與欲罷不能的感覺。在行星探索的這幾十年來，人類第一次見到這樣的畫面：一對雙天體相偕跳著搖擺舞，個頭較大的舞者被小傢伙拉過來、扯過去。航太總署釋出這支令人目眩神迷的軌道之舞影片後，沒多久就在網路上爆紅，尤其其低畫質的像素顆粒攜手抖動得厲害的格放畫面，配合上神來一筆的字幕寫著「這不是電腦模擬！」看的人更是感覺趣味橫生。時間來到二〇一五年的四月初，新視野號距離人類第一次探索的雙天體系統，只有一億英里（約一億六千萬公里）多一點點而已了，此時的雙行星在飛行器的眼裡，其亮度已足以讓機上的瑞夫彩色相機初次偵測到冥王星與凱倫。航太總署也於此時發表了第一張彩色畫面。只不過這張首部作品，說真的可觀之處並不太多——上頭不過是相互依偎、糊成一團的兩個小光點。冥王星明顯較大、較亮、較紅，而凱倫則較小、較黯淡，而且色調偏灰。還是那句話，看點不多——但這並不妨礙這些影像爆紅。這些影像自然流露出一種新鮮、「是真貨」的感覺，而且看的人會意識到，這些照片之所以能夠存在，是因為有人做出了機器，然後再把機器送到那麼遠的地方去。光是想到這一層，就足以讓廣大的人類感到興奮吧。惟即便到了此時，航太總署與新視野號團隊的同仁也少有人想到，在他們眼前慢慢蓄積能量的興奮湧浪，會在七月時掀起海嘯一般的冥王星狂潮。

主秀上演前的後台

對外界而言，新視野號任務除了偶爾釋出影像之外，不論是飛行器或是計畫本身，似乎都看不出太多動靜。但實際上，在二〇一五年初的幾個月裡，新視野號團隊都嗡嗡嗡地忙得暈頭轉向，事情一樣接著一樣。你可以想成是要辦桌的高級餐廳。你要是在某個恬靜的午後踏進這館子，餐室裡會看起來一片祥和靜謐，無風無浪無雨。但其實在後場的廚房卻是另一幅你想像不到的瘋狂景象——上至主廚，下到打雜的都忙得像閃電俠一樣變成一道光芒，所有人都拚命希望讓晚上的大餐別開天窗。

在新視野號後台的各種努力當中，其中導航的工作很關鍵，也就是要使新視野號準準地朝冥王星飛去。讓蘿莉拍下冥王星與凱倫互繞的畫面，不光是為了替新視野號打廣告。影像也是早期接近冥王星時的重要資料，屬於OpNav工作的一環。OpNav是太空宅宅的術語，縮寫展開後的意思是「光學導航」（optical navigation），也就是拿冥王星的影像去對比星域，然後以極高的精準度去判斷引擎該如何點火、讓飛行器到達恰好的瞄準點，以便後續的核心飛掠指令序列可以按團隊設計進行。

為了拍攝近距離接近冥王星的照片，新視野號必須預先設想自己與冥王星與各冥衛的相對位置。而任務設計的同仁，估算新視野號在飛掠冥王星時只能誤差最多六十英里（約九十六公里）。再者以設定好的時間點為準，新視野號抵達的時間也必須誤差在九分鐘以內。如果新視野號的導航工作沒有做好，不能達到上述關於距離與時間的要求，那近冥點的影像就會是一片空白或是只照到一半。到時候不論是飛掠任務還是整個新視野號計畫——整整四分之一個世紀，難以想像的付出——就會白忙一場。

在接近冥王星的過程中，任務導航團隊（共兩組）必須要測量出冥王星與星域中星星的相對位置，以便仔細計算、預判冥王星屆時實際會出現的位置。針對導航影像所進行的分析，導航團隊便能加以判讀，看該用多少的引擎點火、修正方向，以便最終到達理想位置。新視野號的飛行路徑是線，目標位置就是太空中的針孔。兩支團隊會各自獨立計算，然後互相參照。這件事不能嫌麻煩，要是出包，沒人擔當得起。

每個星期，隨著新視野號朝冥王星疾馳而去，這兩支導航團隊都會來到艾倫、葛倫及遭遇任務經理馬克．賀德里基的面前，呈報各自最新的計算結果。到了二月中上旬，為了修正航道的瞄準點，第一次小型的引擎點火看來已是勢在必行。於是艾莉絲．波曼與其團隊便開始設計引擎點火指令，並測試與上傳。到了三月十日，新視野號讓推進器點火了九十三秒，微調飛行器接近冥王星的速度，時速的調整幅度僅二點五英里（約四公里）。聽起來不多，但已足以修正蘿莉影像所顯示的累積飛行路徑誤差。這次的修正行動執行得完美無瑕——新視野號的路徑，現已對準了目的地的靶心！

決勝時分

二〇一五年的五月下旬，艾倫為了飛掠任務進駐馬里蘭州的應用物理實驗室。這就是了，在飛掠任務於七月底告一段落之前，他會有好些日子不會回到波德的家。屆時飛掠任務的告終，象徵著綿延數十年的長程目標將有了個結果，成功或失敗，七月底會掀開底牌。

相隔數日，艾倫的機要助理辛蒂・康拉德也來到應用物理實驗室會合，隨即要為留宿的科學、導航、設備工程與媒體公關團隊做好後勤的預備。到了六月底，常駐應用物理實驗室的新視野號團隊人員已經突破兩百位，當中的飛航控制員、工程師、科學家等都已經放棄周末，而且幾乎二十四小時不眠不休地工作。他們用上了應用物理實驗室太空部門裡一棟頗具規模的建物，裡頭有數十間辦公室、團隊討論室、休息室、正式會議室，甚至連同仁想去睇一下、躺一下的空間都有。睡眠室與折疊床是很關鍵的設計，因為人員進駐後的工作量大到無分日夜，休息只能自己抓空檔。

早在四月份，新視野號就已經跨過了「解析度優於哈伯望遠鏡」的成像門檻，而這也代表蘿莉的相機已經開始辨識出前所未見的冥王星地貌。雖然飛行器還距離冥王星有數千萬英里之遙，地球上的科學團隊卻已經開始取得新的認識與發現。

比方說從對哈伯望遠鏡照片的觀察，人類原本就知道冥王星的其中一個半球——新視野號鎖定要近距離飛掠的那一個——有一片大面積而明亮、會反射的區域，就像有人在上頭大筆一揮。來自地球地表望遠鏡的光譜資料，則顯示亮面區域富含結冰的氮與一氧化碳。

而蘿莉的冥王星照片，從一個遙遠的光點變成可辨識大型特徵的碟盤，冥王星的亮面上也出現了一個面積達到陸塊規模的梯形標記。著眼其形狀，艾倫給它取了個渾名叫「印度」。解讀早期照片，有點像是在做墨跡測驗（Inkblot test）[25]。冥王星的「背面」——近冥點時看不到的那一面——顯示赤道附近上有四個大小極為接近、且間隔也十分整齊的黯淡區域，合稱「手指虎」。冥王星，克萊德·湯博在八十五年前發現的那顆光點，如今終於變成一個實實在在的地點，現身在我們肉眼之前。

媒體曝光

新視野號朝著冥王星衝刺的最後數周，有意採訪的媒體如海嘯一樣一擁而上。數百家媒體的說法不是比喻，而是真的有那麼多雜誌、報紙、電視紀錄片與電視聯播網上門來拜託，他們全都想知道新視野號的背景故事。「你為什麼做這件事？」、「你預期會發現什麼？」、「你是如何加入這項任務的？」、「你最擔心的是什麼事情？」這都是記者最愛問的問題。

媒體同樣非常感興趣的事情，還有飛掠任務的技術細節，有團隊成員的個性差別，還有與古柏帶相關的太空科學，這都還只是其中一小部分而已。像這樣的新鮮事——對新行星進行的首次探測——已經缺席了一個世代。而媒體自然不會輕易放過這樣的歷史感。

因為知道不可能所有人都拿到飛掠主秀的側拍「B帶」（B-roll）[26]，因此數十家電視網與紀錄片公司——分別來自美加歐澳與亞洲的一群媒體業者——打算在飛掠之前進行幕後專訪。新視野號團隊很興奮外界的重視日增，但凡事都有一體兩面。記者找上門來，代表科學家與工程師除了每天的本業之外，還得另外抽時間擔任受訪對象。他們不是沒想到會有這一天，只不過隨著飛掠新聞愈來愈熱門，邀約日益頻繁，接受訪問也成了同仁們一種甜蜜的負擔。對此艾倫回憶說：

我們都有每天要完成的技術性工作、計畫管理工作、科學研究工作，都有飛行器工程問題、通訊排程問題、導航問題，還有每天數百封的電郵要處理。結果突然之間，我們日常的工作又多出了一項——每天接受好幾個小時的專訪，動輒訪到深夜。校外教學的小朋友也成群跑來，然後是地方政府官員、知名政治人物、光鮮亮麗的科學界人士，甚至是少數與科學無關的名人。應用物理實驗室開始辦起了晚宴與各種活動，讓團隊同仁與大眾

25 譯註：又稱羅夏克墨漬測驗，為臨床心理學上的一種人格測驗，由瑞士精神科醫師赫曼·羅夏克（Hermann Rorschach）於一九二一年首創。施測者會提出白底上有黑／紅／彩色墨跡的卡片，然後由受試者回答他們認為卡片看起來像什麼的第一印象與思考過後的結果。

26 譯註：錄製影片的術語，主要鏡頭所拍攝的內容為A帶，做為補充的側拍內容則為B帶。

一同參加。我們於是過起了工時長達十七、八個小時的日子，而且是天天如此。

這樣的日子過了兩個星期，我突然意會到：「這已經不是例外，而是新的常態。在飛掠任務結束前，我都不要妄想晚上可以睡四到五個小時以上，甚至很多時候更短也不意外。」與其因為睡不夠而滿懷負能量，我決定化外界的興趣為前進的力量——我要讓這股飛掠熱潮扛著我燃燒腎上腺素，走過這幾周無眠的日子。

危機觀測——清出一條路來

就在公眾與媒體目光都轉到新視野號身上的同時，徹底開不得玩笑的工作正在飛行器跟應用物理實驗室裡如火如荼展開：名為「危機觀測」（hazard watch）的影像拍攝與成像工作。這項工作的目的，在於判斷預先飛行路徑是否安全無虞，又或者需不需要在最後一刻改道、穿越冥王星系統，走科學收穫較少的航道，以求換得飛行器通過冥衛森林時的安全性。

接下來到六月底的七個星期，團隊進行了對潛在危機的大舉搜尋共四次。每一次都採取了相同的步驟：新視野號上的蘿莉相機以高敏感度影像來地毯式覆蓋冥王星周遭的空域，這設計是專門偵測可能威脅新視野號的小型衛星，以及亮度微弱到不行的冥王星環。拍下這些影像之後，經過數日的資料傳輸、送回地球。地球端收到之後，會由一組共十五名資料分析師使用多款專業的影像分析套裝軟體，仔細審視影像，淘選出觀測影像中大大小小的全部細部資料。等影像全部分析完畢，就開始跑模型，跑出來的結果會送到艾倫與葛倫面前，讓他們過目「任務失敗」的機率高低。

五月初一開始，在第一次危機觀測的拍攝過程中，專家級的衛星獵人馬克．修瓦特就覺得自己的軟體——在史上第一組「解析度優於哈伯」的危機觀測影像中——發現了一顆新冥衛。艾倫想說：「不會吧，又來了。不看還好，一看就跑出來一顆，所以到底一共會有多少顆？」所幸在更仔細檢查之後，修瓦特以為自己發現的「衛星」，只是電腦處理過程中產生的東西罷了。這虛驚一場讓每個人清醒了過來，大家在接續幾周的搜尋工作中，更加專心一意。約翰．史賓賽回憶說：

> 要堅守原航道還是改道的重大決定，距離冥王星三十三天的時候要第一次做，因為這是引擎點火最不浪費燃料的改道時機。再來下一個抉擇的時機點是剩二十天，再來就是最後幾周還有兩次，其中改道的最後機會是在距離冥王星還有十四天之際。

但事實證明每一次抉擇的判斷都是：沒有發現問題，循原路前進。新的衛星未發現、冥王星環未發現，其他可能的風險因子也沒有發現。等到木已成舟，就算發現危險也來不及讓引擎點火轉彎時，團隊還可以使出碟形天線擋箭牌的殺手鐧。約翰回憶說：

> 我們最後一次風險觀測，是在距冥王星大約還有十三天的時候，但依舊沒有任何發現。於是在剩下大約十一天的時候，我們做了一個決定，不上傳「以天線為盾」的指令序列，上傳正常航道的指令就行了。這是道分水嶺，從此時開始，我們才感覺自己的使命完成了。也從此時起，我們才敢出門去慶祝慶祝。

新視野號已經窮盡了一切能力，只為找尋可能風險，而證據告訴我們後面已經沒有會礙事的東西！當然，宇宙中永遠可能有偵測不到的東西會要了飛行器的命，但幾個月前，艾倫與葛倫已經與航太總署有過君子協定，只要找不到確知的危險因子，就維持航向，按既定的路線前往冥王星系統。

從第一批離開非洲、到世界各地開枝散葉的人類祖先，到維京人，到波里尼西亞人，到大航海時代的西班牙與葡萄牙人，到阿蒙森（Roald Engelbregt Gravning Amundsenm）[27]與薛克頓（Sir Ernest Henry Shackleton）[28]，到希拉里（Edmund Percival Hillary）[29]與諾蓋（Tenzing Norgay）[30]，到葉格（Charles Elwood “Chuck” Yeager）[31]，到加加林（Yuri Alekseyevich Gagarin）[32]，到雪帕德（Oliver Shepard）[33]，到成功登月的約翰．葛倫、阿姆斯壯、艾德林，到人類歷史上每一位冒險的先鋒，再到之前的航海家一、二號，新視野號跟所有的前輩一樣：

它也正以探險之名、朝未知飛去。不論做了再多的準備，再多次的危機搜尋，再多的數學計算，再多的電腦模擬，新視野號都不可能一絲風險都不冒。

隨著六月結束，七月來臨，新視野號任務即將登上頭條、創造歷史，只不過那頭條的標題要怎麼下，還有它所創下的會是什麼樣的歷史，此刻尚未可知。一切的懸念都還得交由七月十四日、任務最後幾個小時，一切就看新視野號在飛越冥王星系統之後，會不會華麗轉身，回頭向地球報一聲平安。

27 阿蒙森是挪威極地探險家。一九一一年十二月十四日，由他率領的探險隊成為第一支成功抵達南極的隊伍。

28 薛克頓曾多次率隊前往南極探險，包括一九〇七年的寧錄（Nimrod）科學暨與地理學考察任務，雖然最終未能達到南極，但仍成功將人類足跡再向南推進。

29 一九一九—二〇〇八。艾德蒙．帕希瓦．希拉里是紐西蘭籍登山家和探險家。他與和雪巴人嚮導丹增．諾蓋搭檔創下人類第一次成功攀登珠穆朗瑪峰峰頂的紀錄。

30 一九一四—一九八六。丹增．諾蓋，尼泊爾登山家，雪巴人，人稱「雪山之虎」，珠穆朗瑪峰最早的兩名登頂者之一。

31 一九二三—。查爾斯．艾伍德．「查克」．葉格，退役美國空軍准將，是有王牌飛行員美稱的的二戰空戰英雄。他後來成為航太總署的試飛員，也是第一個突破音障（音速障礙），達成超音速飛行的人類，堪稱上世紀人類航空史上的傳奇人物。

32 一九三四—一九六八。尤里．亞歷克賽耶維奇．加加林，蘇聯太空人，蘇聯紅軍上校飛行員，是首名進入太空的人類。

33 一九四六—?。雪帕德是英國探險家，參與過一九七九到一九八二年，人類第一次先從北極去到南極，再從南極回到北極的環球壯舉。

一絲絲的不安

如我們在本書的前面提過，新視野號從設計、打造、發射到航行，共有兩千五百餘位美國人參與。隨著二〇一五年的時序進入七月，冥王星已經近在眼前，這些為任務付出過的工程師、技術人員、發射組員與各種角色的同仁們，開始有志一同地對飛掠任務的團隊致意。打氣的電郵、電話從四方湧入，所有人都鼓勵飛航團隊繼續拚下去，他們一句又一句地喊著：「你們辦到了！我們辦到了！我們終於要到了，衝啊！」

對艾倫、艾莉絲、葛倫、法蘭、萊絲莉、約翰、傑夫、比爾、馬克、克里斯與許許多多的工作夥伴而言，冥王星的飛掠任務已經是他們生活的重心與標竿，大小事都圍繞著任務打轉——有些人的職業生涯逾半都在忙這任務。如今每天看著從古柏帶傳回到地球的影像，上頭的冥王星愈來愈大。而且一天天還將更大，直到即將到來的未來某一刻，冥王星會突然出現在後照鏡裡，然後開始縮小，開始離你遠去。

飛掠之後的人生，會是什麼模樣呢……？距離飛掠大約還有兩星期的一天傍晚，艾倫在下榻飯店邊上的湖畔散了個步，跟他一起的是有著歷史學者與記者雙重身分的艾咪．泰特爾（Amy Teitel）。艾咪其實還有第三個身分。她也是艾倫請來的文字工作者，負責將飛掠相關科學改寫成航太總署新聞稿。他們在湖畔繞著繞著，討論的話題也轉到了他的心境上。艾倫回憶說：

艾咪一出手，就有點出奇不意。她的問題大概是說：「再沒幾天，你職業生涯最重大的事件就要揭開序幕了，而序幕之後就是落幕。很可能你這輩子的成就就封頂了。這你承受的了嗎？」她接著又說：「很多人從這樣的高峰走下來後，就此精神崩潰，對此你打算如何面對？」

也許版本稍有不同，但航太總署許多飛航計畫的科學家與工程師都經歷過艾咪口中的這種狀況：他們一生懸命地專注在任務的成功上，他們與團隊夥伴並肩作戰，然後工作不再只是工作，儼然是一種使命，在這過程中培養出革命情感。接著每當成敗要揭曉的時刻到來——發射、抵達目標、降落行星表面——他們都會發自內心的恐懼。任務那股為了共同目標努力的動能，眼看著即將煙消雲散。他們即將眼睜睜看著團隊解散。他們的未來不再存在著一個可以供他們長年挑戰的高牆。從某種方面來看，這就像是畢業典禮當天，你知道你一路走來的生活，包括所有的目標、意義與人際關係，都將嘎然而止，由一個充滿不確定的前途取而代之。

這種心情，新視野號的其他同仁也感覺到了。在飛越冥王星之前的幾星期前，艾莉絲．波曼跑來找艾倫，說她的任務團隊裡有部分同仁近鄉情怯，害怕起多年來的飛掠任務。她說這些同仁希望任務有煞車可踩，因為他們想要再多領略一下此時此地的酸甜苦辣。她說有些人想到這座烽火臺，這個探索人類史上最遙遠行星的地標，即將成為他們人生的過往，而不再是一個未來，很多人一時間還不太知道該怎麼辦。對此艾倫回憶說：

聽艾莉絲這麼對我說，我才意會到這麼多年來的冥王星任務，對同仁來說就像一盞明燈，照耀著我們所有人的前路，而我心想：「老天啊，原來我們都有著相同的心情。」

我要艾莉絲告訴大家，把心放在即將抵達的里程碑，畢竟這是個在一開始、沒有人看好我們團隊的壯舉。我要艾莉絲請大家開開心心地徜徉在所有回傳影像與資料裡，還有我們能取得的各種新世界新知裡。我要她細細品味從現在到抵達冥王星的每一天，因為這樣的經驗對我們每個人來說，都很可能會是永遠的第一遍與最後一遍。

第十四章

七月四日的煙火秀

崩潰：核心指令上傳時當機

美國國慶日的周末會放假，這對新視野號計畫許多成員來說，都是短則短矣、難得可以喘口氣的良機，也是在十天後的飛掠任務前，最後一次充電休息的時光。任務指揮中心仍得繼續當班來控制新視野號的飛行，但其他人員可以去烤肉放鬆。這讓人想起發射組員在二〇〇五年底的聖誕節假期。休息是為了走更遠的路，而聖誕節休假果然鼓舞了士氣，組員得以成功撐過二〇〇六年一月那漫長而艱辛的發射任務。

七月四日清晨，距離破曉還很久，任務指揮中心的飛航控制員正準備上傳核心指令給飛行器。有了這一長串指令稿可供新視野號遵循，數以百計的科學觀測方得以在近冥點前後的九天內執行完畢。顧名思義，經過徹底反覆測試的核心指令稿，就是新視野號的核心任務。唯有這份指令獲得詳實而精準的傳輸與執行，新視野號才能按部就班通過每道障礙、完成每處電腦記憶體的配置、每筆與地球的無線電通訊、每一次相機鏡頭的拍攝，乃至與飛行器在飛掠期間要達成的每一道使命。

這次的上傳是艾莉絲．波曼導演的大秀，而艾倫想要親眼見證。對他來說，看著核心指令程序由無線電發射出去，意思就跟親眼目睹新視野號發射升空一樣。說起來在重要時刻坐鎮任務控制中心，原本就是他的習慣，這次也不例外。艾倫在大約凌晨三點半來到應用物理實驗室的任務指揮中心，準備看著飛航控制員上傳核心指令。當時在現場的，除了兩人一組的飛航控制小組，就只有艾倫跟艾倫帶來祝好運的甜甜圈了，這是很多人都不陌生的傳統。

到了現場，艾倫在任務指揮中心的暗室後方坐了約莫一個半小時，單純只是當個觀眾。除了偶爾閒聊一下，他基本上都還是看著兩名飛航控制員將指令上傳到遠在古柏帶的新視野號。他想著，能走到今天這一步，中間歷經了多少年的努力，想起了有多少事情的成敗就在此一舉，也想起了人類的知識可以因為今天的上傳成功、又有如何大的進展。他看著看著，對新視野號團隊這十年來的表現之好，心中感到無比驕傲。

到了清晨五點，整批飛掠指令稿已經光速奔向冥王星，距離目的地有三十億英里（約四十八億公里）的浩瀚無垠。一切都很順利，艾倫回到了他在應用物理實驗室的辦公室，想多少再完成點工作。趁著幾乎所有人都去放獨立紀念日的假了，他正好可以來消化一下日積月累的電子郵件、公共事務與後勤團隊會面，然後在可以預見會忙得不像話的下周開始前，接受兩家媒體的電話專訪。

信箱裡有不少電子郵件，其中艾莉絲．波曼就在前一天貢獻了兩封。其中第一封說：「請別在指令上傳期間前往任務指揮中心。這是個很重要的時刻，計畫主持人在現場會讓飛航控制員分心。」她的第二封訊息是：「我知道這麼特別的場合，你會想要親眼目睹，但這是我的一個迷信。我就是覺得我們應該讓同仁們獨自面對這份工作。就算你只是待在任務指揮中心的後頭，我還是擔心這會召來厄運。」艾倫有點後悔沒有早點看到這兩封信，但現在說這個也太遲了，反正剛剛在任務指揮中心裡，也沒捅出什麼婁子。

隨著上午的時間慢慢過去，艾倫不只一次想起飛掠任務指令，正在太陽系中朝新視野號展翅而去：

我不斷地看著時鐘，心想過了一個小時——指令應該已經穿越了土星軌道，已經過了兩小時——指令應該已經過了天王星的軌道。上午過了一半，指令已經到達了距離冥王星不遠的飛行器，在短短四個半小時內走完了新視野號九年半飛行距離。我盤算著，再過四個半小時，我們就能收到回覆訊號，確認指令已經確實上傳完畢，並成功載入了飛行器的記憶體裡。想到這裡，我又回到了日常工作的節奏上。

訊息消失

那天過中午不久，艾莉絲．波曼跟其他幾位任務指揮人員一起在任務指揮中心，他們一起在等待著新視野號的回報，確認核心指令已經完成傳輸與儲存。下午大概一點鐘，第一批訊號如預期般現身，確認了新視野號已經截獲指令稿。艾莉絲回憶說：

原本一切都很順利，但到了一點五十五分，我們忽然與飛行器突然完全斷訊。一片死寂。什麼都沒有了。我們與新視野號失聯了，怎麼等都等不到回音。

一般而言十次失聯、九次問題出在地面接收站：某種設定跑掉了之類的。因為這次的資料上載實在是非同小可，所以我們讓NOPE，也就是我們內部的「網路作業工程師」（Network Operations Engineer）在線上待命。講到綽號，我們還把任務控制中心裡的飛航控制員稱為是新視野號計畫的「冥王星專屬王牌飛行員」（Pluto Ace）。所以接下來發生的事情就是我們讓「王牌飛行員」去請澳洲地面站的網路作業工程師們檢查系統設定，但檢查的結果是一切正常，地面站的設定毫無異狀。

既然地面站並無異狀，那就代表問題不在地球這一方——包括艾莉絲與她手下王牌飛行員所在的馬里蘭州沒有問題，網路作業工程師所在的深空網路坎培拉訊號接收站也沒有問題。這回的失聯，問題出在飛行器自身。

如果說任務控制團隊最不能接受什麼意外，那肯定非飛行器失聯莫屬——那意味著飛行器與地球斷了連結。而連線中斷也就罷了，失聯可能代表飛行器本身遭受到毀滅性的失敗。一想到這裡，艾莉絲感到恐慌久違地一陣陣襲來：

遇到事情，那種你不相信會真的發生、但它真的發生了的事情時，你會感到痛從胃的深處傳來，是吧？我們已經在這趟旅程中走了九年半，而我根本不相信這是真的——失聯的事情從沒發生在我們身上。這時候你會給自己五到十秒鐘害怕跟氣憤，但那之後，你受過的訓練便會隨即介入大腦運作。

出人意表的失聯，讓人不禁擔心飛行器遭遇了不測。新視野號距離冥王星還有數百萬英里，所以距離與冥王星有關的風險也還都很遠。換句話說，新視野號在星際間撞到東西的機率很低，不可思議地低。惟儘管如此，團隊裡每個人都還是在腦中閃過可怕的念頭：我們該不會真撞到什麼了吧？葛倫．方騰回憶說：

我在家接到艾莉絲打來的電話說：「我們剛剛失聯了。」我住的地方離應用物理實驗室只有開車十分鐘的車程，於是我用破紀錄的速度衝回實驗室。一路上我滿腦子胡思亂想。我打了電話給艾倫，結果他人就在應用物理實驗室，所以他比我更早趕到了任務指揮中心。

接到葛倫的電話，讓艾倫感覺非常不真實。他沒想到自己會聽到葛倫・方騰用嚴肅的口吻告訴他：「我們跟飛行器失聯了。」這是會讓人嚇出一身冷汗的危機。艾倫回憶說：

有那麼一瞬間我想說：「難怪艾莉絲警告我，說今早不要去任務指揮中心，這下子她一語成讖了。」當然，這完全是沒有邏輯可言的迷信，只不過我也曾一閃而過這麼做有所不妥的想法。

但我隨即把這樣的想法趕出了腦中。我出了辦公室，鑽進了車裡，前後不到九十秒鐘。然後我開了半英里的車子捱到任務指揮中心所在。途中我打了電話給航太總署，讓他們掌握狀況。我停好車，通過大樓的安全門禁，進到了任務指揮中心。

由於團隊收到了飛行器失聯前的遙測資料，已經趕到現場的克里斯・赫斯曼與所率領的工程師，還不至於巧婦難為無米之炊。他們開始在遙測資料中找尋線索，結果很快就發現問題，在飛行器的訊號中止之前，機上的主電腦同時做了兩件事情，而且兩件事都需要耗用大量運算能力。其中一樣，是壓縮之前拍攝下的六十三幅冥王星影像，以便騰出記憶體空間，供不久後的近距離飛掠攝像使用。在此同時，主電腦還在接受地球的核心指令上傳、並將之儲存在記憶體中。主電腦會不會是腹背受敵、應接不暇而導致重開機了呢？

至少這是布萊恩．包爾（Brian Bauer）的理論。布萊恩是任務當時的自動控制系統工程師，太空船會在負載過重的情況下、啟動自動回復的程序，其程式碼就是出自他的手筆。布萊恩告訴艾莉絲：「如果真是這種情形，那新視野號就會開始使用備用電腦，那麼在六十到九十分鐘之後，我們就應該會收到新視野號的備用電腦的無線電訊號。」

在這漫長的一到一個半小時之間，自控工程師、飛航控制員，還有艾莉絲、葛倫與艾倫一起煎熬著，也一起腦力激盪，想萬一布萊恩的假設錯誤時，他們該如何應變。惟所幸在九十分鐘之後，新視野號的訊號順利抵達，機上的運作已經改由備用電腦接手。

飛行器通訊既已回復，遭受毀滅性打擊的擔心也就不復存在。但這不代表危機已經解除，狀況只不過是進入了下一個階段。

再一次，不計一切代價

任務指揮中心與其周遭的辦公室都很快地湧入了工程師、飛航控制團隊組員，還有其他提前收假、趕回來支援的計畫人員。因為事出突然，所以不少同仁都是放下一切，短褲拖鞋就來了，野餐的打扮都還來不及換。

隨著更多的遙測資料回傳，甫上傳的所有指令在重開機中遭到主電腦刪除。而這意味著當天清晨白忙了一場，核心飛掠的指令序列得要重新傳送。雪上加霜的是，不少執行核心程序需要的輔助檔案，包括最早在去年十二月已經上傳的部分檔案，都得一併重新上傳。艾莉絲回憶說：「我們從來沒有從這等異狀恢復過來的經驗。現在的問題是：我們能不能重新補上程序，以便按計畫在七月七日執行核心指令？」

這意味著團隊只剩下三天時間，把四十八億公里外的「蛋頭先生」（Humpty-dumpty）[34]再重新攙扶起來。要是做不到，隨著時間流逝，團隊就會每天錯過數十禎冥王星的特寫觀察，團隊精心打造出的核心飛掠任務也會一點一滴不戰而敗。於是任務團隊突然陷入了一場與時間的賽跑。三天內，他們能不能挽回多年計畫與數月上傳的心血，將會一翻兩瞪眼。

新視野號計畫要在飛行器出狀況後重新站穩腳步，各種努力將以ＡＲＢ做為核心，而所謂ＡＲＢ就是一系列以「異狀檢討委員會」（Anomaly Review Boards）為名所召開的正式會議。很快地在下午四點，也就是飛行器恢復通訊後短短的四十五分鐘後，關乎七月四日異常的首場異狀檢討委員會，就在毗鄰任務指揮中心的會議室召開。

在異狀檢討委員會會議中，團隊成員首先得回顧事情的來龍去脈，然後評估如何回復飛掠計畫，並確定復原過程中，不會對飛行器造成二次傷害。飛行器重開機後跳到備用電腦上，對整個任務造成的挫敗，其嚴重程度可以說令人瞠目結舌。眾人速速計算了一下，團隊必須要在三天內完成好幾周的工作量，如此才能趕上七月七日的飛掠核心指令啟動，而且這次一點差錯都不能出。

更讓人頭大的是，修復工程的每個動作都必須遙控，每次在任務控制中心與飛行器之間一來一回，就是九個小時。在科學課堂上，師長總教導我們光速有多快。他們說以光速行進的訊號想環繞地球一周，只需八分之一秒，而在地球與月球之間往返——將近五十萬英里（約八十萬公里）的距離——也只需兩秒半而已。只不過心急如焚、滿腦子只想趕緊讓飛行器回到正軌的新視野號團隊而言，地球與冥王星之間的距離遙遠到讓光速慢得令人無法忍受。

組成異狀檢討委員會的成員，知道在媒體的萬千關注下，新視野號在臨門一腳之際絆了一跤的事情，終將紙包不住火，外界得知此事只是早晚的問題而已。短短十天之後，飛行器就將快速飛掠冥王星系統——天體力學的運動無人能擋——能不能在通過冥王星系統之際，蒐集到歷經近十年、千辛萬苦才有機會取得的資料，又是另外一回事了。

艾倫與葛倫開始了會議，他們對在場者精神喊話，說新視野號團隊是他們所知最優秀的太空飛行團隊。他們說世上若有一群人能力挽狂瀾、把任務救回來，非這間會議室裡的各位莫

34 譯註：愛麗絲夢遊仙境裡的故事角色。

屬。兩人鼓舞完畢，便將發言權交給艾莉絲，由艾莉絲來針對救援任務運籌帷幄。

艾莉絲首先發問的對象是艾倫。她想知道的是他們今天損失了哪些觀測資料，還有在近距離飛掠指令於七月七日啟動之前的未來三天，他們還會損失哪些科學觀測的機會。她想親口向計畫主持人確認，除了重新設定飛行器，重傳近距離飛掠所需的檔案與指令以外，由她所率領的團隊，需不需要連同這四日的觀測也救回來。艾倫回憶說：

關於這個問題，我沒有要求在場的其他科學團隊成員進行討論，我甚至沒有讓我的飛掠規畫大將萊絲莉參與意見。我確知艾莉絲的團隊需要斬釘截鐵的裁示，而不是囉哩叭唆又不乾脆的廢話。我知道他們需要專心救回主任務，而不該去擔心飛行器未能進行的觀測。我請艾莉絲專心讓我們回到正軌上，重點是近距離飛掠任務一定要準時開始，其他的事情都是枝微末節。

艾莉絲希望獲得進一步的釐清。她於是非常精確地問了我一句：「以目前指令的數量而言，有多少我可以直接放棄掉？」我知道要以大局為重，也知道什麼是大局。我知道什麼是蛋糕，什麼是蛋糕上的糖霜。我估計核心指令大致涵蓋了九成五我們想在冥王星系統內完成的工作。而非核心的指令全部加起來，包含這天因為主電腦異常而被擱置的指令，相較之下只是陪襯的細節。我注視著艾莉絲的眼睛說：「我只在乎核心指令，你只消盡一切力量，讓核心指令能夠在七號成功啓動，這中間你要丟掉多少東西都悉聽尊便。」

有了這句話，艾莉絲像是吃了定心丸。她眼下唯一的使命，就是救回核心飛掠的指令序列，其他的東西都可以犧牲，都可以放棄。問題是時間來得及嗎？

艾莉絲與其團隊匆忙但仍有條不紊地擬定了復原計畫。接下來的三天，他們必須設計並建立好所有的指令來讓飛行器重歸主電腦駕馭，然後重新發送所有佚失的飛掠程序與支援檔案，全部回復核心指令群。來到這一步之後，所有重新上傳的指令，得先拿去新視野號任務模擬器上全部試跑一遍，然後才能在飛行器上真刀真槍地執行。先測試過，是為了確保接下來每個步驟都能夠一次成功——畢竟他們已經沒有重來的餘裕了。飛掠核心程序需要上線的時間，他們牢牢記在腦子裡，那是七月七日的正午時分。所以艾莉絲的團隊確認還剩下的所有時間，然後除以光速來回所需的九小時時間——每組指令或程序都需要這麼多時間來發給飛行器，然後由飛行器回覆已經成功執行。若計算所有必須在地球上完成的事情，艾莉絲團隊算出在七月七日正午前，即核心指令程序必須載入執行前，他們只剩三輪通訊周期可以運用。

在此狀況下，復原工作必須分成三步驟。首先，團隊必須下令讓飛行器的通訊模式從緊急狀態恢復正常。因為緊急與正常通訊模式的位元速率相差一百倍，所以不先恢復正常通訊，想進行後續的復原工作將是緣木求魚。惟這最基本的第一步，團隊就估計要花上約半天的時間來寫出程式，完成測試，傳送給新視野號，然後取得新視野號的確認。**滴**、**答**、**滴**、**答**。

第二步，艾莉絲團隊必須下令讓飛行器在主電腦上重開機。只有重開機，上傳過去的飛掠指令才能產生作用。透過重啟，飛行器可從備用電腦切回主電腦，一路上從沒有做過這事情，所以團隊必須要從頭設計程序，寫成程式碼再拿去模擬器上測試，然後測試的結果，還得再經過人工檢查無誤，程序才能發送給新視野號。最後，團隊還必須要有條不紊地回復全數的核心飛掠檔案，然後讓飛行器重返飛掠任務的正常進度。這三步驟的計畫擬好，時間已經幾近午夜時分，但休息不可能，他們仍舊得繼續分秒必爭：從午後失聯起算，他們剩餘的時間已經失血了超過十個小時。**滴**、**答**、**滴**、**答**。

在艾莉絲所率任務指揮團隊與克里斯・赫斯曼之飛行器系統團隊的合作無間下，第一組指令終於在七月五日凌晨三點十五分，也就是新視野號恢復通聯約十二小時後，順利完成了撰寫、測試與發送。

九個小時後，也就是七月五日的正午，任務指揮中心接獲了確認的訊號，地球與飛行器間已恢復正常通訊！但這時一天已經過去，而新視野號又朝目的地冥王星飛馳了將近百萬英里。復原工作的第一步順利完成，但距離核心飛掠程序必須上線的期限，只剩兩天了。**滴**、**答**、**滴**、**答**。

超人的演出

接下來數日，新視野號團隊的工作與生活都是以地球與飛行器間通訊的九小時周期為準。他們沒得怎麼睡，只能拿腎上腺素去讓小宇宙爆發。他們已經是共事十年以上的老同事了，飛行器出問題不是沒有過，但這麼大條、得失這麼重大的事情這還是頭一回。這次的狀況嚴重到同仁得二十四小時待在任務控制中心吃睡，而他們對此無怨無悔。

葛倫回憶說：「團隊對該做的事情完全不推卻。而我只能設法尋找可以讓他們瞇一下的地方，希望盡量能比在辦公室打地鋪舒服一點。」艾莉絲還記得：「我們找來了折疊床、毯子與枕頭，還有人帶了張充氣墊來。但現場依舊是僧多粥少，所以我們只能大家輪著用。」艾倫則回憶說：

> 那幅光景真是令人動容。大家沒有一聲怨言，不分日夜地堅守崗位——同仁們有時一連好幾天都沒有乾淨衣服可換，也沒有地方可以好好睡個覺、沖個澡。有人累了就直接趴桌上睡，有人每天只靠打盹兩三個小時撐著。到外頭用餐太花時間，我們還特地找了人來負責訂餐，好讓同仁們不要餓著。

復原工作

為了確保復原工作的每一步都不出差錯，復原工作每個環節都得經模擬器測試確認過。由於新視野號任務模擬器可以忠實還原飛行器的實際情形，在上頭測試上傳的指令，也確實可以為程式除錯，進而確保最終送往飛行器的指示沒有任何瑕疵。

到了最後關頭眾人才赫然發現，原來多年前做的一個決定，現在竟成了任務的浮木。還記得艾倫擔心團隊裡沒有一台代班的模擬器嗎？就因為艾倫顧慮到這一層，所以他們才建了模擬器二號機。嗯，在七月四日的那個周末，因為時間太過緊迫，要想測試完所有的新指令，一台任務模擬器根本不夠。所以團隊立刻搬出原本的備用機，加倍火力。要是沒有模擬器二號機，復原工作可能得多耗好幾天，那等飛行器修好，僅此一遍的機會就錯過了，也沒剩多少值得做的科學觀測。

使用在新視野號任務模擬器一號機與二號機上測試過的程序，再將新視野號帶出安全模式，並令其重回主飛航電腦，掌控第二個回復步驟，最後執行成功告終，並於七月六日收到了飛行器的遙測資料確認。

再接下來，飛行器必須重複在七月四日上載飛掠指令稿、還原之前進行過的電腦組態設定，然後就可以進展到復原工作的最後一步，也就是核心指令連同主電腦異常重開機時失去的數十個相關輔助檔案，全部重新上傳一遍。這些復原步驟與事前模擬器上進行的所有測試工作，包含計畫並確認每個步驟的多場異狀檢討委員會會議，就耗盡了七月六日的二十四小時。

但奇蹟似地在七月七日接近中午時，復原工作竟然大功告成。雖然精疲力盡，但團隊確實成功讓飛行器的運作回歸正軌，再次準備好迎接飛掠任務。此時距離核心指令必須載入執行的最後期限，只差四個小時而已。

展開鑑識工作

七月四日的電腦異常重啟，與事後如煙火秀似的瘋狂復原工作，新視野號計畫到底損失了哪些科學觀測呢？為了不至於一敗塗地，艾莉絲團隊確實遵照了艾倫的指示，「不惜一切代價」把核心飛掠任務給救了回來。回頭來看，他們確實捨棄了復原工作那三天當中、原本可以進行的全數科學觀測，因為條件實在不允許他們重排觀測行程。一方面想重排這些觀測，一方面想將飛行器帶出安全模式，再重新趕上近距離飛掠，這兩者間是有衝突的。正所謂魚與熊掌不可兼得。

但艾莉絲的團隊確實成功救回了部分，異常發生時有六十三幅影像正好在進行壓縮。這些影像必須經過壓縮、才能符合儲存的需求，因為較大的「毛片」事後必須刪除，騰出記憶體空間，才能容納飛掠任務需要的資料。在復原的過程中，艾莉絲團隊在飛行器的運作時間中覓得了一處空檔，並在裡頭排入了檔案的壓縮工作，由此這珍貴的六十三張圖片才得以倖存下來。

那在七月四日周末的復原工作中，遭到捨棄的所有接近觀測呢？艾倫指派一項工作給飛掠規畫大將萊絲莉．楊恩，那就是組成一支勁旅來分析這件事情。萊絲莉率其手下猛將，在飛行器復原工作的三天裡檢視了每一項錯過的觀察，然後評估對整體科學收穫的影響。經過分析，他們發現這錯過的每一項觀察，日後都會對應後續一個解析度較高或距離較近的相似觀察，而這便意味著觀測目標並沒有哪個被漏掉——除了一個以外。唯一的這個例外，就是原本排在七月五日與六日要對冥王星周遭衛星進行的最後一次搜尋，因為在這兩天裡，新視野號還沒有近到能覆蓋冥王星周遭的星域。原本可以用數倍的搜尋敏銳度，探索潛在冥衛的存在。等後來所有的冥衛搜尋畫面都經過科學團隊仔細檢視過後，發現的新冥衛是零顆。這讓科學團隊中的很多同仁都嚇了一跳，因為之前只要哈伯太空望遠鏡認真看一下，就又會蹦出新的冥衛來。新視野號會在那些被捨棄的搜尋中找到新衛星嗎？沒人知道，或許有朝一日，未來有新的冥王星軌道任務，人類可以再好好搜尋一遍。

話說七月四日的異狀，究竟一開始是怎麼會發生的呢？同時間太多任務一起進行、會造成主電腦當機，難道不是預期得到的事情嗎？

七月四日在新視野號上跑著的程序，確實已經徹底測試過了。但弄了半天，不同工作之所以會重疊，引發電腦過載當機，出於深空網路排好把核心程序傳出去的時間，好死不死，正好跟壓縮畫面的時間卡在一起。若是核心指令早幾個小時或晚幾個小時送出去，那主電腦就不需要壓縮影像到一半、已經滿身大汗了，還得騰出手來儲存指令。所以說團隊是不是早該想到，這兩項活動可能在時間上重疊，而特地事先測試一下？以馬後炮來講，是，確實應該。但當飛掠任務序列在二〇一三年密集進行測試時，深空網路還沒有排定二〇一五年的行程，而在當時看來，核心指令上載與觀測影像壓縮相沖的機率甚低。艾倫回憶說：

> 回過頭來看，毫無疑問地我們應該注意到，指令上傳與影像壓縮撞期的可能性，並

且測試來以防萬一。而且就算是二〇一三年，深空網路還沒排定要何時傳輸核心指令時，所以沒有進行測試，也該在二〇一五年，時程已經排定後、再來進行測試。這樣的疏忽，我們難辭其咎，而為此我們也付出了七月四日別人在外頭、我們在實驗室裡「放煙火」的代價。但真要說起來，我們竟然只漏掉這麼一處細節，表現還是很難能可貴的——畢竟我們面對的，扎扎實實地是遭遇作業中數以萬計的小地方——其他地方我們都沒有傷害到任務。這些年的規畫、測試、模擬與點點滴滴的未雨綢繆，辛苦都沒有白費，除了七月四日之外，我的收穫基本上銅牆鐵壁、瑕不掩瑜。

第十五章

好戲登場

當更好不等於更好

隨著近距離飛掠任務啟動，在應用物理實驗室幕後同步進行的數十樣工作中，有一樣決定至為關鍵：如我們先前解釋，為了達成飛掠任務的各項目標，飛行器必須按時來到近冥點，快慢誤差均不能超過九分鐘（僅僅五百四十秒）。只有做到這一點，飛行器的指向才能確實讓冥王星與冥衛精準進入鏡頭與光譜儀瞄準器的中央。

可以做到這個程度，主要得歸功於一絲不苟的光學導航與火箭引擎的點火，才抓準近冥點的時間。但數學分析顯示光靠這兩樣武器，尚不足以保證飛行器可以落在關鍵的加減五百四十秒窗口中。為此在應用物理實驗室，設計師讓新視野號內建了一款聰明的軟體，能在來不及點火後，修正殘留的時機誤差。這個軟體名叫「時機知識更新」（timing knowledge update），而其功能是調整新視野號的機上時鐘。基本上，這個軟體所做的事情，就是蒙蔽新視野號，讓飛行器誤以為自己在核心指令的執行上超前或落後。透過這種做法，所有計畫中的飛掠活動都能前後滑移至多五百四十秒，藉以與最終也最佳的預期到達時間達成同步。這樣的過程，已在地球上以新視野號任務模擬器進行過多次模擬，但在二〇〇七年飛掠木星時並沒有這樣的需求。換句話說，這是個欠缺實戰經驗的流程。

隨著飛行器接近冥王星，光學導航團隊天天忙著看最新收到的影像，要判定近冥點的時機誤差是多是少，然後再計算出「時機更新軟體」需要進行多少校正。與此同時，萊絲莉．楊恩正率其遭遇規畫團隊，利用先進軟體工具來製作一份「科學後果報告」（science consequences report），其中每筆近距離接觸的觀測，都會根據最新預測的時機誤差來進行模擬，預判——在不做修正的前提下——哪些會成功，哪些會失敗。

模擬結果令人大吃一驚，等完成最後一次引擎點火、新視野號接近冥王星的最後衝刺階段時，預期的時間誤差看來出奇地小——連兩分鐘都不到——遠低於可以接受的九分鐘誤差值內。萊絲莉的科學後果報告，顯示即便不做任何修正，也沒有任何一個科學觀測會以失敗作收，只不過校正下去，可以為部分的觀測加分——觀測目標能拍得更中間，更漂亮。

此時距離最終飛掠僅剩幾天時間了，要把何等程度的時機更新發給新視野號，現在必須有個結論。而為了做出這個決斷，一場會議由是展開。這場會議的形式是先將導航計算結果與科學後果報告內容對所有人公開展示，然後等所有人都看夠了、尖銳的問題問夠了、所有的「萬一」也都探究過了之後，統籌這項工作的馬克．賀德里基便會開始巡會議室，然後逐一徵詢技術方面的幹部意見，問她或他的一票投給GO或者NO GO。這個投票過程會從系統工程師開始，然後輪著是任務操作人員、導航、計畫科學家，再來是計畫經理葛倫．方騰。而身為計畫主持人與最終的仲裁者，艾倫會最後一個表達意見，畢竟到頭來還是他說了算。對此艾倫回憶說：

馬克在會議室裡繞著，一路上回收著「GO」的意見。這有點出乎我的意料。我們穩穩當當地待在九分鐘的安全範圍內，而且萊絲莉的報告中，顯示時機更新可以讓某幾筆觀測的成效更理想，但不更新也不會造成任何一筆觀測失敗。我知道我們團隊都希望把每筆觀測的「分數」衝到最高，但從我的角度去看，我們已經可以翹腳等著收到全A的成績單了。再者，「時機知識」的更新從未在飛行器上實際跑過。所以我有點意外沒聽到這種質疑：「時機更新成功，我們不過將成果提升一點點，為此甘冒時機更新、出了差錯，弄巧成拙的風險，值得嗎？」這場「民意調查」一路到了一人之下萬人之上的計畫經理葛倫．方騰（那一人就是我），而他的選擇也是「GO」。這樣的結果我真的是很難相信！畢竟我們幾天前才剛去鬼門關前走了一遭回來。我們不過是一點點小地方不夠周全，就讓飛行器在七月四日的周末進入了安全模式。所以說看到含葛倫在內的所有同仁都想拚這一拚，我感到有點不可思議。我沒想到竟然沒有一個人覺得應該「見好就收」，反而大家都想要「精益求精」，即便拚下去的結果可能是全有或全無。

在我的腦海裡，這個情況就像二〇〇六年，我們在佛羅里達要進行第二次發射時的處境一樣。當時也是所有人都說「GO」，而我必須力排眾議說「NO GO」，因為我不想讓應用物理實驗室的控制中心靠備用電力來操作發射過程。我並不想掃所有人的興，但我必須中止當時的發射，因為我並不想只因為所有人都沒有意見，就去冒一個我覺得不該冒的風險。

於是就像在二〇〇六年的發射意見徵詢一樣，時機更新的民調也是一路過關斬將，直到問題被丟到我的面前，但我還是力排眾議地說了一聲「NO GO」，但對此我有提出我的立論。我問大家：「有什麼事情是大家知道我不知道的嗎？我們已經成功擠進時機窗口的窄門了，有什麼理由我們非得在這節骨眼上測試新功能嗎？」我一連問了兩次，都沒有人吭聲，於是時機更新的提議正式遭到我的否決。

會議結束後，我回到應用物理實驗室校園另外一側的辦公室裡，然後我發現一下就收到許多電郵與訊息。透過這些訊息，剛剛也在現場的同事告訴我他們鬆了一口氣，還好我沒有因為眾聲喧嘩、就失了自己的主意。他們覺得我做了正確的決定，他們也覺得盲目地追求「更好」，可能會讓「已經很好」都從手中溜掉。我也很開心自己挺了過來，因為飛掠任務要失敗，還有起碼一百種辦法——我們難道是嫌這任務還不夠緊繃？

馬里蘭州的人潮漩渦

就在飛行器朝冥王星衝刺的同時，電視、報紙與網路上的媒體報導也愈來愈多，就像慕名來到應用物理實驗室的群眾。

在應用物理實驗室校園前端的柯薩科夫中心（Kossiakoff Center）有一棟主建物，內部有一個大禮堂，有自成一格的辦公室與會議室，可供媒體活動、簡報與專訪使用，甚至還有一處開放空間能容納為數不少的群眾，所以很多媒體與公眾活動都辦在這裡。隨著人潮愈聚愈多，訪客開始分發到不同顏色的胸章，以區分他們的身分是媒體、訪客、貴賓，還是新視野號計畫的工作同仁。進入接近冥王星的最後一周，來自北美、南美、亞洲、歐洲、澳洲與非洲各媒體的記者、特派員與紀錄片拍攝人員已經多達數百名。

但媒體與親朋好友，只是湧入應用物理實驗室的一部份人而已。二〇一五年七月中，位於馬里蘭州丁點大的勞瑞爾市成了人潮的磁鐵，因為在這兒的應用物理實驗室成了死忠太空迷的朝聖地，不來不行：一整個世代，第一次有人造飛行器掠過新行星，錯過成何體統。現在因為有網路，所以有心人只要稍微上網一查，就可以不受時空的限制、掌握任務的現狀，看到新的影像，也能享受到冥王星熱潮的盛況，不論你在地球上任何一個角落都無妨。但總有些跟同道中人聚在一起的正能量，那種一起體驗人類渺小的心情，你非得親臨現場才能感受得到。

應用物理實驗室的公關團隊不是沒有經手過大型的公開活動，但新視野號的魅力充滿源源不絕的爆發力，有興趣的人持續殺到，令他們一時也感到有點不知如何是好。到了七月十四日的上午，也就是新視野號抵達冥王星的當日，集結的群眾已經多達兩千餘，媒體區的電話響個不停，新視野號任務與航太總署的網路伺服器也因為數億人次網友的湧入——最後暴增到數十億人次——而疲於奔命。

在應用物理實驗室現場的群眾中，包含了一票行星探險界的聞人，外加不少在冥王星探險中的關鍵角色。十四年前以冥王星外太陽系探索者提案小輸給新視野號的賴瑞．艾斯帕西托，艾倫的老教授，也來到了現場。也許在某個平行現實中，飛掠任務的計畫主持人應該是賴瑞才對。但他還是來了，帶著微笑與想要共襄盛舉的心情來了。噴射推進實驗室原先的冥王星任務研究領導者，羅柏．史蒂勒與史黛西．維恩斯坦也來了。此外現場還看得到新視野號從無到有、一路上許多關鍵角色。在新視野號建造的晚期，做過應用物理實驗室太空事務部門主管，後來在新視野號發射前夕與任務初期轉任航太總署署長的麥可．葛瑞芬。說到航太總署，其現任的高層官員也於此時傾巢而出，當中包括當過太空梭指揮官、時任署長的查爾斯．波登（Charles Bolden）。波登特別開心看到現場一群「冥王星的小夥伴」（Pluto Pals）——這群興高采烈的小朋友之所以受邀，是因為他們的生日都是九年前的同一天，即新視野號發射的那一天。

名人的加持也讓現場更加星光熠熠，應用物理實驗室的校園裡添了些夢幻氣氛。這些彷彿自帶蘋果光來訪的大咖，包括美國公視節目主持人比爾．奈、新視野號的貴人參議員芭芭拉．

米庫爾斯基、皇后合唱團吉他手布萊恩·梅、魔術師大衛·布萊恩，還有搖滾樂團「冥河」（Styx）。

當然在此同時，新視野號的團隊成員仍在幕後努力執行飛掠任務。有冥王星任務圖案在胸口跟美國小國旗在肩上的颯爽黑色團隊ＰＯＬＯ衫穿在身上，這些同仁員在人群中非常好認，而一從閉門會議中現身，他們一被發現，就會在團團包圍下被要求受訪、握手、自拍，幾乎無一例外。

冥王星之心

在近距離飛掠之前的那個星期，累積多年的臆測開始土崩瓦解，主要是隨著特寫的影像一張張傳回地球，冥王星愈來愈沒有祕密，其面貌也愈來愈清晰。早在新視野號抵達冥王星之前，根據哈伯望遠鏡拍下的冥王星影像，接著馬克·布伊根據這些影像跟一雙巧手建構了粗略地表地圖，我們知道冥王星的地貌非常多元，且區域之間的明暗反差極大。但之前我們始終無法排除一種可能性，即這些多元地貌僅限表面，就像漆上油漆一樣。

隨著團隊的科學家開始辨識出影像中的圖案，他們也做起了人類向來都很愛做的事情：他們開始給東西取名字。當然一開始取的名字，都只是暫時叫一下而已，主要是隨著每天過去、冥王星的真面目都因資料流入，顯得益發清晰。這些名字感覺很免洗，所以也難免天馬行空（就像之前提過赤道帶的圈圈被取名為「手指虎」）。說起冥王星的赤道，靠近那兒有一個深色而橢圓的區域，模模糊糊地形似一隻卡通畫的的鯨魚，於是「鯨魚」之名不脛而走。再來在新視野號準備飛掠的那個半球，上頭有個最大的亮點（真的亮點不是比喻），也就是艾倫早先稱之為「印度」的地方，又自轉回到飛行器的視野裡了。而且比起前一個冥王星日（相當於六點四個地球日）看到的時候，印度這次顯得大上很多。這次的印度看起來圓多了，北緣是兩瓣有如耳垂一樣的輪廓，南邊則是由寬而扁慢慢收尖。航太總署的媒體聯絡人蘿瑞・坎帝由（Laurie Cantillo）一看到就問：「是只有我嗎？還是有誰也覺得那個亮點像一顆心？」而她這一發難，大家的印象就都烙印了下來，那活脫脫不就是顆愛心嗎！

隔日航太總署發了篇新聞稿宣布「冥王星有心」，而這消息立刻一傳十、十傳百地爆紅。這真是天上掉下來的廣告素材，「冥王星之心」成了秒殺距離感的哏王，社群媒體上的能見度直衝雲霄。這顆心成了冥王星最具辨識度的特徵，有了這顆心的加持，太陽系裡原本不起眼的小不點，一下子成了大家眼中的小可愛，不再是位置上與意義上的邊緣人。短短數日，冥王星的「心」就登上了無數的網路漫畫、T恤、女裝、冰箱磁鐵、手作珠寶與孩子們捧著的絨毛玩具。蘿瑞・坎帝由後來說：「在二〇一五年的夏天，冥王星成了人類眼中的寶貝『甜心』。」

「怎麼看都看不夠！」

七月十三日周一將近午夜，航太總署由深空網路的通訊天線收到一包珍貴的資料，這傳自新視野號：在近冥點之前，新視野號的最後一筆，也是最棒的一筆回傳。這，就是所謂的「失效—安全」資料組，即便新視野號之後有個萬一，包括被沒有偵測到的星際殘片擊毀，這次的任務也不至於空手而歸。這個量不算大、但質非常優的科學收穫，是在為新視野號任務買個保險。

在這之後，有超過一天的時間，新視野號會極度忙於擷取鄰近冥王星的資訊，其碟型天線將抽不出空檔來指向地球，所以無以與地球溝通。但這無妨，因為這時的新視野號是在完成其誕生的使命：拍攝冥王星外貌的細部照片、標定冥王星表面的組成、研究冥王星的大氣層的成分，然後轉向拍攝冥衛中的大哥凱倫，接著輪流短暫研究一下其他顆較小的冥衛。接下來的三十個小時左右，新視野號上的七款科學儀器將聯手出擊，針對冥王星系統裡的六顆天體，分別進行共計約兩百三十六筆獨立的科學觀察與測定。

所有的失效—安全資料——包括最新的表面組成光譜、大氣光譜與冥王星的「大頭照」——都在七月十三日午夜前夕抵達地球。若說「失效—安全」資料是一頂王冠，那王冠上的那顆瑰寶就是單張全幅的黑白影像，上頭是新視野號在傳輸開始前才拍下的完整冥王星半球。當然事後論及畫質最銳利、細節最豐富的冥王星照片，絕對輪不到這張，但在回傳的當時，它的拍攝位置仍要比地球上最近距離的冥王星照片要再近上三倍，解析度與震懾力都是當時的第一把交椅。

約翰．史賓賽率五名從新視野號計畫中挑選出的科學家，包含了哈爾．威佛，準備一起處理這幅影像。他們幾乎是通宵達旦，才能在隔天早上對全世界發表新聞。若說世上有群科學家不在乎美容覺，這群人就是了。約翰回憶說：

光是能成為新視野號的一員，我們就覺得自己是天之驕子，而能在幾十億人之前，成為五個搶先看到冥王星模樣的幸運兒，我更是感動莫名。而那確實是張有看頭到令人無法相信的照片：你馬上能看到一部分的冥王星，表面有著大量的隕石坑，歲月感油然而生，而另一部分則看起來幾乎毫髮無傷，所以肯定比較年輕。同一顆冥王星，地表年齡竟能天差地遠，這幾乎是聞所未聞的天文事件！

艾倫回憶說：

我沒辦法成為通宵處理影像小組的一分子，因為我得養精蓄銳，迎戰隔天，肯定有二十四小時都應付不完的媒體採訪、記者會，還要顧任務本身的關鍵作業。我想我那晚大概只睡了四小時吧，但隔天起床，當我看到那讓我「落下頦」的冥王星大頭照時，我整個人都醒了。那可不是另外一張模模糊糊的照片，因為距離太遠而顯示不出什麼細節——那是一張有如剃刀般銳利、首次刻畫出冥王星地質之美的寶貝。經由這張照片，冥王星確立了自己是個太陽系「景點」的地位，就跟火星或泰坦或甚至地球一樣，也突破了我對其所有最瘋狂不羈的想像。你看得到山脈的走向，看得到表面被隕石坑重創，看得到深邃的峽谷，看得到巨大的冰原，這都還是冰山的一角！真的太奇妙：冥王星美極了。我們中獎了。我的視線移不開。

第十六章

攻頂聖母峰

最後倒數

近冥點的確切時間會落在七月十四日星期二，東部標準時間七點四十九分五十秒。但當這個時刻真正來臨時——明明是件晝時代的大事——我們當下卻有點空虛，因為我們既沒有東西觀看、也沒有新發現可以對外發表。如我們先前描述過，此刻的飛行器正忙著汲取資料，而無暇與地球通訊。新視野號以不到八千英里（約一萬兩千九百公里）的距離掠過冥王星表面，並卯起來儲存資料。同一時間在地球上的應用物理實驗室，新視野號團隊則轉播公開倒數，既要彰顯這一刻的重要，也慶祝這個里程碑的到來。

在應用物理實驗室的柯薩科夫中心，甚具規模的禮堂與室內轉播區，都已經滿到超過設計負荷，訪客人數已塞到地方消防法規的上限。數位鐘顯示距離飛抵冥王星還有多少小時、多少分鐘，乃至於多少秒，而此時除了秒還在動以外，另外兩個數字都已然歸零。而隨著僅存的那幾秒愈數愈少，艾倫領著在場群眾喊起了十……九……八。每個數字都從團隊同仁與太空迷口中之間，整齊地嘶吼出來。尤其是近冥點前的最後一秒，熱情徹底釋放的歡呼更是爆發了出來，現場瞬間只見一片由笑容與瘋狂搖動的蝴蝶袖構成了美國旗海。

在倒數完畢的T－0當下，在新視野號經過長途跋涉、通過近冥點的同時，他們把冥王星全幅畫面。瞬間投影到了原本倒數鐘的所在位置，一個巨型螢幕創造出了即便處於室內、卻彷彿身歷其境的感受，就像我們也去到冥王星旁邊一樣。

這場面，讓人不禁從尾椎傳來一陣顫抖。有人吹口哨、有人歡呼、有人喜極而泣。艾倫偕幾位團隊成員與湯博．克萊德的後人，一起舉起了一張印成海報大小的郵票，那正是美國在一九九一年發行、上頭印著冥王星尚未經由人類探索的那張郵票。只不過這一次，「Pluto not yet explored」（冥王星未經探索）裡的not yet兩字被畫掉了，所以念起來就變成了「Pluto…explored」（冥王星已獲探索）。那幅畫面同樣在網路上瘋傳。

此時在遙遠的冥王星系統深處，孤軍奮戰的新視野號，正在做著十二年前就預期要做到的事情。隨著與冥王星外加五顆冥衛在宇宙中閃身交會，新視野號蒐集了有如館藏一般浩瀚的資料，到時候要回傳起地球，可是得耗時十六個月之久，當然這有一個前提是新視野號能平安通過冥王星系統，所有的科學觀測也都大功告成。關於這一點，老天到底保不保佑呢？

想知道這個問題的答案，就要等飛行器後收工後再回傳訊號，但新視野號要執行完任務，發出訊號，然後訊號還得飛到地球，這從頭到尾得等上漫長的十四個小時。十四個小時後，團隊同仁與全人類才會知道新視野號是否健在……

漫長的等待

眾人雖然等著新視野號「報平安」，但對外還是得繼續做公關。所以航太總署與新視野號團隊以飛掠任務為核心，安排了一整天的節目。約翰．史賓賽回憶說：

那天接下來的時間，感覺是一場媒體風暴。一整天下來，我大部分的時間都待在柯薩科夫中心，跟記者或電視圈的人講話，團隊裡的其他人也都跟我一樣。

艾倫回憶說：「外界的興趣源源不絕。飛掠當天與隔天，我們不論去到哪邊，都會被長長的記者人龍與要簽名的民眾包圍。」

不過媒體把團隊的同仁們弄得很忙，或許也是好事一樁。這樣他們就沒時間為了飛行器的狀況窮緊張。

那天下午，航太總署舉辦了一場公開座談會，由科學團隊的成員主持，分享他們根據「失效—安全」機制所回傳的影像與其他資訊，對冥王星與冥衛一凱倫又形成了哪些比較細部的印象。傑夫．摩爾在席間討論到冥王星那絕世而充滿美感的外貌，他認為再怎麼有想像力的太空題材畫家，從不曾畫出本尊的美豔於萬一。

他的這點意見算是非常中肯。你若是把我們現在知道的冥王星真貌，拿去跟飛掠任務之前的示意圖對照，你會發現沒有一張作品的美能稍微沾到實物的邊。按照傑夫的說法，這再次證明了「人類的想像力，永遠無法與大自然在美感上匹敵。」

傑夫接著描述了若干初步的地質資料解讀，並出示了一張冥王星地圖，上頭標注了同仁們用來指涉其表面不同區域的「小名」。其中當他提到「鯨魚」區的正式名稱，目前暫定的名字一定會讓經典科幻迷非常開心，即所謂的「克蘇魯（Cthulhu）」[35]，柯薩科夫中心的觀眾爆出了如雷的掌聲。

任務科學家如羅威爾天文台的威爾．葛朗迪（Will Grundy）與西南研究所的凱西．歐爾金（Cathy Olkin）展示了新的彩色影像。威爾把重點放在凱倫北極有深色冰帽這個熱騰騰、剛出爐的發現——這是科學家完全沒有意料到的事情，在整個太陽系裡也算得上是獨一無二的案例。威爾大膽地做了一個假設，他猜想某些流失自冥王星大氣層的氣體可能濃縮、聚集到了凱倫的寒冷北極上，然後經由太陽的紫外光、促成化學反應，最後產生出有機分子，覆蓋住了凱倫的極地。這個推理如果屬實，那就代表冥王星與其最大衛星間存在令人驚異的實體連結。

凱西做為一名多才多藝的研究者，曾經在新視野號的任務中扮演過不同角色，她也曾經擔任過瑞夫儀器內彩色成像機的副計畫主持人，也曾經以一張「拉伸」過（即數位增豔過）的彩圖，凸顯冥王星不同區域的色差有多大。在座談會的現場，這幅——凱西形容為「迷幻」的——影像讓台下觀眾驚呼連連，嗚哇聲此起彼落。她接著秀給大家看冥王星之心，上頭原來有兩種迥異的色調，其中西邊那個耳朵要比東邊的耳朵要白一些，東耳很顯然比較藍。在這同一幅色彩拉伸過的景象中，凱西要大家注意，比起其他部分，冥王星的北極看得出來偏黃。

同樣來自西南研究所，藍迪·葛萊史東以新視野號大氣科學主題團隊首腦的身分，接下凱西的棒子，要報告冥王星的直徑，經測量出來是一千四百七十二英里（後來上修為一千四百七十六英里，約二千三百七十餘公里）：幾乎沒人想到冥王星有這麼大。艾倫很開心地補充說這代表弄了半天，冥王星果然還是比古柏帶裡其他小行星都大，剛好打臉那些巴望著矮行星鬩神星要比冥王星大的傢伙。那群寄望冥王星僅是古柏帶第二大天體、等著看好戲的人，這下艾倫有憑有據地對在場與看轉播的全體觀眾宣布：「嗯，我想這件事，可以到此為止了。」

接著活動流程進入問答時間。有人問說：「在凱倫星上看到的最大隕石坑，為什麼邊邊亮，中間暗？」的約翰·史賓賽說，隕石坑的中間，是撞擊時接受到最多高熱的地方。或許凱倫星有某種與熱作用後變黑的成分。然後他又賊著張臉補充說：「這是一種理論，而且是我剛剛臨時想到的理論，所以錯的機率很高。」此話一出，台下的笑聲與掌聲齊發，這完全就是飛掠新行星時那種沒時間深思熟慮、只能亂槍打鳥的樣子。主要是資料流入的速度太快，根本沒時間給你坐下來運功出招。

35 譯註：克蘇魯神話是霍華德·菲力浦斯·洛夫克拉夫特（Howard Phillips Lovecraft）之恐怖奇幻小說裡的神話世界觀，克蘇魯是故事中的邪惡神靈。

帶著滿滿行囊，遠走高飛

在午後的科學座談休會之後，多數人把握時間去扒了些好像早了點的晚餐，然後又回到柯薩科夫中心，要見證新視野號「報平安」的關鍵瞬間。按照時程，飛行器將於當夜稍晚回報一切正常。跟早上的倒數過程一樣，航太總署也對回報過程提供實況轉播。那一夜在柯薩科夫中心，媒體、貴賓、航太總署高層與所有訪客都聚在了一起，在大禮堂裡望穿秋水，另外在室內轉播區還另有千餘人守著。大螢幕上顯示任務指揮經理艾莉絲．波曼率其團隊顧著控制機台，等待著命運的瞬間到來。來自冥王星的光速訊號，將由航太總署的深空網路接收，然後傳到應用物理實驗室的現場。

艾倫、他的助理辛蒂．康拉德、葛倫．方騰、航太總署行星探險部門主管吉姆．葛林（Jim Green）、葛林的老闆約翰．格朗斯菲爾德（John Grunsfeld），還有航太總署署長查理．波登（Charlie Bolden）就在任務指揮中心一旁的會議室裡。他們一邊隔著玻璃牆行注目禮，一邊交頭接耳地討論著任務的重要性。

特寫放大的艾莉絲出現在柯薩科夫的巨型顯示器上，畫面上她時而掃視方陣般的電腦螢幕，時而停下手來聆聽耳機裡傳來的訊息。時間愈來愈逼近一翻兩瞪眼的時刻，新視野號要嘛有所回應、要嘛在現場留下一片震耳欲聾又突兀至極的死寂。預定好的晚上九點零二分一到，短短不過數秒，任務指揮中心巨大的電腦顯示板，開始預告資料即將流入。

就這樣，任務指揮中心的大型電腦顯示板上開始出現滿滿的數字與遙測回傳訊息，看起來綠油油一片——紅色哪兒都看不見！在隔壁房間看著的艾倫告訴航太總署的波登署長說：「你看，你看那裡——新視野號好好的。與冥王星的遭遇任務成功了！」

艾莉絲以清晰而鄭重的嗓音，將事情的開展公諸於世：

「OK，我們已經鎖定載具（訊號）。待命接受遙測資料。鎖定代號……OK，了解。我們完成鎖定了。」

艾莉絲在任務指揮中心的同事間響起了掌聲。至於在隔壁的會議室，電視顯示裡頭的艾倫、署長等人握手的握手、擊掌的擊掌、擁抱的擁抱。新視野號撐過了與冥王星的近距離飛掠！

掌聲很快地就像漣漪一樣擴散出去。柯薩科夫中心含大禮堂與現場轉播室在內，都炸開了嘹亮激動的吆喝聲。

再接下來，任務指揮中心裡各個工程機台操作員紛紛出聲向艾莉絲通報，而她也一一予以回應：

「老媽，這裡是冥王星一號的無線射頻（即無線電頻率）。」

「無線射頻請說。」

「無線射頻針對遙測回傳回報標稱載具電力，標稱訊號對雜訊比。無線射頻完畢。」

「收到，無線射頻。」

「老媽，這裡是冥王星一號的自動控制。」

「請說，自動控制。」

「自動控制很高興回報標稱狀態。無特殊規則發動。」

些許掌聲響起，畢竟有人聽得懂術語：新視野號未遭遇到任何需要啟動緊急處置的狀況。又一次，掌聲在內行人中響起，然後慢慢擴散到了在看轉播畫面的人群，他們觀察工程師們喜形於色，就知道這肯定是好消息。

「C&DH（指令與資料處理）。」

「C&DH請說。」

「C&DH通報標稱狀態，我們SSR（固態式紀錄器）的指針位置均與計畫相符，代表我們記錄下的資料量與預期相符。」

「收到，看來我們的資料回報很不錯！」

艾莉絲說完最後這幾個字，她的聲音放鬆了下來，臉上也展露出笑容。新視野號回報說在其固態式紀錄器裡的資料量，正好符合所有科學觀測過後應有的資料量。掌聲繼續響起：觀測任務全數成功！

接下來的約莫一分鐘，其餘的子系統團隊也一一發話，並一一回報了系統在飛掠任務中的標稱狀態，也就是正常無異狀的意思。最後由艾莉絲在通訊迴路上，對艾倫進行了精簡的總報告：「報告計畫主持人，這裡是冥王星一號的老媽。我們的飛行器是頭好壯壯。我們記錄下了冥王星系統內的各項資料，自此將向冥王星之外前進。」

在艾莉絲回報完畢的瞬間，透明玻璃會議室的門像長了翅膀一樣，飛也似地打開，艾倫像陣風似地吹進了控制室。他紅光滿面外加笑容可掬，雙臂在空中飛舞之餘還不斷握拳來肯定自己。他朝艾莉絲直直走了過去，兩人擁抱在了一起。

任務指揮中心與柯薩科夫中心裡的所有人都陷入了瘋狂，大家起立鼓掌久久不肯坐下。艾倫用只有雙方聽得到的聲音，在艾莉絲的耳邊說起了悄悄話：「我們辦到了，我們辦到了！」他忍住了眼看要決堤的淚水。「與你一起飛越太陽系，探索冥王星，是我這輩子的榮幸。」

螢幕上繼續看到艾倫轉身，與在任務指揮中心現場的克里斯・赫斯曼等人握手拍背，歡欣鼓舞的掌聲則持續不歇。現場一名播報員對著已經有了熱度的麥克風說：「老天，我真的要瘋掉了。」艾莉絲在螢幕上說到：「對不起，現在的感覺我真的形容不出來。我在發抖。一切就跟我們計畫的一樣。也跟我們演練的一模一樣。我是說……我們成功了！」然後她呵呵笑了。

幾分鐘後，艾莉絲、艾倫與所有人連袂走出了任務指揮中心，穿過應用物理實驗室的園區，朝著柯薩科夫中心前進。沿路艾倫發著推特說：「我是不知道大家怎麼樣啦，但我今天過得挺好的。#PlutoFlyby。」

晚間九點二十分左右，他們來到了柯薩科夫中心。主持人請在場觀眾一起歡迎新視野號團隊，這時所有人便轉頭望向禮堂的最上層。大家伸長了脖子，爭相想要看個清楚。而他們首先看到進場的是艾倫，後頭跟著的是航太總署署長與航太總署的科學任務長官約翰．格朗斯菲爾德，再來依序是葛倫．方騰與一長串多達數十人的任務指揮中心人員、工程團隊、科學團隊，每一位都身穿新視野號的短T，一路縱隊來到了禮堂前方。

隨著團隊成員沿通道向下魚貫入場，他們一路上與觀眾們擊掌，最後則是有艾倫、艾莉絲與葛倫聚集在禮堂最前面迎接大家。現場觀眾再次以起立鼓掌、向團隊致敬，歷時整整三分鐘：這三分鐘裡，他們儼然是太空界的搖滾巨星。

在講台上，航太總署署長查理．波登宣布：「太陽系的所有行星，我們都蒐集到了！」全體觀眾對這一豪語報以「冥王星的致敬」：千百名太空迷在空中舉起了九隻手指。

在此同時，三十億英里外，新視野號正離冥王星而去，但重要的資料依舊在持續蒐集中。飛行器紀錄器，如今身懷許許多多人用血汗換來的珍貴回報——這箱科學的寶藏，將徹底改寫我們對冥王星、冥衛與古柏帶裡所有小型行星的認知。

馬里蘭州的營火

新視野號正急速脫離冥王星系統，但它的工作還沒有完畢。就在航太總署署長波登在應用物理實驗室對台下群眾致詞的大致同一個時間，新視野號正轉頭要捕捉冥王星背光光環的影像，藉此搜尋大氣層的炫光。當天晚上乃至於明日起的數日，新視野號都仍要進行許多重要的科學觀測，但對媒體與社會大眾來說，真正要緊的是隔天早上，近冥點的第一手畫面就會傳回地球，而伴隨影像與連帶的資料，明天可以想見，又是新視野號團隊非常「充實」的一個工作日，而且開工時間還會早得讓人想罵髒話。

但這無妨！新視野號團隊知道，飛掠任務已經放在口袋裡了。所以在馬里蘭州，派對可以繼續往下走。在逃離了應用物理實驗室的群眾簇擁後，團隊成員偕親朋好友回到附近大家早不陌生的喜來登酒店，畢竟出差到此的同仁大多在此下榻。而來到喜來登酒店，大家熟門熟路直闖「十前」（Ten Forward）[36]酒吧，那兒是他們的私房會議室與備用派對套房。

艾倫被在柯薩科夫中心的媒體訪問耽擱到了，所以派對已經開始了他才來，結果進場時又是一輪起立鼓掌。但同樣是接受肯定，拍手的是親愛的家人、有革命情感的同仁，那感覺在他記憶裡無疑是格外的甜美。

36 譯註：在《星艦迷航記》裡，十前是第十層甲板前方區域的簡稱，那兒正是影集裡企業號的休閒場所。

續攤派對進行到某個階段，艾倫與十餘成員來到了飯店的游泳池畔，他們打算重演十年前那場佛羅里達的發射成功派對，當時聯合發射聯盟（ULA，擎天神火箭所屬公司）團隊升起營火，燒掉了發射失效程序。艾倫說：

我猶記得在那場發射成功派對上，那個盛大而歡樂的儀式。所以在飛掠任務前，我把這事兒跟部分團隊同仁提了一下。我跟他們說：「如果一切順利，那我們就來東施效颦：哪一天等收工後，我們就出門透透氣，就來游泳池邊用垃圾桶起個營火，然後把飛掠異常的因應計畫燒個精光。

就這樣早有預謀的我們——在幾杯黃湯下肚的催化下——來到了游泳池邊，升起了火，然後如今已沒啥鳥用的異狀處理程序文件送進了火舌，我們則笑著品嘗這個瞬間。

「若干美好」

隔天早上，按照排程，第一批真正高解析、高畫質且涵蓋冥王星不同區塊的畫面，由地球完成了接收。艾倫對此回憶說：

那首批高解析的影像果然不負眾望，成了科學研究上的金礦，而且其珍貴程度還超乎我們想像。畫面中的一幕幕場景，其精細複雜程度令我咋舌——冥王星表面上的每一方寸土地，都有令人應接不暇的許許多多動靜。我記得自己一看到這些畫面的感想，是大家為了這一天所付出的代價，包括所有在生涯與生活上於公於私的犧牲，都在一瞬間平反了。這乖乖隆地咚二十六年的付出，值了。

手握這些影像，艾倫知道他們有了可以登上《紐約時報》頭版的寶貝，而那可是新視野號團隊長年以來的宿願。果不其然，隔天早上的《紐約時報》頭版上是滿滿的新視野號，折線以上的半版標題用了超大的字體。環顧全球，近五百家大小報紙也做了同樣的事情。冥王星飛掠成了新聞界的當紅炸子雞。

七月十五日就是這樣的日子，一張又一張的高解析影像紛至沓來，而且令人驚豔的程度一張不輸一張。就這樣，科學團隊的電腦裡開始累積高畫質的影像檔。在這當中，有一張照片顯示了冥王星之心遼闊的西區表面——那整顆心比德州的面積還大。重點是，畫面上顯示出一種結構精巧而詭異的地質模型，令新視野號計畫裡那些平日滔滔不絕的地質專家也啞口無言，毫無頭緒。那幅光景涵蓋平滑而光亮的區域，當中由細窄的渠道或脈脊切割分離，隱隱約約看起來像多邊形，儼然是緩速的「對流胞」（convection cell），也就是底下有熾熱的液態岩漿在翻攪、才會形成的地景。只不過，這怎麼可能呢？在這個沒有最冷只有更冷的地方，冥王星的地表溫度可是能下探華氏零下四百度（攝氏零下兩百四十度）呢？所以也許那幅景象的真相是某種「多角形的龜裂」，就像地質學家在地球或火星上看到的那樣。話說在地球或火星上的覆冰地帶，固態冰反覆的凍結與融解，已知會在泥濘與冰層上形成規律的龜裂圖案。但不論實情為何，我們都可以推敲出，那兒有很精采的故事在發生。在時間的長河裡，有東西在那表面下移動、改變、流淌。艾倫回憶說：

我記得我當時想：「這顆行星麻雀雖小，卻渾身都是戲。」比起不少個頭比它大上許多的行星大哥，冥王星在地質的複雜性上毫不遜色，甚至還略勝一籌。在飛掠冥王星之前，我再怎麼發夢，也不可能想到上頭會有這樣的結構，也不敢相信冥王星的地質人格會這麼「有個性」。我真的是驚艷到了。

在當天稍晚一場航太總署的記者會轉播上，一組新視野號科學家對回傳資料侃侃而談，聽眾有又一次爆滿的柯薩科夫中心觀眾，以及NASA TV頻道與網路上的廣大網友。率先發言的艾倫，還是不改前一晚推特上的頑皮，一開口就輕描淡寫地說：「嗯，我昨天過得還不錯，大家呢？」言歸正傳後，他描述新視野號如今已身在冥王星的另一端，超過百萬英里遠，同時在未來十六個月，它也會持續不斷地回傳珍貴的資料。

任務科學家哈爾．威佛秀出了冥王星最外圍的小衛星影像，上頭有其表面的細節呈現，包括海卓拉的體型與形狀，都是在此第一次與世人見面。這些影像顯示海卓拉外觀呈橢圓，有點像馬鈴薯，縱橫軸長分別是二十八英里（約四十五公里）與十九英里（約三十公里）。哈爾接著說明，他們發現海卓拉的反射率高到相當於「吹積雪」（driven snow）的程度，代表其表面可能由水冰構成。

在哈爾之後上場的，是新視野號計畫的冥王星暨冥衛組成科學主題團隊。其組長威爾·葛朗迪報告了最新而初步的一組冥王星組成地圖，上頭顯示在甲烷冰蘊藏豐富的不同的地質帶上，依舊存在著顯著的差異性。威爾還進一步透露團隊看到了更為令人驚嘆的多元性，存在冥王星的成分當中，這包括當中存在各種「分子冰」（molecular ice）——氮、甲烷等等——以不同的藏量棲身於冥王星不同的地方。

副計畫科學家凱西·歐爾金帶著微笑，秀出了一張凱倫星的近距離絕美特寫。「我本來以為凱倫上只會有古老的地貌，而上頭除了隕石坑別無長物。事實上，團隊裡不少同仁也都跟我是一樣的想法。但今天一收到這張照片，凱倫真的是把我們的襪子都嚇掉了。」這之後凱西化身導遊，快速帶著觀眾遊歷這個新世界。凱西說這個世界「有深邃峽谷、溝槽、峭壁，外加某些依舊成謎的黑暗地帶。」她還說：「我們老是說冥王星沒讓我們失望，我想補一句凱倫也不惶多讓。」

這樣輪著輪著，輪到了約翰·史賓賽，他代表全體新視野號團隊，發布了一個精心草擬過的公告：「我們在此宣布，關於冥王星之心地帶，我們有了正式的命名：為了表彰其為人類發現冥王星的功績，我們決定將冥王星之心正名為「湯博區」（Tombaugh Region）。此話一出，觀眾們抱以熱烈掌聲，ＮＡＳＡ ＴＶ的鏡頭也立刻切到了前排中間的安妮特與艾登．湯博，也就是克萊德一對年屆退休的兒女。兩人臉上散發出笑意。艾倫接著補充說：「我們從很遠的地方就看得到冥王星之心。早在距離冥王星還有一億一千萬公里之遙時，勉強能解析出冥王星影像時，我們就已經看得到一顆心，像燈塔一樣對著我們閃耀。它是冥王星上最顯眼的特徵，我們決定以它來紀念克萊德．湯博。」

然後就是要由約翰．史賓賽來掀開面紗，讓壓箱寶登場的時候了。這好酒沉甕底的壓軸，幾小時前才出現在約翰的筆電上，但第一眼就讓科學團隊成員們看到目瞪口呆。這些首批超高解析影像顯示的是湯博區的西南隅，冥王星之心在那兒突出、伸入了毗鄰且色調較深沉的克蘇魯區山脈。影像顯示，在距離地球三十億英里外的冥王星上，有著高低陡峭而陰影反差極大的山脈存在。此時聽著驚呼連連的觀眾「嗚」、「哇」聲此起彼落，約翰也趁勢打趣說：「我們的反應跟你們一模一樣！」

約翰接著解釋了科學團隊有什麼辦法，可以從陰影拉出的長度去推導山脈的高度。「我們看到的這些山脈，都非常壯闊……有些可以高到一萬一千英尺（約三千三百五十三公尺），綿延看似數十英里寬，所以都是有一定量體的山脈。拉到地球上，它們不難與洛磯山脈等級的崇山峻嶺分庭抗禮。」

這些兼具高度、落差且外觀清爽的山脈，對冥王星的大自然而言，有著極其深遠的意義。

科學家長期知曉冥王星的表現，上有大量的氮與甲烷，但這兩種物質不可能建構出山脈，理由是即便考慮進冥王星較小的重力，固態氮與甲烷的強度也很顯然不足以支撐這麼險峻的地形。固態氮或固態甲烷的山脈會被自身的重量壓垮。所以不對，這些山脈得由其他更強固的的物質構成——很有可能能是水冰，畢竟水冰是外太陽系行星與衛星最常見的地表物質。這些地貌隱含在冥王星地殼，這些由水冰構成的巨大「岩床」不知什麼原因被推擠成為高山。接下來，約翰展示了一張湯博區的特寫。

照片上的場景寬度約一百五十英里。我們可以從畫面上看到最小僅半英里寬的地形，所以如果把應用物理實驗室的園區放到冥王星上，在這張圖上也是看得到的。這幅畫面以地質層面而言，最令人驚異的是我們看不到任何衝擊後留下的隕石坑。而意味著這塊地表相對年輕。肉眼這麼看上去，我們會說它應該不到一億年，由此它相較太陽系四十五億年的年紀而言，真的還是個小朋友。要是你早先跟我說，我們收到的第一張特寫冥王星照片上，會一個隕石坑都沒有，打死我都不信。這件事就是這麼離奇。

這一切的背後有些大哉問：新視野號發現的這些地質與地殼活動，是什麼造成的呢？為什麼有些地區會沒有隕石坑？為什麼質地與組成會如此多變，又為什麼山脈會如此雄偉？

事實上這些問題，都在訴說著同一個故事：那就是冥王星本身固然古老，但其表面卻相當年輕且活躍。新視野號的探測顯示，冥王星雖然形成已經超過四十億年，但其地質活動卻依舊相當盛行。這是怎麼辦到的呢？若是去翻地球物理學的教科書，裡頭的理論會認為像冥王星這等規模的小型行星，早就應該冷卻而看不到地表有任何新的地質活動了。但事實擺在眼前，冥王星顯然跟我們念得不是同一本課本。隨著記者會接近尾聲，哥倫比亞新聞網（ＣＢＳ）的奇普．瑞德（Chip Reid）朝艾倫發射了一個問題：「我在飛掠任務前幾年訪問過您，當時您只預測了一件事情，那就是飛掠會讓我們看到『若干美好』。您覺得自己當年的期望達到了嗎？」

艾倫裝起可愛，假笑了一下說：「讓我給你一個技術性的答案吧：你說呢？」

瞬間爆紅

在飛掠前夕，新視野號就吸引了異常高的媒體與公眾關注，但等到世界終於目睹到令人不可置信的精細畫質、上相到不行的美麗冥王星——包括其超展開的地形起伏、超乎想像的表面成分，還有當然不能不提的冥王星之心——那股關注更是失控到連航太總署都長了見識。人類世界在冥王星飛掠之後的熱情反應，來得又快又急，稱得上史無前例。

七月十六日的上午，火星飛掠任務第一批照片席捲《紐約時報》頭版的五十周年，換成顯赫的新視野號身影出現在這份大報的頭版頭，完成了歷史的交棒。在紐約市的時代廣場上，巨大的冥王星被投影在群眾的面前。在虛擬世界裡，網友們也為新視野號痴狂，連谷歌都將首頁的Google字母換成了特製的冥王星主題藝術字，其中Google裡的第二個英文字母o被設計成了旋轉的冥王星（上頭當然少不了冥王星之心的點綴），同時還有會動的新視野號從邊上繞了個小弧。

航太總署並非少見多怪，他們在探測器火星時，也曾累積過破億的點擊流量，但新視野號引發的盛況還是讓他們開了眼界。冥王星飛掠當天，是航太總署在社群媒體與各大網站上爆紅的一天，流量超過十億次點擊。連著好幾天，新視野號撼動了臉書與推特，在Instagram上也蔚為風潮、無人能出其右。各式各樣以心形地貌為靈感的哏，在網路上一個接一個有如雨後春筍。這種一飛衝天的反應，到最後甚至自成一種現象，引發了社會上對這種反應的反應，數十則報導都在探討這種現象，冥王星與新視野號反而成了配角。

新視野號與冥王星在網路上無孔不入，外加寰宇天下，不知凡幾的民眾在分享著新視野號的最新動態與消息，正是此次飛掠給人耳目一新之感的原因。自航海家後計畫以降，世界環境已然不變，人世間溝通與參與的方式之多，早已目不暇給。也正因如此，新視野號任務才會在各方面都不負其二十一世紀行星遭遇第一戰的名聲。

試想：在航海家號的例子裡，你必須要適得其所——基本上就是要在噴射推進實驗室——而且還要正得其時——你得剛好掐準飛掠當天，才能對任務有一種參與感。但在新視野號的案例中，你不需要實際來到應用物理實驗室現場，因為透過轉播，你在任何有網路的地方都能同步掌握任務狀況。包括在應用物理實驗室的動靜，也包括冥王星的最新身影——所有從古柏帶傳回地球的點點滴滴——都可說是「為了全人類」而放上網路。

確實，能在應用物理實驗室身歷其境，跟太空迷哥迷妹，跟任務團隊成員，跟像馬戲團一樣鬧哄哄的新聞從業人員、政治人物、各界名人在一起，是很酷沒有錯。但即便是身在應用物理實驗室的許多人，其實也花了很多時間上網，他們同樣沒忘了要透過網路與社群媒體，與地球村的村民們分享即時的畫面、資訊與心情，而事實證明大家也會看著這一切，跟在現場的人一搭一唱，有來有往。飛掠任務雖遠在四十八億公里之外，但眾人的實際感受卻像完全不受光速極限與地球上各地距離的局限。全球幾十億人就像突然集合在了一起，大家同舟共濟。

「一起」一詞，是這裡的關鍵字。人類的每一分子，不僅是一起收看著轉播，更是一起分享著整個過程。那種參與感與人與人的互動，表現在社群媒體上來自天南地北、每一名網友的發言與投入，感覺再真實也沒有了。二十世紀或許有過多次距離較近的行星首發探索，但沒有一次讓人感受如是。新視野號把全體人類擰成了一個結，眾人得以就飛掠過程本身與其周遭的人類活動，直接零時差分享出去，由此什麼叫四海一家，不再是一種想像。

聖母峰，攻頂成功

為了向探險路上前輩致敬，新視野號團隊把沿著湯博區西側兩座高聳的水冰山脈命名為諾蓋山與希拉里山（Norgay and Hillary Montes），以紀念首先攻抵地球最高峰埃佛勒斯峰（藏名意譯「聖母峰」;華人圈另稱珠穆朗瑪峰,簡稱珠峰)的兩位探險家搭檔——艾德蒙・希拉里與丹增・諾蓋。

把登頂聖母峰與「登頂」冥王星連結起來,算是相當合宜。從一九九〇年代開始,艾倫就把冥王星稱為「太陽系的埃佛勒斯峰」——意思是如果行星探索有如登山,那冥王星就是最後那座至遠、至寒、至難的巔峰。

但艾倫直到飛掠當下與隨後才想到,或說才意會到的,他自己也會在那個瞬間體會到兩位前輩登頂聖母峰時會有的感受。艾倫對此回憶說:

我回想起飛掠之後的數日間,那感覺真就是我們一起歷經了人生中的「高峰經驗」。想像中人生路上會有的那座高山,我們爬到了,也攻頂了,而那座山峰,就叫做冥王星。

顯而易見地,比起任何事物,優秀的團隊與緊密的合作,再加上一段極長時間的努力,才能收穫今日共同達成的成果——這座山峰,遠遠不是任何一個個體能夠獨立達到的高度。在飛掠任務期間,我們團隊中瀰漫著一股榮辱與共、相濡以沫的團隊精神,我們就像一群探險隊員,共同成就著一件偉大而特別的志業。那飛掠的周間,我們的許多同仁都像在互訴衷曲似地,表示自己非常榮幸能在飛掠任務的實現中盡一份力量,或許有一天,後人會受到新視野號的啓發，懷著更大的夢想，去到更遠的地方。

二十六個年頭，一轉眼就過了。一九八九年那第一場命運的會議，我們與航太總署研商了前往冥王星的可能性，二十六年後的二〇一五年夏天，冥王星的探索已經塵埃落定。二十六年前可能還沒出生的人們，如今也能深深為了這場壯舉而感動不已，這是當年誰都想像不到的際遇。

歷史已然寫成，新知已然落袋。這提醒了這個國家，我們可以偉大。這提醒了全世界我們身而為人，身為地球的住民，可以讓不可能，變成可能。

第十七章
再出發

從冥王星的另一頭回眸

對大部分人類而言，視覺是對我們震撼力最強、衝擊最大的感官輸入，所以在新視野號傳回的所有珍貴資料中，最能讓人久久不能自己的東西，也很自然的就是影像與照片。而在由新視野號拍下的冥王星系統各成員精采身影中，我們當然也有自己的偏好。那當中不少是由瑞夫拍下的彩色影像，但也有一些是蘿瑞貢獻的黑白影像。其中有一張，是美極了的高解析冥王星彩色大頭照，包括其遼闊的心形湯博區都拍得一清二楚，而這張照片也脫穎而出，擔綱了美國版書封。還有一張，是冥王星與冥衛一凱倫形成雙天體系統的蒙太奇拼貼。另外由甲烷雪罩頂的水冰山脈彩色照片，也是我們的心頭好。

在飛掠期間拍下的黑白影像裡，我們心目中的第一名，就是近冥點過後僅十五分鐘時，拍下了高解析冥王星「新月」照。至於理由嘛，那是因為這照片非常鮮明地顯示出一點，即冥王星做為一個外星世界，不但有著壯闊的地形，還兼具伸入天際達十五萬公尺的同心圓霾層。那幅光景，也顯示出冥王星有壯觀的氣流，盤旋在名為「史普尼克高原」（Sputnik Planitia）的巨大氮冰冰河表面上，而高原相鄰著居高臨下的諾蓋與希拉里山脈，兩者拖長的陰影凸顯出冥王星地勢的崎嶇。在比地球日照弱一千倍的陽光下，這副影像之所以懾人心魄，一部分是因為它捕捉到了冥王星這個異星世界之美，一部分是因為它的存在，為人性中那股探險之心提供了最好的證明。一如新視野號團隊科學家凱西．歐爾金所說：「這張影像，真正讓你感覺身歷其境。」

我們最喜歡的飛掠彩色影像，則是另一種南轅北轍的風格，只不過它也拍攝於近冥點之後不久。在冥王星黑白新月照之後的大約一個小時，新視野號在飛越冥王星陰影之際，拍下了這張彩色照片，當時飛行器正在進行掩星的實驗，想偵測冥王星的大氣層。這張令人屏息的驚人照片顯示冥王星大氣，在瀰漫的日光下，它看來跟地球一樣是深藍色的。

我們之所以格外鍾愛這張照片，除了單純的審美以外，還有另外一個很重要的原因。阿波羅號太空人第一次在一九六八年繞行月球軌道之時，他們拍下了地球從月球邊緣升起的照片。這些照片，證明了人類成功離開了母星，旅行到了月球，也讓人類對於自己生存的地球有了多一分珍惜，對人類的潛能有了全新的肯定。

對我們來說，打上藍色背光的冥王星畫面，也喚起了與阿波羅號拍下「地升」照片的同一種情緒。從正面打光的阿波羅號「地升」照片，攝於行星探索曙光乍現的年代，當時太陽系多數行星都還未經探索，而背光的冥王星遠端照片則是拍攝在有如里程碑一般的二〇一五年七月十四日，這天定義了行星偵察的第一個斷代。這兩者之間，可以說激盪出了一種互補與對稱的美感。

看著這張超凡入聖的照片，我們會想到它背後的努力，會想到它代表的意義：若說阿波羅號的「地升」照片，只能從月球的邊上拍下，那這張冥王星照片，只能從冥王星的遠端，在太陽的背光下取得。

如同這本書所說，新視野號對冥王星的探索，其中有太多失敗的理由與可能。資金可能動輒到不了位，新視野號計畫本身下駟對上駟的背景與團隊的欠缺經驗，都是它對上前輩與老鳥們沒有勝算的理由。開發時間的局限，與僅相當於航海家號計畫五分之一的預算，都讓新視野號時時刻刻處於斷炊、或來不及做出來的陰影之下。後來發射出去了，一路上也是危機四伏，白忙一場的可能性，到最後一刻之前都非常真實。但最終這次任務沒有失敗，它漂亮地成功了——這場勝仗集無比優秀的團隊，還有成員們的決心、才華、勇氣、毅力與機運於一身。

創造出這宗奇蹟的每一位，都非常用力地在追逐著他們眼前的新視野。他們從未片刻讓夢想離開自己的視線，他們使盡了全身的力量，最終也把夢想抓在了手上，完成了出發時的理想。對我們來說，太陽背光下透著藍光的冥王星身影，就是新視野號探索成就的最好證明。

再看一眼。我們辦到了。我們真的辦到了。我們有如身在冥王星了。

展望未來

在離開冥王星系統之後，經過了航太總署核可，新視野號要再進行為期五年的延長任務，目標是要研究古柏帶中的其他天體。在這個階段，新視野號主要鎖定了一顆古老而有代表性的古柏帶天體要進行飛掠，主要是像冥王星之屬的小型行星，很可能就是由像這類的古柏帶天體所累計構成（這顆古柏帶天體，連同其他被鎖定的目標，是哈伯望遠鏡一段甚為戲劇化的觀測所致，對此我們曾在第十三章有所描寫）。

這追加的飛掠任務，會進行在二〇一九年的前一日與新年第一天進行，至於位置則會落在通過冥王星之後的十六億公里處。這個代號為2014 MU69（英語非正式名稱Ultima Thule，中譯「終極遠境」）的目標僅有二十英里（約三十二公里）寬，卻看似雙天體系統的一環，這一點與冥王星跟凱倫的組合如出一轍。新視野號計畫要以僅僅兩千英里（約三千二百公里）的距離飛掠MU69，幾乎比飛掠冥王星的距離近上四倍。

除了繪製MU69的外觀、研究其組成，並搜尋衛星與可能的大氣痕跡外，新視野號向外穿過古柏帶之際，從遠處利用蘿莉望遠鏡／成像儀來觀測另外二十餘顆古柏帶天體。這些觀測的目的包括搜尋衛星與環、判讀天體表面性質、公自轉周期，乃至於天體的外型，經由對比，來讓MU69的近距觀測結果更具意義。在這段「延長賽」裡，新視野號也將實施為期五年的古柏帶環境研究，這代表飛行器會飛到五十個天文單位（由地日平均距離導出的距離單位）之處——冥王星軌道的極限——並在此間持續觀測帶電粒子與塵埃的狀況。新視野號會在二〇二一年四月份飛抵這個位置，並於此時由地球以無線電令其關機。

不過，若純以燃料與電力的存量進行評估，那新視野號仍可持續進行探索任務到起碼二〇三〇年代中期（打造新視野號的包商都不一定能活到那個時候）。所以如果航太總署持續注資，新視野號將可複製先鋒十號與十一號暨航海家一號與二號的傳統，再一次為人類探索太陽圈（太陽風的影響範圍）與星際空間的交界。

然後或許在二〇三〇年代尾或二〇四〇年代頭的某一天，新視野號將燈枯油盡，再也擠不出一絲電力來驅動飛行器上的主電腦與通訊系統，屆時新視野號將陷入沉默。惟儘管如此，它還是會永無止境地離開太陽，繼續星際旅行：它會成為一台沒有歸屬——孤魂野鬼般——的飛船，但它也將正式成為銀河中永垂不朽的居民，為人類的潛能做出最好的證明。

那冥王星呢？人類將有朝一日重返此處，進一步了解這個太陽系邊緣的樂園，還有那五顆令人歎為觀止的冥衛嗎？

我們認為答案是肯定的。學界的共識是新視野號所揭櫫的謎團與提出的疑問，並不足以由新視野號本身來回答。我們需要繞行冥王星的軌道衛星，才能對冥王星有更透徹的理解。甚至於我們會需要派出探測器登陸冥王星，才能接觸令人苦思不解的一切，得到個水落石出。後續任務的可行性研究已經啟動，而預計於二〇二〇年代初期開始的下一波行星探索「十年調查」，也將這樣的任務選項納入考量。對此我們感到樂觀，我們認為資金到位應不意外，人類重返冥王星系統也將指日可待。再者，我們認為古柏帶的其他小型行星也將成為人類探訪的對象，時間應該會落在本世紀稍晚。

人類可以什麼都不是，但我們絕對是充滿好奇心的一群，絕對是打破砂鍋問到底的一群。我們的內心，永遠住著一群探險家。而也正因為如此，我們也很看好人類將有一天能夠親身前往古柏帶，踏上冥王星或其他古柏帶天體的表面，就像我們曾經踏上過月球表面，不久之後也將親至火星。至於造訪其他的星球，我們相信也只是時間的問題。

冥王星的首發任務已經圓滿完成，但繼續向未知探索的心願，仍在召喚著人類向前。太陽系以外那荒野般的黑色彼岸，仍等待著我們前往一探。

尾聲

最後的發現

新視野號的英雄一字排開，是工程師、科學家，以及所有為這項任務長年付出心血的每一位同仁。是他們的共同努力，才實現我們的鴻鵠之志，才讓我們對生存的奇妙太陽系有了進一步的了解，也才啟發了更多人的滿腔熱血。所謂「人類歷史」這樣東西能變得更加豐富而充實，得感謝他們的貢獻。

在實現冥王星探索的過程中，新視野號團隊時而創下空前之紀錄，時而開歷史之先河。但更重要的是，我們認為新視野號任務凸顯出人類至美至善的若干特質：求知慾、生命力、毅力、透過團隊合作來突破個人局限的能力。

在這些特質中，新視野號探索冥王星時最不可或缺的，得算是毅力。各位試想：新視野號花了十三年，其中歷經了無數次的戰役、六次任務概念的形塑失敗，最終才取得資金並開始打造飛行器。在這之後，新視野號計畫又在四年內不畏一路崎嶇地快馬加鞭，才以破紀錄的速度、打造出供探索外太陽系行星所需的飛行器，將之發射出去，而且預算還花得比史上任何一次類似的任務都低。這之後還沒完，因為升空只代表馬拉松的起跑，而這一跑就是漫長的九年半，九年半才讓新視野號這台孤獨的機器、在地球上一小群飛航團隊的指揮下，把整個太陽系的距離跑完，來到終點處的冥王星。

冥王星的探索除了本身的科學意義以外，也如里程碑一般，讓人類完滿對自家太陽系的行星初探的好奇。自人類進入太空時代以來，我們所知的九大（或八大）行星中，最後一顆的身份，終於隨著任務轉換。冥王星不再是星空中一個遙遠的模糊光點，它已經隨著新視野號的觀測，蛻變成人類有一定認識的「地點」。同時伴隨新視野號任務畫下句點，航太總署、美國，乃至於全人類，總算是完成了對已知九顆行星的探測——**麥哲倫第一次環球航行對大航海時代有多大意義，新視野號任務對太空時代就有多大意義**。

冥王星的探索在科學上的成就，絕對超乎絕大多數人的想像。新視野號任務不僅收穫了不可勝數的發現，而且還顛覆了不少想當然耳的「典範」。新視野號讓我們了解到，即便是體積不大的行星，也可以在複雜性上與大型行星分庭抗禮。我們這才意會到行星就算小，也一樣可以在生成數十億年後、維持地質上的生命力。

普羅大眾對於冥王星任務的熱烈反應，喚醒了自航海家號與阿波羅號任務以來被遺忘的一件事情：太空探險應該有的世界級人氣。沒有人不喜歡太空探險，沒有人能不感動在太空中開疆闢土的壯舉，更沒有人能否認，太空任務有一股力量可以啟發人心，改變生命。

就在新視野號飛掠冥王星不久後，艾倫在佛蒙特州發表了演說。他講完下台後，一名女大生跑來跟他說，她覺得自己所屬的世代一直很悶，因為這群年輕人總覺得自己的世代被某種文化史觀壓得喘不過氣。所有人都總覺得偉大的時代已成明日黃花。她說自己這一代人未曾參與反法西斯的戰爭、拯救自由世界於水火，未及見證月球上那人類跨出的一大步，未能目睹電腦運算的誕生與崛起，也錯過了許許多多畫時代的歷史進程。然後女孩說，她看了冥王星的任務成功，那感覺就像「看到了屬於他們這一代的登月壯舉，看到了他們這個世代終於也擁有了自己的偉大事蹟」。聽到年輕女孩這麼說，艾倫感覺背脊像有道電流通過似地感到顫動，他意會到新視野號在成功直搗太陽系盡頭之餘，也深入了這些年輕人的內心。

相隔數月，在艾倫於佛羅里達州一場企業界集會上致詞完後，一位中年的媽媽來到他的面前，熱淚盈眶地要找他講話。她娓娓道來的故事是她青春期的兒子曾經是個成績不及格的學生，但有天看到了新視野號飛掠冥王星，他竟然真情流露地發下豪語：「這就是我長大以後想做的事情。」這位母親拭去了淚滴，驕傲地告訴艾倫說他兒子從那之後，就變身成了一個全部拿A的優等生。她說：「你們全都是我兒子的救命恩人。」

一邊是因為新視野號，我們對冥王星增加的認識，一邊是新視野號對女大生與這對母子，乃至於對許許多多人在心中所激起的人性衝擊與漣漪，我們衷心相信後者的光芒更加閃耀無比。對我們來說，人性的發掘才真正無法取代，無可比擬。

——大衛・葛林史彭，於華府

——艾倫・史登，於科羅拉多州波德

附錄

新視野號探索冥王星系統的十大科學發現

關於新視野號飛掠冥王星及凱倫等衛星後所入手的科學發現，相關進行描述與分析的報告可謂汗牛充棟，隨手翻開一冊有同儕審查過的行星科學期刊，裡頭的資料都不勝枚舉。而未來幾年，隨著我們進一步了解回傳資料，並將其與已知的行星起源暨演化知識相互連結，科學發表上的產出肯定會繼續源源不絕。二〇一六年，航太總署與新視野號團隊發表了新視野號任務十項最重大的發現，下方我們（不按特定順序）將其列出，並附帶簡要的說明。

(1)**冥王星的複雜性**。在冥王星上觀察到的複雜現象，遠超過包含新視野號團隊在內許多人的想像，畢竟這是一顆如此嬌小而寒冷的行星，距離太陽還如此遙遠。地面的煙霧、高海拔的霾、可能存在的雲、確定存在的峽谷與高聳的山區、斷層、冰帽、可見的沙丘地形、可疑的冰火山、冰河、水道（甚至水體）的遺跡等。這顆位於三十億英里外的古柏帶，小小的紅色行星，不僅僅比其他探索過的已知小型行星更加帶勁，比起比它大上許多號的星球，冥王星的活躍程度也有過之而無不及。各式各樣的地形地貌、地表與大氣間繁複的互動，乃至於高低落差極大的地表年齡，在在都讓新視野號團隊丟出了這麼一句：「冥王星就是新的火星。」

⑵ **廣見於冥王星，長期延續且非常有看頭的地表活動**。出於各式各樣的理由，不少人預期冥王星就地質學而言，會是個相對死寂的世界。畢竟冥王星的規模真的不大，而且又欠缺身為巨大行星衛星能享有的潮汐熱源。再者，冥王星在太陽系中的距離太過偏遠，能截獲的太陽能極為薄弱。各趟太陽系探索累積出的智慧告訴我們，冥王星理應亙古以來都是個地質活動極弱或徹底為零的地方。只不過傳統智慧在冥王星吃了個大大的鱉，因為新視野號發現其各處的地表年齡不一而足，從滿布隕石坑的「老皮」，到看起來乾淨清爽，一片光滑的「嫩肉」都有——這代表在其四十億年的歷史當中，冥王星始終保持著地質上的活躍程度不墜。事實上，冥王星從誕生以來就沒有安靜過，直到今天依舊如此。至於何以如此，科學界的論戰沒有少過，各種模型也不斷有人提出來。我們不難想像，等古柏帶其他小型行星得到探索之後，等著我們的將是更多的驚奇。

⑶ **寬達一千公里的固態氮冰河——史普尼克高原**。在冥王星各種活躍而多變的地貌當中，最令人過目不忘的地方，可能得算是史普尼克高原那片廣袤的冰原。其下如火如荼進行中的對流，就像一鍋醬汁在細火慢燉。我們目前的理解是史普尼克高原為一兼具廣度與深度的固態氮冰層，當中混雜著甲烷與一氧化碳，然後整個躺在原本很可能是古老衝擊盆地的巨大碗狀凹陷中。固態氮冰河由周遭的山區注入高原，而巨大的水冰冰山則沿著冰河邊緣浮著。某方面

而言，史普尼克高原就像是冥王星表面一片凍僵了的「氮」海。史普尼克高原——冥王星之心的左（西）耳——在飛掠時的每一幅半球影像中都非常顯眼，但除此之外，它似乎也在冥王星剪不斷理還亂的氣象與地質關係中，扮演著深沉的角色。史普尼克高原是個氮的大水庫，而氮又是經由其大氣層，持續傳輸到冥王星冰凍表面各處的主要物質。伴隨季節更迭與氣候階段的轉換，冥王星上的氮含量會在大氣與表面之間劇烈起伏。所以史普尼克高原所蘊含的氮，可能會時而大量流失，時而獲得更多的補充——證據就是其周遭高地上如今空空如也的冰河渠道。整個太陽系，都看不到其他地方存在史普尼克高原這樣的地形。

(4) **結構整齊且大面積的大氣霾層**。在太陽提供的背光之下，快速飛離太陽系的新視野號驀然回首，拍下一系列冥王星照片。這些極具特色的照片，鮮明地凸顯出了冥王星美麗的藍色大氣。但這些照片在充滿戲劇效果之餘，也顯示出在有數十道纖細的大氣霾層懸在冥王星冷冽的氮空氣之上。這些大面積的霾可從冥王星地表向上延伸至少三百英里，且以同心圓的組織延展至數百英里不同的地貌上。這些霾源自於冥王星大氣複雜的化學組成，而這跟土衛六泰坦大氣中由有機分子構成的霧霾有些類似。跟在泰坦星上一樣，冥王星大氣中的甲烷會與陽光作用而產生複雜的有機分子，這些分子最終會降落在冥王星的表面上，使其產生偏紅的色調。

(5) **比預期低上非常多的大氣流失率**。任何一顆有大氣層的行星，都會持續流失氣體到太空中。而冥王星的量體小、引力小、流失速度低，所以一般預期其大氣層中的甲烷與氮氣會高速流失。但是新視野號某個出人意表、甚至應該說令人大吃一驚的觀測結果，顯示著氮氣的流失速率遠低於預期——事實上比起預期，冥王星實際的氮氣流失速率要慢上一萬倍！而原因似乎是因為上層的大氣溫度比預期來得低，這意味著分子僅會以低速運動，因此能達到流失速度的量就會變少。至於大氣上層的溫度何以會如此之低，目前仍是個謎。

(6) **大氣壓力出現巨變的證據；過去曾經有流動或靜止的揮發性液體存在於冥王星的地表**。我們已知冥王星的大氣壓力會隨地表溫度而呈現出指數級的變化。我們還知道其大氣壓力應該曾於時間長河中劇烈改變，主要是氣候會以數百萬年為周期輪迴，同時期運行軌道與自轉角度也會緩慢出現搖晃或震盪，進而使得陽光照射到冥王星的角度、光量與位置有所改變。以上的狀況，在飛掠之前就已經為科學家所預期，但新視野號還發現了數種額外的跡證，顯示過往的冥王星有著高於現在許多的表面壓力，這包括「洗衣板地貌」、沙丘、渠道等可能是由流動液體所刻畫出的地形，甚至有一極為特殊的地形，即看似冰凍的湖泊懸掛在山谷之間。

(7) **證據顯示今日的冥王星內部可能存在液態水的海洋**。冥王星上有稱為史普尼克高原的巨大冰河，幾乎分毫不差地位於所謂的「反凱倫點」（anti-Charon point），也就是冥王星上那個永遠被遭潮汐鎖定[37]的凱倫星蓋在頭上的地方。為什麼會這麼剛好？有種看法是史普尼克盆地本身的額外冰塊重量，可能導致了潮汐力的提升，而這增加的潮汐力，又會反過來導致盆地位置移動至反凱倫點。惟這種理論有一個前提，那就是地殼下得有液態水海洋的存在，如此冥